지금도 우주에서 수소가 폭발적으로 생성되고 있다

지금도 우주에서 수소가 폭발적으로 생성되고 있다

발행일   2021년 2월 8일

지은이   김대호
펴낸이   손형국
펴낸곳   (주)북랩
편집인   선일영   편집   정두철, 윤성아, 배진용, 이예지
디자인   이현수, 한수희, 김민하, 김윤주, 허지혜   제작   박기성, 황동현, 구성우, 권태련
마케팅   김회란, 박진관
출판등록 2004. 12. 1(제2012-000051호)
주소   서울특별시 금천구 가산디지털 1로 168, 우림라이온스밸리 B동 B113~114호, C동 B101호
홈페이지   www.book.co.kr
전화번호 (02)2026-5777   팩스   (02)2026-5747

ISBN   979-11-6539-608-4 03440 (종이책)   979-11-6539-609-1 05440 (전자책)

세계 최초로 밝혀진
질량·중력·밀도·온도 메커니즘의 우주공식

지금도 **우주**에서 **수소**가 **폭발적으로** **생성**되고 있다

김대호 지음

핵과학자가 빅뱅이론은 한낱 가설에 불과하다며
제동을 걸고 나섰다. 그가 수많은 증거들로 파헤친
우주 탄생의 진실은 무엇인가!

북랩 book Lab

차례

01. 지금도 우주에서 수소가 폭발적으로 생성되고 있다!   6

02. 질량-중력-밀도-온도 메커니즘의 우주공식   26

03. 우주의 개념   72

04. 우주의 밀도와 질량의 진실에 대하여   87

05. 우주의 부피와 질량의 진실   99

06. 초기우주의 온도와 빅뱅론의 모순   105

07. 중력과 빅뱅론의 모순   114

08. 우주의 일반물질 비율과 질량의 진실   129

09. 초기우주의 지름과 질량의 진실   142

10. 초기우주에서 생성된 블랙홀과 질량의 진실   151

11. 초기우주의 성장   159

12. 초기우주에서 38만 년 동안 확장된 질량   168

13. 초기우주 질량에 대한 산술적 증거   174

14. 암흑물질과 우주 질량   185

15. 인플레이션이론으로도 가릴 수 없는 진실   201

16. 빅뱅 특이점의 허구   210

17. 원입자와 질량의 진실   220

18. 블랙홀 온도와 빅뱅 특이점의 모순   234

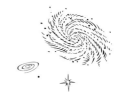

19. 원입자와 인공입자   238

20. 표준모형의 허구   267

21. 힉스입자는 가상입자이다   275

22. 원입자와 힉스입자   282

23. 빅뱅론을 거부하는 우주의 진실들   291

24. 빅뱅론의 허구에 대하여   307

25. 수소폭탄과 빅뱅론   325

26. 최초의 3분과 허구   329

27. 인플레이션이론의 모순에 대하여   333

28. 빅뱅론이라는 사이비과학종교에 대하여   337

29. 우주 비율과 밀도의 비교   346

30. 우주의 과거 추적과 초기우주   356

31. 초기우주의 진실   360

32. 초기우주의 진실에 관한 결론   365

33. 기초과학연구원 세메르치디스 단장이 주장한 허구에 대하여   384

34. 양자역학 거두 와인버그, "양자역학을 확신할 수 없다"   387

35. 우주 탄생 '빅뱅' 사기극   392

현대 우주과학기술은 우주의 100%를 관측할 수 있는 경지에 이미 와 있다. 즉, 우주 비밀의 100%를 밝힐 수 있는 경지에 이미 와 있는 것이다. 하지만 빅뱅론에 세뇌된 천체물리학자들은 우주의 4%밖에 볼 수 없다고 완강한 주장을 펴고 있다. 우물 안의 개구리에게 동전만한 하늘이 우주의 전부이듯이 말이다. 빅뱅론은 그들의 의식을 세뇌시켜, 그 깊은 우물 안에 빠뜨린 것이다.

지금도 우주에서 수소가 폭발적으로 생성되고 있지만, 빅뱅론에 세뇌된 천체물리학자들은 그것을 관측하면서도 수소가 생성되고 있을 줄은 상상조차 못하고 있다. 그들이 경전처럼 여기는 빅뱅론에 의하면, 우주 탄생 직후 30분 동안에 수소가 모두 만들어졌기 때문에, 지금의 우주에서는 수소가 절대 생성되지 않는다고 철석같이 믿고 있기 때문이다. 이처럼 빅뱅론은 천체물리학자들을 눈뜬장님으로 만들어버린 것이다.

지금도 우주에서 수소가 폭발적으로 생성되고 있다는 사실은 새로운 이론이나 학설이 아니라, 실제 우주에서 일어나고 있는 일로, 전파망원경으로 관측할 수 있는 물리적 증거이다.

별은 대부분이 수소로 이루어진 구름 성운이 수백억 배로 압축되면서 생성된다. 그런즉, 우주에는 한해에 수천 개의 별들을 동시 다발적으로 생성하는 은하들이 있다. 그러니 그 은하들은 수백억 배 이하로 수축되며 작아져야 한다. 그 활동은하의 중심핵에서는 해마다 수천 개의 별들을 생성할 수 있는 엄청난 양의 물질을 내뿜 기도 한다.

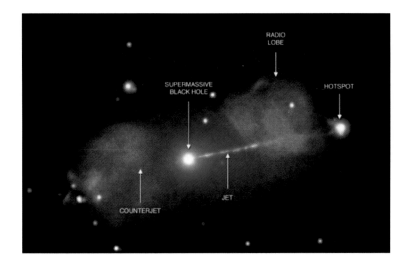

이 관측 증거는 이젤자리A(Pictor A) 은하의 중심핵이 방대한 양 의 우주 물질을 양쪽으로 방출하는 모습을 보여주고 있다. NASA 의 찬드라 X선 망원경으로 15년간 관측한 결과, 이 은하에서 방출 된 물질은 무려 30만 광년까지 뻗어나갔다. 지구와 태양계가 속한 우리은하의 지름이 10만 광년이라는 것을 생각하면 실로 엄청난 규모가 아닐 수 없다.

이처럼 대량 방출되는 물질만으로도 은하는 수백억 배로 수축되 며 작아져야 한다. 야구장 크기의 솜뭉치가 야구공보다 훨씬 더 작게 압축되듯이 말이다. 하지만 수축되며 작아지는 은하는 우주에 존재하지 않는다. 많은 별들을 동시다발적으로 생성하고, 또 엄청 난 양의 물질을 뿜어내는 은하들은 수축되며 작아지는 것이 아니 라, 오히려 매우 빠른 속도로 확장되고 있다. 그 은하들을 둘러싼 수소가 폭발적으로 생성되며 확산되고 있기 때문이다. 이는 전파 망원경을 통해 관측·확인되는 진실이다.

위의 위성관측 사진에서 가운데 흰색 은하의 주변을 둘러싼 푸른색의 수소 구름이 왼쪽으로 길게 뻗어 있다. 이는 은하 주변에서 푸른색의 중성수소가 생성되며 형성된 것이다.

전기적으로 중성 상태의 수소를 중성수소라고 하는데, 우주에서 수소가 처음 생성될 때에는 전기적으로 중성 상태인 것이다. 이 중 성수소는 가시광선에서 확인되지 않기 때문에 전파망원경을 통해 관측할 수 있다.

우주의 모든 물체는 다양한 파장의 전자기파를 방출하는데 우리가 눈으로 볼 수 있는 전자기파를 가시광선이라 한다. 가시광선보다 파장이 짧은 자외선이나 X선, 감마선 등은 눈으로 볼 수 없다.

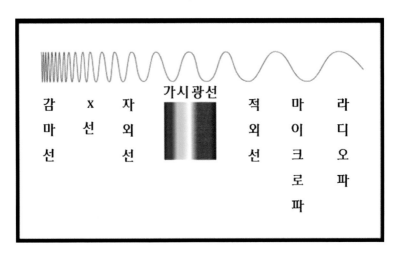

위 그림에서 보듯이 가시광선보다 파장이 짧거나 긴 전자기파는 눈으로 확인할 수 없다. 그런즉, 눈에 보이는 것만이 진실인 것은 아니다. 우주에서 초신성이 폭발하거나 천체들이 충돌하는 등의 사건이 발생할 때, 가시광선뿐만 아니라 X선, 전파 등 다양한 파장의 전자기파가 발생된다. 때문에 우주에서 오는 전파들은 우주 도처에서 발생하는 다양한 사건들의 정보를 갖고 있다. 우리는 흔히 전파를 통신수단으로 생각하는데, 실제로 우주에서 오는 전파에는 많은 진실을 기록한 정보들이 담겨 있는 것이다. 그러므로 전파망원경을 통해 우주의 많은 진실을 확인할 수 있다.

위 이미지에서 보는 것처럼 가시광선 대역에서는 보이지 않던 중성수소영역이 전파망원경으로는 확인이 된다. 이 은하에서는 새로 태어난 많은 별이 확인되었다.

은하에서 젊은 별들이 많이 생성된다는 것은 곧 그 별들을 생성할 재료가 많다는 것이다. 생성되는 별의 수는 일반적으로 중성수소 가스의 양에 비례한다. 때문에 나선은하나 불규칙은하는 중성수소가 차지하는 질량의 비중이 수십 퍼센트 이상이다. 반면에 별을 생성하지 못하는 타원은하에는 중성수소 가스가 거의 고갈되어 있다. 그래서 대부분의 타원은하는 젊은 별들이 없고 오래된 별만 있는 것이다. 우주에는 나선은하, 타원은하, 불규칙은하 등이 존재하는데, 수소는 타원은하처럼 궤도가 닫혀 있는 은하에서는 생성될 수 없기 때문이다.

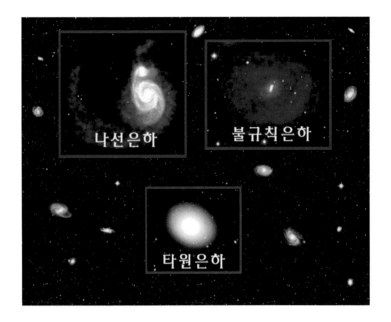

위 이미지는 수소가 생성되는 나선은하와 불규칙은하, 그리고 수소를 생성하지 못하는 타원은하의 모습을 상징적으로 비교하여 보여주고 있다.

수소는 불규칙은하들에서 폭발적으로 생성되는데, 이 은하들도 궤도가 형성되면 수소생성량이 줄어들게 된다. 그래서 불규칙은하에서는 별들이 폭발적으로 생성되는 반면에, 나선은하에서는 별 생성이 점점 감소하고 있다.

위 사진(EST 제공)은 중성수소 구름에 둘러싸인 신생 불규칙은하의 모습이다. 사진에서 가운데의 흰색 천체는 가시광선에서 관측된 영상이고, 푸른색의 중성수소영역은 전파망원경으로 관측된 영상이다. 그런즉, 가시광선만으로 보면 이 신생 불규칙은하는 지극히 작은 은하에 불과하지만 전파망원경으로 관측하면 거대한 수소 구름을 확인할 수 있는 것이다. 사진의 중심에 보이는 은하의 지름은 약 6천 광년인데 비해, 그 주위에 퍼져있는 중성수소의 지름은 4만 광년 정도이다.

지구에서 약 1,600만 광년 거리에 있는 이 은하를 둘러싸고 있는 수소 구름은 잔잔하게 퍼져있다. 이는 수소 구름이 다른 에너지의 간섭을 받지 않은 상태여서, 초기우주의 모습을 그대로 재현하고 있기 때문이다.

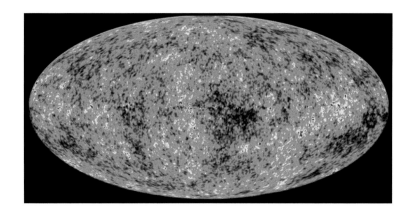

아직 별과 행성이 없었던 이 초기우주(나사 제공 이미지)는 대부분 중성수소 원자들로 이루어졌다. 그 중성수소 원자들은 밀도가 상승하는 중심부에서 이온화되며 분자로 결합하였다.

지금의 우주에서도 아직 별이 생겨나지 않은 암흑은하는 중성수소로 이루어져 있다. 아울러 그 중성수소도 밀도가 상승하며 고온이 발생하는 중심부에서 이온화되며 분자로 결합한다. 그렇게 이온화된 수소분자로 이루어진 영역을 전리수소영역이라 한다.

전리수소영역에서는 수백만 년에 걸쳐 수많은 별들이 잉태되고 탄생하는데, 그 별들에서 방출되는 에너지는 중성수소를 이온화시키며 전리수소영역을 확장하기도 한다. 그런즉, 별이 생성되지 않는 타원은하에는 중성수소와 전리수소영역이 없다. 하지만 타원은하도 다른 은하와의 충돌을 통해 중성수소와 전리수소영역을 확보할 수 있다.

다른 은하들도 마찬가지이다. 은하의 궤도가 형성되면서 수소생성과 별 탄생이 많이 줄어들지만, 그 은하의 궤도가 질량이 큰 다른 은하의 인력에 의해 파괴되면 수소생성과 별 탄생이 다시 활발해진다.

　위 사진(나사 제공)은 가운데 막대가 형성되어 있으나 나선 팔이 없는 대마젤란은하의 불규칙한 모습이다. 극단적으로 나이 차이가 나는 별들로 이루어진 구상성단들이 이 대마젤란은하에 존재하는 가 하면, 이 은하는 우리은하와는 달리 많은 별들을 생성하며 아주 왕성한 활동을 하는 등 여러 수수께끼를 안고 있다.

　현대천문학의 이론대로라면 대마젤란은하는 다른 위성 은하들처럼 수천만 개의 별로 이루어져 있고, 왜소 구형은하 형태로 되어 있는 것이 자연스럽다고 한다. 그런데 대마젤란은하는 약 3백억 개의 별들이 존재하는 불규칙은하이다. 또 이 은하에서는 초신성 폭발이 빈번하게 일어나며, 초기우주에서 형성된 별들과 비슷하게 대부분이 수소와 헬륨으로 이루어진 청색 초거성이 만들어지는 것도 관측된다.

　이 모두가 현대 천문학이 풀어야 할 숙제이다. 그럼 그 이유가 뭘까?

진실은 은하의 궤도에 있다. 만약 대마젤란은하가 우리은하처럼 완벽한 나선 팔을 형성하고 궤도를 갖추었다면 현재처럼 별들을 왕성하게 생성할 수 없을 것이다. 또 타원은하처럼 궤도를 형성했더라면 별을 더 이상 생성할 수 없었을 것이다. 그 궤도 안에서는 수소가 생성될 수 없기 때문이다. 그래서 나선은하의 팔은 궤도 밖에서 생성된 수소를 유통시키는 수단으로 사용된다. 은하 중심부에서 별이 생성되는 것도 이 때문이다. 하지만 그 수단마저 없는 타원은하는 별 생성이 어려운 상태이다.

위 이미지는 수소가 생성되지 않는 타원은하를 상징적으로 보여주고 있다. 이처럼 타원은하는 궤도가 닫혀 있기 때문에 수소를 생성할 수 없으므로, 외부에서 우주 물질을 따로 유입하지 않는 한 별을 생성하기 어렵다.

물론 은하 충돌과 같은 계기를 통해서도 많은 별을 생성할 수 있다. 천문학자들은 대마젤란은하의 나선 팔이 우리은하의 인력에 의해 파괴됨으로서, 지금의 불규칙은하가 되었다고 주장한다.

은하의 나선 팔이 파괴되었다는 것은 곧 불규칙은하가 되었다는 것이다. 즉, 이는 더 이상 많은 별을 생성할 수 없었던 구조가 해제되었기에 다시 수소를 폭발적으로 생성하며 많은 별들을 탄생시킬 수 있도록 회복되었다는 것이다.

대마젤란은하에서 극단적으로 세대 차이가 나는 별들로 이루어진 구상성단들이 존재하는 것과, 또 현재 많은 별들이 생성되는 것이 그 명백한 증거가 된다.

별은 대부분이 수소로 이루어진 구름 성운이 중력에 의해 수백억 배 이하로 압축되며 생성된다. 이는 야구장 크기의 솜덩이가 야구공보다 작게 압축되는 것과 같다.

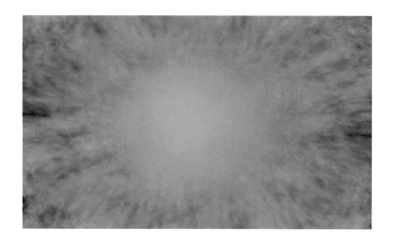

위 이미지는 대부분이 수소로 이루어진 성운이 중력에 의해 압축되며 중심부에 고밀도의 별이 잉태되는 모습을 상징적으로 보여주고 있다.

위 이미지는 대부분이 수소로 이루어진 성운이 중력에 의해 수축
되며 밀도를 높여 별을 생성하는 모습을 상징적으로 보여주고 있다.

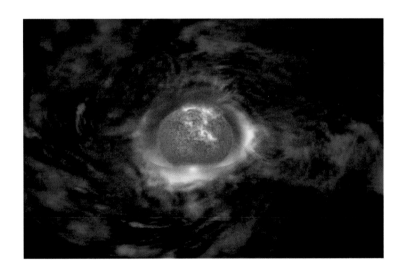

위 이미지는 별이 탄생하는 모습인데, 이 별은 대부분이 수소로

이루어진 성운이 수백억 배로 수축되며 생성된다. 그런즉, 별을 생성하는 은하가 수소를 생성하지 못한다면 그 은하는 수백억 배로 수축되며 줄어들어야 한다. 하지만 줄어드는 은하는 우주에 존재하지 않는다.

수많은 별들을 동시다발적으로 생성하는 은하들은 수축되는 것이 아니라, 오히려 빠른 속도로 확산되고 있다. 그 은하들은 중성수소를 폭발적으로 생성하면서 매우 빠른 속도로 확산되고 있는 것이다. 그런즉, 빅뱅론과 달리 지금도 우주에서 수소가 폭발적으로 생성되고 있다는 사실은 새로운 이론이나 학설이 아니라 실제우주에 존재하는 사실로서 현대 우주과학기술로 명명백백히 밝혀지고 검증된 진실이다.

이처럼 현재도 우주에서는 수소가 계속 생성되고 있으며, 지금의 우주 질량은 초기우주에 비해 수천억의 수천억 배 이상으로 많아진 것이다.

빅뱅론대로라면 지금의 우주에서는 수소가 절대 생성되어서는 안 되지만, 지금도 우주에서는 수소가 폭발적으로 생성되고 있는 것이다.

빅뱅론은 바늘구멍보다도 지극히 작은 진공이 우리가 살고 있는 지구로 진화되고, 태양으로 진화되고, 우주에 존재하는 모든 별과 행성들을 비롯한 1천억 개 이상의 은하들로 진화되었다고 주장한다. 그리고 이 동화 같은 이야기를 과학이론이라고 주장한다.

중앙일보에 김제완 한국과학문화진흥회 이사장이 '물리학 이야기'를 연재한 바 있다. 그 중 「질량의 원천 힉스입자」라는 제목의 기사가 있다. 해당 기사를 보면 '원자핵보다 작은 초기우주의 진공이 불안정한 상태에서 무너지면서 우주는 갑자기 빠른 팽창을 한다'라고 되어 있다.

빅뱅 특이점 진공이 원자핵(양성자)보다 작았다고 하는 것은, 수십조 분의 1㎜보다 작다는 것이다. 이를 진공이 압축될 수 있는 마지막 한계점(블랙홀 기준)으로 계산하면 겨우 몇 그램 정도에 지나지 않는다.

이 특이점 진공으로는 한 삽의 흙조차도 만들 수 없다. 그럼에도 빅뱅론은 바늘구멍보다도 지극히 작은 진공이, 우주에 존재하는 모든 별과 행성들을 비롯한 1천억 개 이상의 은하들로 진화되었다고 주장하는 것이다.

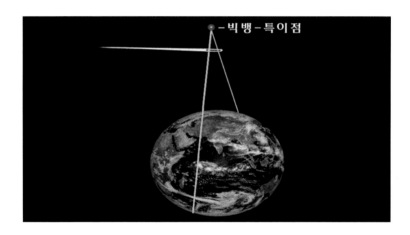

빅뱅론에서는 이처럼 바늘구멍보다도 지극히 작은 특이점 진공이 지구로 진화되었다고 주장한다. 아울러 이 지구에 살고 있는 우리 인류를 비롯한 모든 생명체들 역시 바늘구멍보다 작은 진공에서 진화된 것이라고 주장한다. 이처럼 황당한 주장이 믿어지는가?

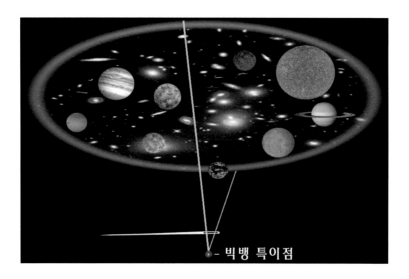

빅뱅 특이점

빅뱅론은 위 이미지처럼 지구뿐만 아니라 태양을 비롯한 우주의 모든 별과 행성들도 바늘구멍보다 작은 진공에서 진화된 것이라고 주장한다.

당신도 생각할 수 있는 뇌가 있고, 사물을 판단할 수 있는 의식이 있지 않는가! 그렇다면 당신의 뇌로 생각해보고, 당신의 의식으로 판단해보라! 이처럼 황당한 주장이 믿어지는가?

바늘구멍보다 작게 압축된 진공이 지구로 진화되고, 태양을 비롯한 별들로 진화되고, 수천억 개 이상의 은하들로 진화되었다는 것이야말로 세상에서 가장 황당한 거짓말이며, 이처럼 황당한 거짓말이 바로 빅뱅론이다.

필자는 2013년부터 우주 수소생성의 진실과 빅뱅론의 비과학적 허구에 대해 지속적으로 알렸고, 한국천문연구원과 고등과학원은 공동답변을 통해 다음과 같이 시인하였다.

'빅뱅이 직접적으로 관측되었다는 결과는 아직 들어보지 못했으며, 우주배경복사도 빅뱅이 있었다면 생길 수 있는 간접적 해석이지, 이것이 빅뱅의 직접적인 증거는 되지 못합니다. **아직 빅뱅(이론)은 전혀 이해되고 있지 않는 가정에 불과합니다.**'

빅뱅론은 현대천체물리학의 바이블처럼 여겨지고 있지만, 대한민국 과학을 대표하는 천문연구원과 고등과학원이 빅뱅론의 비과학적 허구에 대해 시인한 것이다. 이는 역사적으로 매우 중요한 의의를 갖는다.

이듬해인 2015년 2월 4일, 유럽 물리학회지 「피지컬 레터 B」 저널에 빅뱅론의 허구를 입증하는 이론이 발표되었다. 그리고 몬트리올 맥길 대학의 우주과학자인 로버트 브랜든버거 교수는 '아인슈타인의 방정식은 빅뱅 특이점에 도달하기도 전에 물리법칙이 파탄나는 것을 보여주지만, 과학자들은 여전히 방정식이 유효하다는 전제로 비이성적인 추론을 한다'고 고백하였다.

하지만 그들은 우주 질량의 실제 진실은 밝혀내지 못했다. 빅뱅론과 반대로 지금의 우주 질량은 유럽우주국이 발표한 초기우주에 비해 수천억의 수천억 배 이상으로 커졌는데, 그 진실을 밝혀내지 못한 것이다.

빅뱅이론을 증명할 수 있는 물리적 증거는 단 하나도 없는 반면에, 지금도 우주에서 수소가 폭발적으로 생성되고 있다는 사실에 대해서는 표준도서 3,600페이지(12권 분량) 이상의 방대한 증거들이 있다.

지난 8년 전부터 한국천문연구원, 고등과학원, 기초과학연구원에서는 이 진실에 대해 수시로 검토했지만 단 한 가지도 반론하지 못했다. 그리고 이 우주 진실을 조직적으로 은폐하고 있다. 이 엄청난 진실이 우리 대한민국에서 세계 최초로 밝혀졌음에도, 저들이 신념으로 여겨온 빅뱅론의 허구가 드러나는 것을 두려워하고 있는 것이다. 그리고 물리적 증거가 전혀 없는 이론으로 우주 진실을 밝힌다는 명분을 내세워 해마다 수백억 원의 연구비를 탕진하고 있다. 이처럼 생계형 사이비 과학 집단으로 전락한 서양 지식의 노예들에 의해 우리 대한민국은 여전히 우주 과학의 후진국에서 벗어나지 못하고 있다.[1]

따라서, 빅뱅론을 증명할 수 있는 물리적 증거를 단 하나라도 제시한다면 그에게 10억 원을 제공하겠다. 또한 지금도 우주에서 수소가 폭발적으로 생성되고 있다는 사실을 부정할 물리적 증거를 단 하나라도 제시한다면 역시 그에게도 10억 원을 제공하겠다.[2]

지난 8년간 한국천문연구원, 고등과학원, 기초과학원이 반론하지 못한 질문사항은 다음과 같다.

한국천문연구원, 고등과학원, 기초과학연구원이 반론하지 못한 질문사항

① 별은 대부분이 수소로 이루어진 구름 성운이 수백억 배로 압축되면서 생성된다. 그리고 우주에는 한해에 수천 개의 별들을 동시다발적으로 생성하는 은하들이 있다. 그러니 그 은하들은 수백억 배 이하로 수축되며 작아져야 한다.

이 진실을 물리적 증거로 반론할 수 있는가?

② 활동은하의 중심핵을 이루고 있는 블랙홀에서는 해마다 수천 개의 별들

---

1), 2) 편집자 주 - 저자 개인의 의견이며 출판사의 입장과는 무관함

을 생성할 수 있는 엄청난 양의 물질을 내뿜기도 한다. 그처럼 대량 방출되는 물질만으로도 은하는 수백억 배로 수축되며 작아져야 한다. 야구장 크기의 솜뭉치가 야구공보다 훨씬 더 작게 압축되듯이 말이다. 하지만 우주에 수축되며 작아지는 은하는 존재하지 않는다.

이 진실을 물리적 증거로 반론할 수 있는가?

③ 많은 별들을 동시다발적으로 생성하며 또 엄청난 양의 물질을 뿜어내는 은하들은 수축되며 작아지는 것이 아니라 오히려 매우 빠른 속도로 확장되고 있다. 그 은하들을 둘러싼 수소가 폭발적으로 생성되며 확산되고 있기 때문이다. 이는 전파망원경을 통해 관측·확인되는 진실이다.

이 진실을 물리적 증거로 반론할 수 있는가?

④ 본문에 소개한 위성관측 사진에서 가운데 흰색 은하의 주변을 둘러싼 푸른색의 수소가 왼쪽으로 길게 뻗어 있다. 이는 은하 주변에서 중성수소(푸른색)가 생성되며 형성된 것이다.

이 진실을 물리적 증거로 반론할 수 있는가?

⑤ 은하에 젊은 별들이 많이 생성된다는 것은 곧 그 별들을 생성할 재료가 많다는 것이다. 별의 생성은 일반적으로 중성수소 가스의 양에 비례한다. 때문에 나선은하나 불규칙은하는 중성수소가 차지하는 질량의 비중이 수십 퍼센트 이상 된다. 반면에 별을 생성하지 못하는 타원은하에는 중성수소 가스가 거의 없다. 그래서 대부분의 타원은하에는 젊은 별들이 없고 오래된 별만 있는 것이다. 우주에는 나선은하, 타원은하, 불규칙은하 등이 존재하는데 수소는 타원은하처럼 궤도가 닫혀 있는 은하에서는 생성될 수 없기 때문이다.

이 진실을 물리적 증거로 반론할 수 있는가?

⑥ 본문에 소개한 이미지 중에는 수소가 생성되는 나선은하와 불규칙은하, 그리고 수소를 생성하지 못하는 타원은하의 모습을 상징적으로 비교하여 보여주는 것이 있다. 수소는 불규칙은하들에서 폭발적으로 생성되는데, 이 은하들도 궤도가 형성되면 수소생성량이 줄어들게 된다. 그래서 불규칙은하에서는 별들이 폭발적으로 생성되는 반면에, 나선은하에서는 별 생성이 점점 감소되고 있다.

이 진실을 물리적 증거로 반론할 수 있는가?

⑦ 본문에 소개한 사진(EST 제공) 중 중성수소 구름에 둘러싸인 신생 불규칙은하의 모습이 있다. 사진에서 가운데 흰색의 천체는 가시광선에서 관측된 영상이고, 푸른색의 중성수소영역은 전파망원경으로 관측된 영상이다. 그런즉, 가시광선으로 보면 이 신생불규칙은하는 지극히 작은 은하에 불과하다. 하지만 전파망원경으로 관측하면 거대한 수소 원자 구름이 확인된다. 사진의 중심에 보이는 은하의 지름은 약 6천 광년인데 비해, 그 주위에 퍼져있는 중성수소의 지름은 4만 광년 정도이다. 아울러 이 중성수소는 매우 빠른 속도로 확산되고 있다. 수소가 폭발적으로 생성되고 있기 때문에, 수많은 별들을 폭발적으로 동시에 생성하면서도 수축되는 것이 아니라, 오히려 매우 빠른 속도로 확산되고 있다.

이 진실을 물리적 증거로 반론할 수 있는가?

⑧ 별이 탄생하는 모습을 담은 본문 이미지를 보면 별은 대부분이 수소로 이루어진 성운이 수백억 배로 수축되며 생성된다. 그런즉, 별을 생성하는 은하가 수소를 생성하지 못한다면 그 은하는 수백억 배로 수축되며 줄어들어야 한다. 야구장 크기의 솜덩이가 야구공보다 작게 압축되면

서 줄어드는 것과 같다. 하지만 우주에는 줄어드는 은하가 존재하지 않는다. 수많은 별들을 동시다발적으로 생성하는 은하들은 수축되는 것이 아니라, 오히려 빠른 속도로 확산되고 있다. 그 은하들은 중성수소를 폭발적으로 생성하면서 매우 빠른 속도로 확산되고 있는 것이다. 그런즉, 지금도 우주에서 수소가 폭발적으로 생성되고 있다는 사실은 새로운 이론이나 학설이 아니라 실제 우주에 존재하는 사실이며, 현대우주과학기술로 명명백백히 밝혀지고 검증된 진실이다.

이 진실을 물리적 증거로 반론할 수 있는가?

⑨ 세상에서 가장 황당한 거짓말이 있다. 그것은 바늘구멍보다도 지극히 작게 압축된 진공이 지구로 진화되고, 태양을 비롯한 별들로 진화되고, 수천억 개 이상의 은하들로 진화되었다는 것이다. 이처럼 황당한 거짓말이 바로 빅뱅론이다.

한국천문연구원과 고등과학원은 공동답변을 통해 다음과 같이 시인하였다. '빅뱅이 직접적으로 관측되었다는 결과는 아직 들어보지 못했으며, 우주배경복사도 빅뱅이 있었다면 생길 수 있는 간접적 해석이지, 이것이 빅뱅의 직접적인 증거는 되지 못합니다. **아직 빅뱅(이론)은 전혀 이해되고 있지 않는 가정에 불과합니다.'**

빅뱅론은 현대천체물리학의 바이블처럼 여겨지고 있지만 우리 대한민국 과학을 대표하는 천문연구원과 고등과학원이 빅뱅론의 비과학적 허구에 대해 시인한 것이다.

이 진실을 물리적 증거로 반론할 수 있는가?

질량-중력-밀도-온도 메커니즘의 우주공식

중력은 우주 생성 및 진화의 동력이다. 아울러 별의 질량과 중력에 따라 질량-중력-밀도-온도 메커니즘의 우주공식이 형성된다. 우주가 질량-중력-밀도-온도 메커니즘의 매우 정밀한 공식 가운데 탄생하고 진화한다는 사실에 물리적 증거로 반론할 수 있는 과학자는 이 지구상에 단 한 명도 존재하지 않는다.

하지만 아직 어느 누구도 이와 같은 생각을 해본 적이 없다. 생각은 곧 프로그램이 되고 그 프로그램대로 무엇이 이루어지거나 만들어지는데, 아직 어느 누구도 이와 같은 생각을 가져본 적이 없는 것이다.

우주는 질량-중력-밀도-온도 메커니즘의 매우 정밀한 공식 가운데 생겨났고, 또 지금도 이 메커니즘 공식으로 진화하고 있다.

이 메커니즘 공식에 의해 별들이 생성되었다. 이 메커니즘 공식에 의해 별들이 진화한다. 이 메커니즘 공식에 의해 별들의 종류가 정해진다. 이 메커니즘 공식에 의해 별들의 수명이 결정된다. 이 메커니즘 공식에 의해 우주 물질이 만들어졌다.

이 메커니즘 가운데 어느 한 가지만 빠져도 우주는 형성될 수 없다. 예를 들어 질량-중력-밀도가 충분해도 온도가 빠지면 별을 생성할 수 없는 것이며, 우주 물질도 만들어낼 수 없다.

이 우주공식으로 우주의 모든 비밀을 밝힐 수가 있다. 그런즉, 질량-중력-밀도-온도 메커니즘의 공식으로 팽창하는 우주의 과거 부피와 비율을 추적하면, 우주 질량의 실제 진실을 비롯해서 우주의 모든 진실을 밝힐 수 있는 것이다. 정부가 막대한 국가재정을 투입하며 찾고자 하는 우주 진실을 모두 밝힐 수 있는 것이다.

미국과 유럽을 비롯한 선진국들이 35조원 이상의 막대한 자금을 투자하며 경쟁적으로 밝히고자 하는 우주탄생의 진실, 암흑에너지의 진실, 암흑물질의 진실, 중력의 진실, 블랙홀의 진실 등을 모두 밝힐 수 있는 것이다.

이 우주공식이 세계 최초로 우리 대한민국에서 밝혀졌다는 것은 우리 대한민국이 우주과학과 입자물리학의 후진국에서 벗어나 우주과학과 입자물리학의 종주국으로 세계 일류가 되었다는 것을 의미한다.

아울러 이는 빅뱅론과 같은 추상적 이론이나 학설이 아니라, 현대우주과학기술로 관측되고 철저히 검증된 물리적 증거들로 명명백백히 밝혀진 100% 진실이다.

1) 별 생성 메커니즘의 공식

우주는 질량-중력-밀도-온도 메커니즘의 매우 정밀한 공식 가운데 별을 탄생시키고 우주 물질을 만들어낸다. 목성 질량의 13배 이상 되는 천체가 질량-중력-밀도-온도 메커니즘에 의해 헬륨을 생성하며 별이 되듯이 말이다.

별은 대부분이 수소로 이루어진 구름 성운이 중력에 의해 압축되면서 생성되는데, 수소 원자 껍데기를 깨뜨릴 수 있는 중력을 가진 천체만이 별이 될 수 있다.

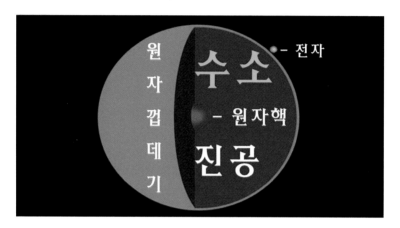

수소 원자 껍데기를 깨뜨려야 핵융합을 통해 불을 지필 수 있고 찬란히 빛나는 별이 될 수 있다. 목성처럼 대부분이 수소로 이루어져 있어도 중심핵을 이루고 있는 수소 원자 껍데기를 깨뜨릴 수 있는 중력이 없으면 결코 별이 될 수 없는 것이다. 그런즉, 별이란 원자 껍데기를 깨뜨리고 핵융합을 통해 불을 지피며 스스로 빛나는 천체를 말한다. 행성이란 수소 원자 껍데기를 깨뜨릴 중력이 없어 스스로 빛을 낼 수 없는 천체를 말한다.

중력은 질량에 비례한다. 질량이 클수록 중력도 큰 것이다. 그런즉, 목성도 태양만한 질량을 가지면 그 질량의 중력으로 수소 원자 껍데기를 깨뜨리고 핵융합을 통해 불을 지피며 스스로 빛나는 별이 될 수 있다.

　이 목성은 태양과 마찬가지로 대부분 수소로 이루어져 있는데, 그 부피규모가 지구의 1,300배가 넘는다. 아울러 태양계 행성들의 질량을 모두 합쳐도 목성의 절반이 되지 않는다. 그럼에도 목성의 중력으로는 중심핵을 이루고 있는 수소의 원자 껍데기를 붕괴시킬 수 없다. 태양계에서 태양의 질량이 99.86%를 차지하므로, 목성의 질량은 태양의 질량에 비할 수 없이 작은 것이다.

이 목성의 핵을 이루고 있는 수소는 중력에 의해 압축되어 금속
성질을 가진 채 액체화되어 있다.

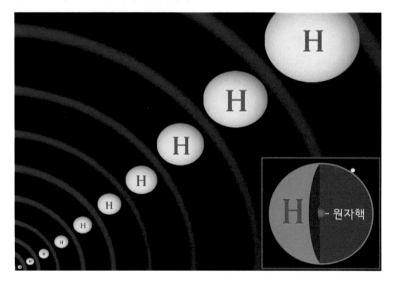

위 이미지는 천체의 중심부에 들어갈수록 수소 원자들이 중력에

의해 압축되며 점점 작아지는 모습을 상징적으로 보여주고 있다.

태양과 같은 별은 대부분이 수소로 이루어져 있다. 태양 중심 핵 부근에 있는 수소 원자 크기와 태양 바깥 부분에 있는 수소 원자 크기는 엄청난 차이가 있다. 태양 중심 핵 부근의 수소 원자는 중력에 의해 극단적으로 압축되어 있기 때문에 태양 바깥 부분에 있는 수소 원자의 크기에 비해 엄청나게 작은 것이다.

태양 바깥 부분에서 수소 원자 1개가 차지하고 있는 면적에 태양 중심 핵 부근의 수소 원자는 수십억 개 이상 들어갈 수 있다. 태양 중심 핵 부근의 수소 원자가 중력에 의해 극단적으로 압축되며 작아졌기 때문이다.

태양 중심 핵 부근의 수소 원자와, 목성과 같은 행성의 중심 핵을 차지하고 있는 수소 원자 크기도 물론 큰 차이가 있다. 그 이유는 태양의 질량과 중력이 목성보다 훨씬 크므로, 태양 중심 핵 부근의 수소 원자가 더 극단적으로 압축되었기 때문이다.

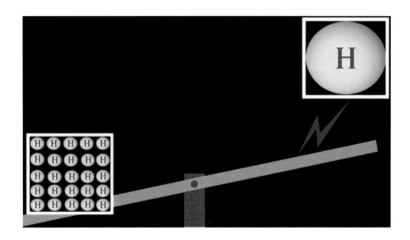

위 그림은 동일한 면적 안에 수소 원자가 들어가 있는 모습을 상

징적으로 비교하여 보여주고 있다. 이처럼 같은 수소 원지리고 헤도, 밀도에 따라 질량의 차이를 보인다. 별의 중심에서 수소 원자가 극단적으로 압축되면 그 수소 원자 껍데기가 붕괴되며 중수소와 삼중수소가 생성된다.

위 이미지에서 보여주는 것처럼 중력에 의해 압축되며 원자 껍데기가 붕괴되면 그 원자 껍데기 밖에서 궤도운동을 하던 전자가 핵으로 진입하며 양성자와 결합하여 중성자가 된다.

이어 그 중성자는 다른 양성자와 결합하며 중수소로 변환된다. 1개의 양성자가 2개의 중성자와 결합한 삼중수소가 생겨나기도 한다.

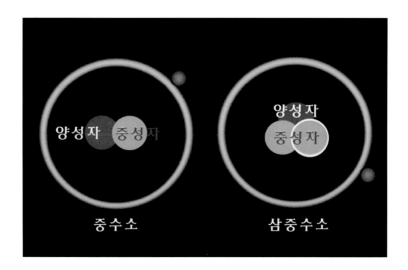

중수소　　　　　　　삼중수소

　위 그림에서 보듯이 중수소 핵은 양성자와 중성자가 결합하였지만, 삼중수소 핵은 1개의 양성자가 2개의 중성자와 결합하였다. 이처럼 생겨난 중수소와 삼중수소는 원래의 수소 원자보다 부피가 작아지게 된다. 즉, 질량무게는 원래의 수소 원자보다 2배나 커진 반면에, 부피규모는 더 작아지게 된다. 중력에 의해 압축되며 더 작아진 것이다.

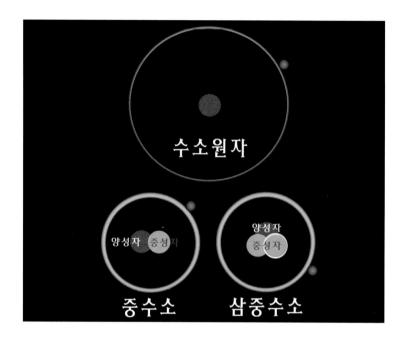

위 그림과 같이 중수소와 삼중수소는 원래의 수소 원자보다 더 작아진다. 중력에 의해 압축되며 더 작아지는 것이다. 하지만 원자 껍데기는 더 두꺼워진다. 중력으로부터 원자핵을 보호하기 위해 더 두꺼워지는 것이다.

우주물질은 이처럼 생겨난 중수소와 삼중수소의 결합을 시작으로 생겨난 것이다. 아담과 하와의 결합으로 여러 인종이 생겨났듯이, 중수소와 삼중수소의 결합으로부터 시작하여 우주의 모든 물질이 만들어진 것이다. 중수소와 삼중수소가 핵융합을 통해 결합하면 헬륨이 되는 것과 같다.

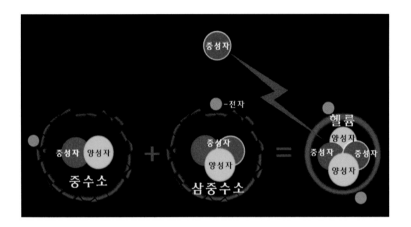

　위 이미지는 중수소와 삼중수소의 원자 껍데기가 붕괴되며 핵융
합(결합)을 통해 헬륨으로 변환되는 모습을 상징적으로 보여주고 있
다. 이때 중력의 세기는 수소폭탄을 터뜨리는 정도의 에너지가 되어
야 한다.

　수소폭탄은 일반 폭탄들과 달리 폭약을 바깥 둘레에 설치한다.
일반폭탄은 가운데에 폭약을 넣고 터뜨리는데 수소폭탄은 가운데
에 중수소와 삼중수소원료를 넣은 다음 그 둘레를 우라늄으로 감
싸고 그 바깥을 폭약으로 감싼 것이다. 그리고 바깥에서부터 폭발
을 일으킨다.

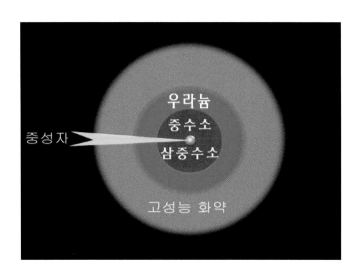

위 그림과 같이 수소원료를 우라늄이 둘러싸고 그 바깥을 폭약이 감싸고 있는 것이다. 폭탄에는 내폭방식과 외폭방식이 있는데, 일반 폭탄처럼 가운데에서 외부로 폭발시키는 것이 외폭방식이고, 핵폭탄처럼 가운데에 넣은 원료를 둘러싸고 있는 외부에서 내부를 향해 폭발시키는 것이 내폭방식이다. 수소폭탄에서 우라늄은 방아쇠 역할을 한다. 우라늄폭탄을 먼저 터뜨려서 그 엄청난 에너지를 가운데로 집중시켜 수소의 핵융합을 일으키는 것이다. 수소폭탄은 원자폭탄을 방아쇠로 하는 고온·고열하가 아니면 융합반응을 일으키지 않기 때문에 열핵무기(熱核武器) 또는 핵융합무기라고도 한다. 수소폭탄의 원료로는 중수소와 삼중수소 두 가지가 쓰이는데, 이 둘이 초고온 압력에 의해 융합되면서 헬륨으로 변환된다.

별의 중심핵을 압박하는 중력과 함께 열에너지도 그 정도 되어야 하는 것이다. 이처럼 별의 생성은 천체의 질량-중력-밀도-온도 메커니즘의 아주 정밀한 공식 가운데 이루어진다.

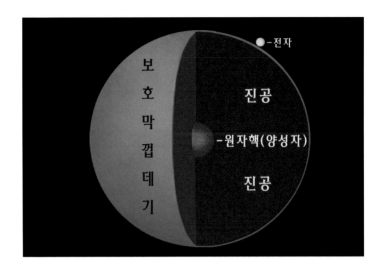

위 이미지는 수소의 원자핵을 보호하며 전자의 궤도 역할을 하는 원자 껍데기 모습을 상징적으로 보여주고 있다. 만약 원자의 궤도 역할을 하는 이 껍데기(보호막)가 없다면 목성도 태양과 같은 별이 될 수 있다. 수소와 수소가 하나로 합쳐져 핵융합을 통해 헬륨을 생성하며 태양과 같이 불을 지필 수 있기 때문이다. 하지만 목성은 태양에 비해 질량과 중력이 작기 때문에 수소 원자 껍데기를 붕괴시킬 수 없다.

그 수소 원자 껍데기를 깨뜨려야 핵융합을 통해 헬륨을 생성하며 태양처럼 불을 지필 수 있을 텐데 말이다. 하지만 목성은 태양보다 질량과 중력이 작기 때문에 그 수소 원자 껍데기를 붕괴시킬 수 없다. 그래서 목성은 별이 되지 못하고 행성으로 남아 있게 된 것이다.

목성은 태양과 마찬가지로 대부분이 수소로 이루어져 있으면서도 수소 원자 껍데기를 붕괴시킬 힘이 없어서 별이 되지 못한 것이다. 즉, 별의 생성 공식인 질량-중력-밀도-온도 메커니즘을 충족하지 못했기 때문에 목성은 별이 될 수 없는 것이다.

2) 물질 생성 메커니즘의 공식

태양의 중심부에서는 매초마다 약 7억 톤의 수소폭탄이 폭발하는데, 그 위력은 우라늄원자폭탄의 수천 배에 이른다. 1961년 구소련이 실험한 수소폭탄은 일본 히로시마에서 터진 원자폭탄의 3,800배 이상으로 강력했다. 우라늄원자폭탄의 위력과 맞먹는 중력 및 열팽창에너지 속에서 수소 원자 껍데기가 붕괴되며 핵융합을 하고, 수소폭탄이 터지는 것과 같은 엄청난 에너지 가운데 헬륨원자 껍데기가 만들어지며 수소 원자 2배의 질량을 가진 헬륨이 생성되는 것이다. 그리고 그 헬륨은 태양의 핵이 된다.

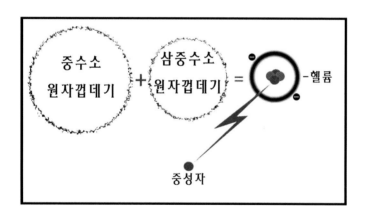

위 이미지는 중수소와 삼중수소 원자 껍데기들이 붕괴되며 핵융합을 하여 헬륨이 생성된 모습을 상징적으로 보여주고 있다. 이 헬륨

원자의 부피는 중력에 압축되어 수소 원자보다 작아진 반면에 원자껍데기는 더 두꺼워졌다.

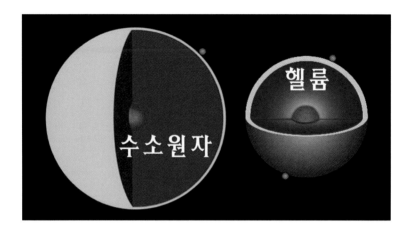

위 이미지처럼 수소 원자보다 작아진 헬륨의 원자 껍데기는 더 두꺼워진다. 중력으로부터 원자핵을 보호하기 위해 더 두꺼워진 것이다.

여기서 중요한 것은, 우라늄원자폭탄이 터지는 정도의 중력과 열팽창에너지, 그리고 수소폭탄이 터지는 정도의 엄청난 에너지 속에서도 헬륨 원자 껍데기를 만들어낸 동력이다. 그 동력이 없다면 헬륨이 생성될 수 없고, 헬륨이 생성될 수 없다면 우주가 생겨날 수 없기 때문이다.

헬륨 원자 껍데기를 만들어낸 동력은 원자핵의 회전운동에서 나온다. 원자핵이 회전하며 방출하는 자기력과 전자기파 등의 에너지에 의해 중력장이 형성되는데, 그 에너지에 의해 헬륨 원자 껍데기가 만들어지는 것이다. 2개의 수소 원자핵이 하나로 결합하며 2

배로 커진 에너지로, 수소 원자 껍데기보다 더 두껍고 견고한 헬륨 원자 껍데기를 만든 것이다.

그럼 헬륨보다 더 무거운 질량을 가진 원자들은 어떻게 생성될까?

헬륨 원자보다 더 무거운 질량을 가진 물질을 만들려면, 헬륨 원자 껍데기를 붕괴시킬 에너지가 필요하다.

중력에 의해 발생하는 고밀도와 초고온 속에서 핵융합을 한다는 것은 2개의 원자가 결합하여 1개의 원자가 된다는 것인데, 원자는 질량이 커질수록 부피가 작아진다. 그리고 2개의 원자가 결합하여 1개가 되었으므로 1개의 원자가 차지했던 공간이 남게 된다.

수소 원자는 다른 원자들에 비해 가장 큰 빈 공간을 가지고 있다. 일반적으로 원자핵이 콩알 정도의 크기라면 나머지 빈 공간은 축구장 규모의 크기라고 알려져 있는데, 그 바깥은 원자 껍데기가 감싸고 있다.

그런데 두 개의 수소 원자가 핵융합을 통해 합쳐져 한 개의 헬륨 원자가 되면서 한 개의 수소 원자가 차지하고 있던 빈 공간이 생기게 된다.

콩알 크기의 두 수소 원자핵이 합쳐져 융합하여 한 개의 헬륨 원자가 되면, 축구장보다 더 큰 빈 공간이 생기게 되는 것이다.

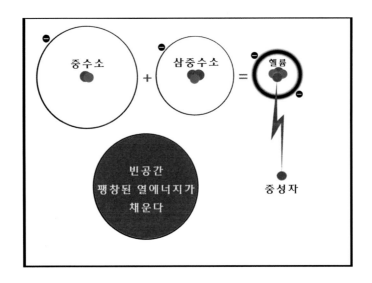

위 그림에서 보는 바와 같이 핵융합을 통해 두 개의 원자가 합쳐져 하나가 되면서 빈 공간이 생기는데, 그 빈 공간은 팽창된 열에너지가 채운다.

물이 끓으면서 증기가 되어 날아가는 것은 물 분자를 이루고 있는 원자들의 공간이 팽창되기 때문이다. 그런즉, **진공뿐만 아니라 우주 무한공간을 이루고 있는 원입자들은 에너지가 생기는 곳으로 몰리는 특징이 있기 때문에** 그 물 분자를 이루고 있는 원자들을 팽창시켜 날려보내는 것이다.

이처럼 원입자들은 열에너지가 발생하는 곳에 몰리며 원자의 공간부피를 팽창시킨다. 원자는 대부분 진공으로 이루어져 있는데, 원입자들이 몰려들며 그 진공 공간을 팽창시키는 것이다. 이 원리를 이용하여 열기구를 하늘에 띄우기도 하고 증기기관차도 달리게 하는 것이다.

진공을 이루고 있는 원입자들의 질량은 현대과학으로 측정할 수 없다. 하지만 블랙홀에 압축되어 있는 진공 입자들의 밀도 질량이 1㎤당 180억 톤 정도가 된다는 것은 이미 밝혀진지 오래되었다. 이처럼 블랙홀의 밀도가 1㎤당 180억 톤 정도가 된다는 것은 곧 그 무게의 실체가 있다는 것이다. 물질을 이루는 원자가 붕괴되는 과정에서 원자핵은 전자들로 붕괴되고, 전자는 중성미자들로 붕괴되고, 중성미자는 광자들로 붕괴되고, 광자는 진공 입자들로 붕괴되며 맨 마지막으로 남은 진공 입자들이 극단적으로 압축된 것이 그 실체이다. 이는 진공 입자도 질량이 있다는 물리적 증거이다. 그런즉, 현재 우리가 보고 있는 우주 만물은 이 진공 입자(원입자)들이 결합하며 더해진 결과로 나타난 것이다.

어두운 방에서 촛불을 밝히면 원입자들이 몰리며 결합하여 광자로 변환되는 것을 확인할 수 있다. 이처럼 열에너지를 얻으면 원입자(원래부터 있던 입자)들이 몰리며 광자로 변환될 뿐만 아니라, 불입자로 변환되기도 한다. 그 원리를 이용한 것이 부항이다.

　이 이미지는 항아리에 불을 넣는 장면을 상징적으로 보여주고 있다. 부항이란 한마디로 항아리에 불을 붙인다는 뜻이다. 항아리에 불을 넣으면 공기분자들이 팽창하여 항아리에서 빠져나간다. 뿐만 아니라 열에너지를 얻고 항아리에 몰린 원입자들이 광자 및 불 입자로 변환되어 밀도를 높이며, 공기분자들을 항아리 밖으로 밀어내기도 한다. 그리고 열에너지를 잃는 동시에 해체되어 원입자로 돌아간다. 그래서 항아리 안은 순간적으로 진공상태가 된다. 바로 이 원리를 부항 치료에 사용하는 것이다.

　고무풍선에 열에너지를 제공하면 어떻게 될까? 당연히 고무풍선이 팽창한다. 팽창된 공기분자들이 밖으로 빠져나가지 못하므로 고무풍선을 팽창시키는 것이다. 즉, 열에너지를 얻고 몰려든 원입자들이 그 고무풍선을 팽창시키는 것이다.

　태양과 같은 별 가운데서는 핵융합이 연이어 계속되며 빈 공간이 계속 확장된다. 태양의 중심부에서는 초당 7억 톤 정도의 수소가 핵융합을 하는데, 그 핵융합에서 수소 1g이 헬륨으로 변할 때 발생하는 에너지는 6억 대의 전열기가 1초 동안 방출하는 에너지와 같다. 그렇게 두 개의 원자가 핵융합을 통해 합쳐지면 한 개의 원자가 되면서 한 개의 원자가 차지하고 있던 빈 공간이 생기게 된다. 또한 원자는 질량이 커질수록 공간이 줄어들기 때문에 빈 공간은 더욱 커지게 된다. 그 빈 공간을 열에너지입자들이 채우는 것이다. 다시 말해 열에너지입자로 변환된 원입자들이 채운다. 이 열에너지는 곧 팽창에너지로서 중력에 가세하여 핵융합을 가속화시킨다.

　인공적인 핵융합은 고온의 팽창에너지를 극대화시켜 진행되지만, 우주에서 자연적인 핵융합은 중력과 열팽창에너지에 의해 진행되는 것이다. 핵융합이 계속될수록 열팽창에너지는 점점 더 커지게 된다. 그러다 바깥의 외층이 내부로부터 계속 확장되는 그 팽창에너지를 감당할 수 없는 한계점에 이르면, 그 에너지에 떠밀려 팽창하게 된다. 압축될 대로 압축되며 확장하는 에너지가, 외층을 강하게 밀어내며 팽창시키는 것이다.

　우리 태양도 약 50억 년 후에는 그 한계에 이르게 된다. 그때가 되면 태양의 부피는 급격하게 팽창한다. 이어 태양은 가장 가까이 있는 수성, 금성을 삼켜버리고 지구로 돌진해 온다.

위 그림은 적색거성으로 변한 태양이 지구까지의 행성들을 삼킨 모습을 상징적으로 보여주고 있다. 물론 이것은 아득히 멀고 먼 훗날의 일이다.

이처럼 별이 팽창하는 과정에 반지름이 1천 배 정도까지 확장되면서 표면 온도가 낮아지는 반면에, 중심부의 온도는 급격히 높아지며 1억K 정도에 도달하게 된다. 팽창에너지에 의해 밀도가 높아지며 나타나는 현상이다. 그리하여 별의 중심 핵에 있는 헬륨의 원자껍데기가 붕괴되며 연이은 핵융합이 일어나게 된다. 초신성은 폭발에너지를 이용하여 가장 안정적이고 견고한 철 원자 껍데기를 붕괴시키고 핵융합을 이루는데, 적색거성은 팽창에너지를 이용하여 핵융합을 이루는 것이다.

적색거성의 단계는 1억 년 정도 걸린다. 그 기간 동안 수소나 헬륨보다 질량이 무거운 리튬, 베릴륨, 붕소, 탄소 등의 물질이 만들어지며, 탄소가 별의 핵을 차지하게 된다. 태양보다 질량이 좀 더 무거운 별은 질소와 산소까지도 만들어낼 수 있다. 질량이 무겁다는 것은 곧 그만큼 중력이 더 크다는 것이므로, 좀 더 무거운 질량의 물질도 만들어낼 수 있는 것이다.

적색거성의 외곽은 대부분이 수소로 이루어져 있는데, 그 외곽층은 계속 팽창하면서 밀도가 낮아지며 행성상 성운을 형성한다.

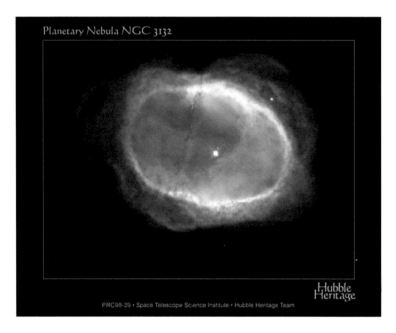

이 위성사진에서 보듯이 적색왜성은 행성상 성운으로 진화하는데, 이 과정에 핵만 외롭게 남겨둔 채 한때 몸통이었던 외곽층은 우주공간으로 하염없이 흩어져간다. 이어 남겨진 핵은 서서히 빛을 잃으며 식어간다. 이 천체를 백색왜성이라 한다. 아래 관측 사진의 가운데에 백색왜성의 모습이 보인다.

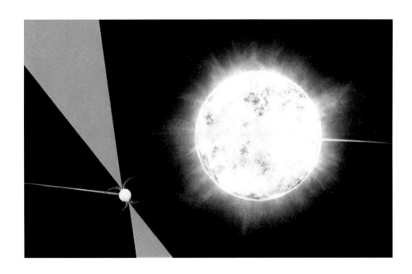

미국 위스콘신 대학 등 공동 연구팀이 미 국립전파천문대의 그린 뱅크 망원경, 초장기선 전파 망원경 등 관측 장비를 동원해 발견한 이 백색왜성은 역대 발견된 것 중 가장 차갑고 희미한 천체라고 한다. 이 백색왜성은 지구에서 약 900광년 떨어진 물병자리에 위치해 있으며, 지구만한 크기로서 섭씨 2,700도는 넘지 않을 것으로 추측된다.

연구팀은 이 백색왜성이 다이아몬드로 이루어졌을 것으로 보고 있다. 탄소로 이루어진 이 다이아몬드는 천체의 질량-중력-밀도-온도 메커니즘의 공식 가운데에서 만들어진다. 아울러 대부분 탄소로 이루어진 이 백색왜성이 수십억 년 동안 서서히 식어가며 결정화됐을 것으로 추정한다. 그래서 연구팀은 이 백색왜성에 '우주의 다이아몬드'라는 별칭을 붙였다.

연구를 이끈 데이비드 카플란 교수는 '이 백색왜성의 나이는 약 110억 년으로 추정된다'라면서 '오랜 시간 그 자리에 그대로 있었지만 너무나 희미해 인간에게 발견되지 않은 것'이라고 설명했다. 이어 '이같이 차가운 백색왜성이 이론적으로는 그리 희귀한 것은 아니다'면서 '이 백색왜성은 보통의 백색왜성보다 10배는 더 희미하다'고 덧붙였다.

백색왜성에서는 핵융합이 더 이상 일어나지 않는다. 따라서 에너지를 생성할 수 없기 때문에 점차 식어가게 된다. 일반적인 백색왜성은 태양 질량의 절반이며, 지름은 지구보다 약간 더 큰 수준이다. 백색왜성의 밀도는 $10^9 kg \cdot m^3$ 정도인데, 이는 태양 밀도의 1,000,000배 정도에 해당한다.

백색왜성은 수백억 년 이상의 세월을 지나며 식어가게 된다. 하지만 137억 년 정도로 추정되는 우주의 나이에 비해, 아무리 오래된 백색왜성이라 할지라도 여전히 수천 켈빈의 온도를 유지하고 있다. 그래서 대부분의 백색왜성은 매우 뜨겁다. 태양 질량의 절반 정도인 백색 왜성이 주변 온도와 동일해지려면 250억 년 정도의 시간이 걸린다. 이 별들은 오래된 별들의 집단인 구상성단에 있다.

백색왜성의 내부가 세월이 지나면서 서서히 식어감에 따라 마침내는 다이아몬드와 같은 결정체로 안정화될 것으로 추정한다. 오랜 시간이 지나 백색왜성이 주변 온도와 동일하게 완전히 식고 나면 백색왜성은 흑색왜성으로 변하게 될 것이다. 이론상으로 백색왜성이 흑색왜성이 되기까지 수백억 년이 필요하기 때문에 138억 년 정도가 된 우주에는 아직 흑색왜성이 존재하지 않는 것으로 추정되고 있다.

백색왜성은 태양 질량의 1.4배를 초과할 수 없다. 하지만 쌍성계를 이루는 백색왜성은 동반성으로부터 물질을 빼앗아 질량과 중력을 늘리며 부활할 수 있다.

　사진(ESA 제공)은 백색왜성이 동반성의 물질을 빼앗아 초신성 폭발을 일으키는 모습이다. 이처럼 동반성의 물질이 백색왜성으로 옮겨간다는 것은 곧 그 질량만큼의 중력도 옮겨간다는 것을 의미한다. 그렇게 확장된 중력은 백색왜성의 핵을 이루고 있는 탄소나 산소의 원자껍데기를 붕괴시켜 핵융합을 이루며 철에 이르기까지 많은 물질들을 생성할 수 있다.

위 이미지는 태양 질량의 20배 이상 되는 별의 중심 핵을 이루고 있는 철 원자를 상징적으로 보여주고 있다. 일반적인 별의 질량-중력-밀도-온도-열팽창에너지 등의 메커니즘 공식으로 생성할 수 있는 물질은 중심 핵을 차지하고 있는 철 원자까지이다. 철 원자는 중력에 가장 잘 버티며 견딜 수 있는 안정적인 구조를 가졌기 때문이다. 그래서 초신성 폭발을 일으키며 그 폭발력을 더해 철 원자의 그 견고한 구조를 깨뜨리고, 철보다 질량이 더 무거운 물질들을 생성하는 것이다.

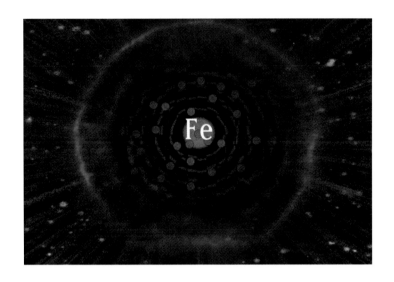

위 이미지는 별이 폭발하는 에너지 가운데에서 그 별의 중심 핵을 이루고 있던 철 원자들 중의 하나가 붕괴되는 모습을 상징적으로 보여주고 있다.

태양 질량의 별이 적색거성으로 팽창하는 에너지를 이용하여 헬륨 원자 껍데기를 붕괴시키고 헬륨보다 더 무거운 질량을 가진 물질들을 생성하듯이, 초신성은 폭발력으로 가장 안정적이고 견고한 구조를 가진 철 원자구조를 붕괴시키는 것이다. 그리고 철 원자보다 더 무거운 질량을 가진 물질들이 만들어진다.

별의 질량-중력-밀도-온도 메커니즘 공식에 폭발에너지가 더해지면 철보다 무거운 질량을 가진 물질들을 만들어낼 수 있는 것이다.

3) 별의 수명 및 종류를 결정짓는 메커니즘의 공식

생명체는 세포들로 이루어져 있고, 세포는 분자들로 이루어져 있다. 이 세상 모든 물질은 분자들로 이루어져 있는데, 분자는 원자들로 이루어져 있다.

이처럼 물질을 구성하는 모든 원자는 수소 원자로부터 시작하여 결합(융합)된 것이다. 때문에 원자에 수소 원자가 몇 개 들어가 있는가에 따라 물질의 종류가 달라진다.

예를 들어 수소 원자가 2개면 헬륨이 되고, 수소 원자가 7개면 질소가 되고, 수소 원자가 8개면 산소가 되고, 수소 원자가 26개면 철이 되는 것이다.

이 물질들은 별에서 핵융합을 통해 만들어지는데, 질량이 작은 별에서는 헬륨밖에 생성할 수 없지만, 별의 질량-중력-밀도-온도 메커니즘이 클수록 많은 물질을 만들어낼 수 있다.

지금도 태양의 중심에서는 폭발적인 핵융합을 통해 많은 헬륨이 만들어지고 있다. 그 핵융합 과정에서 헬륨의 부피는 중력의 압력에 의해 더 작아지는 반면에, 원자 껍데기는 더 두꺼워진다. 중력의 압축에너지로부터 원자핵을 보호하기 위해서이다.

별의 질량-중력-밀도-온도 메커니즘이 클수록 핵융합이 빨라지며, 그 메커니즘이 작을수록 핵융합이 느려진다. 질량이 큰 별일수록 중심핵을 압박하는 중력-밀도-온도 메커니즘이 크기 때문에 핵융합 속도가 빠르고, 질량이 작은 별일수록 그 메커니즘이 약하기 때문에 핵융합 속도가 늦어지는 것이다.

아울러, 이는 별들의 수명을 결정짓는다. 핵융합이 빠를수록 수

명이 짧아지고, 핵융합이 늦을수록 수명이 길어진다. 때문에 질량-
중력-밀도-온도의 메커니즘 에너지가 큰 초신성의 수명은 수백만
년에 이르고, 태양과 같이 그보다 수십 배 이하로 질량이 작은 별
의 수명은 1백억 년 정도에 이르며, 또 태양 질량보다 2배 이하로
더 작은 적색왜성은 17조 5,000억 년까지도 살 수 있다.

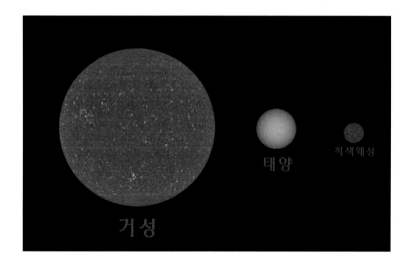

위 이미지에서 질량이 큰 별일수록 수명이 짧다. 이처럼 질량-중
력-밀도-온도의 메커니즘을 통해 별들의 수명과 함께 그 별의 종류
까지 결정된다.

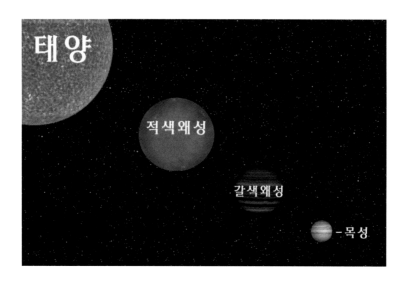

위 이미지에서 적색왜성의 질량은 태양의 46% 이하이며, 갈색왜성의 질량은 태양의 8% 미만이다. 하지만 갈색왜성의 질량 하한선은 목성의 13배 이상이 된다. 그런즉, 목성도 질량이 13배 이상이 되면 별이 될 수 있다. 비록 태양처럼 찬란한 빛을 발할 수는 없어도, 갈색왜성과 같은 천체가 될 수 있는 것이다.

질량이 확장된다는 것은 곧 중력이 확장된다는 것인데, 그 중력은 중심핵의 밀도를 높여 고온을 발생시키며 핵융합을 촉진한다. 이처럼 정교한 우주공식은 빅뱅론과 같은 추상적 이론이나 학설이 아니라, 현대우주과학기술로 관측되고 철저히 검증된 물리적 증거들로 밝혀진 100% 진실이다. 아울러 이는 과학적으로 검증되지 않았다고 핑계를 댈 수도 없고, 시비할 수도 없는 명명백백한 진실이다.

4) 별이 진화되는 메커니즘의 공식

 별의 진화도 질량-중력-밀도-온도의 메커니즘 가운데 이루어진다. 때문에 태양 질량의 10배 이상 되는 별의 중력-밀도-초고온-폭발에너지의 메커니즘 속에서는 가장 단단하고 안정적 구조를 가진 철 원자 껍데기도 붕괴되며, 그 원자 껍데기 밖에서 궤도운동을 하던 전자들이 핵으로 진입하여 양성자와 결합하며 중성자들로 변환된다.

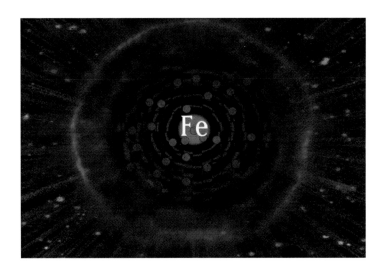

 위 이미지는 태양 질량의 10배 이상 되는 별의 질량-중력-밀도-온도의 메커니즘 속에서 극단적으로 압축된 철 원자 껍데기 궤도가 붕괴되며 전자들이 핵으로 밀려들어가는 모습을 상징적으로 보여주고 있다. 핵으로 밀려들어간 전자들은 핵을 이루는 양성자와 결합하여 중성자로 변환된다.

이처럼 생겨난 별을 중성자별이라고 한다. 그리고 중성자별보다 질량과 중력이 큰 별의 메커니즘 공식에서는 그 중성자마저 붕괴된다.

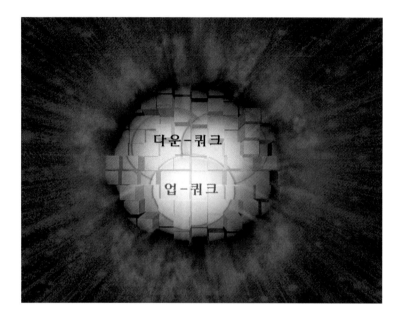

위 이미지는 중성자를 이루는 쿼크 입자들이 붕괴되는 모습을 상징적으로 보여주고 있다. 중성자별보다 더 큰 별의 질량-중력-밀도-온도 메커니즘의 공식에서는 중성자마저 붕괴되며 극단적으로 압축된 천체인 블랙홀이 생겨난다.

위 이미지는 블랙홀의 모습을 상징적으로 보여주고 있다. 아울러 중성자별이 1㎤당 10억 톤의 무게가 되는 것은, 원자가 붕괴되며 중성자들이 압축되었기 때문이다. 블랙홀이 1㎤당 180억 톤이 되는 것은, 그 중성자를 이루고 있는 입자들이 완전히 붕괴·해체되고 맨 마지막에 남은 원입자들이 극단적으로 압축되었기 때문이다. 그런즉, 천체의 진화는 질량-중력-밀도-온도 메커니즘의 공식 가운데 이루어진다.

5) 빅뱅론의 허구에 대하여

앞서 설명했듯 우주는 질량-중력-밀도-온도의 메커니즘 가운데 생겨났다.

그런데 빅뱅론에는 이 메커니즘이 존재하지 않는다. 빅뱅론에 의하면 빅뱅 특이점 폭발 1초 후의 온도가 1백억℃, 3분 후 10억℃였다고 한다.

빅뱅 특이점

빅뱅 1초 후 1백억℃
빅뱅 3분 후 10억℃

　위 이미지는 빅뱅 특이점이 폭발한 후의 온도를 상징적으로 보여
주고 있다. 블랙홀에서 방출되는 물질의 온도는 빅뱅 특이점이 폭
발할 당시의 온도보다 수만 배 이상이 된다. 미국과 러시아 등의 연
구진은 최첨단 과학기술 위성을 통해 신생은하 핵인 블랙홀에서 방
출되는 물질의 온도가 섭씨 99조9,999억℃ 정도 되는 것으로 확인
한 바 있다.

　이처럼 빅뱅 당시의 온도가 블랙홀에서 방출하는 물질의 온도보
다 낮다는 것은, 빅뱅 특이점의 질량과 중력이 블랙홀보다 작다는
것이다.

　밀도는 압축될 수 있는 한계가 있으므로 더 작다고는 할 수 없지만,
빅뱅 특이점의 질량과 중력은 블랙홀 하나보다도 훨씬 작은 것이다.

　솔직히 원자핵보다 작았다는 그 특이점의 질량 가지고는 한 삽
의 흙조차 만들 수 없다.

　바늘구멍보다도 지극히 작았다는 빅뱅 특이점의 질량무게가, 오

늘날 우주에 존재하는 모든 별과 행성들을 비롯한 물질의 총질량 무게와 같다는 것이 얼마나 황당한 거짓인가!

위 사진(나사 제공)은 가장 먼 우주의 한 조각 모습을 배경으로, 우리은하(왼쪽)와 38만 년이 된 초기우주(오른쪽)의 모습을 비교한 것이다. 우주에 존재하는 은하들은 1천억 개 이상에 이르며, 그 은하들에는 수천억 개의 별과 수백억 개의 행성들이 있다. 또 수많은 블랙홀들이 있다.

우리은하에는 1억 개 정도의 블랙홀을 비롯하여, 약 3천억 개의 별과 5백억 개 정도의 행성들이 있다.

빅뱅론대로리면 초기우주기 우리은하 규모만큼 팽창했을 때의 질량무게는, 우리은하 질량의 1조배 이상이 된다. 암흑물질의 질량을 계산하지 않고도 그 정도가 된다.

질량이 그 정도로 크다는 것은 곧 중력도 그만큼 크다는 것이며, 질량과 중력이 그렇게 크다는 것은 곧 밀도와 온도 역시 그만큼 높다는 것이다.

이 메커니즘을 물리적 증거로 반론할 수 있는 과학자는 지구상에 존재하지 않는다.

하지만 빅뱅론자들은 절대로 이 진실을 밝힐 수 없다. 이 메커니즘의 진실이 밝혀지는 순간, 빅뱅론의 거짓이 만천하에 드러나기 때문이다.

한국의 과학을 대표하는 천문연구원, 고등과학원, 기초과학연구원이 지난 수년 동안 이 진실을 은폐한 것도, 과학자의 양심을 저버린 적폐 때문이었다.[3]

---

3) 편집자 주 - 저자 개인의 의견이며 출판사의 입장과는 무관함

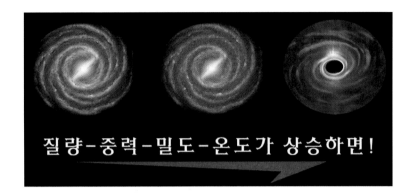

質量-重力-密度-溫度가 上昇하면!

위 이미지는 질량-중력-밀도-온도가 상승할 때의 상황을 보여주고 있다. 우리은하에 속한 천체들의 질량이 1백 배 이상 커지면, 그 질량의 중력에 의해 밀도가 높아지며 고온이 발생하면서 태양계의 궤도를 돌고 있는 목성과 같은 행성도 별이 된다.

그리고 태양은 블랙홀로 진화되어 위성들을 삼키기 시작한다. 우리은하의 질량이 1억 배 이상 커지면, 그 질량의 중력에 의해 그만큼 밀도와 온도도 상승하면서 은하를 이루는 원자들이 산산이 붕괴되며 거대한 블랙홀을 만든다.

초기우주가 우리은하 규모로 팽창했을 때의 질량이 우리은하의 1조 배 이상이 된다면, 그 질량만큼 중력도 커야 한다. 그리고 그 엄청난 질량의 중력에 의해 밀도와 온도가 상승하면서 모든 원자들이 산산이 붕괴되고 압축되면서 거대한 블랙홀이 되고 만다.

하지만 유럽우주국에 의해 밝혀진 초기우주에서, 중력에 의해 밀도가 상승하는 지역의 온도는 2,700℃ 정도이다. 이처럼 온도가 낮다는 것은 곧 질량-중력-밀도가 그만큼 작고 낮았다는 증거이다. 우주의 질량-중력-밀도-온도의 메커니즘을 놓고 볼 때, 유럽우주국의 관측은 정확히다.

지금의 우주 질량과 초기우주 질량이 수천억의 수천억 배 이상 차이가 난다는 것은 그만큼 생성되었다는 것이며, 또 지금도 계속 생성되고 있다는 것이다. 별을 생성하고 있는 은하들의 주변을 감싸고 계속 생성되며 확산하는 중성수소가 바로 그 증거이다.

우주에서 수소는 다른 에너지의 간섭이 없는 진공상태에서만 생성되기 때문에, 타원은하처럼 궤도가 닫힌 은하에서는 생성되지 않는다. 그래서 수소는 나선은하처럼 궤도가 열려 있는 은하의 궤도 밖에서 생성된다. 또 아직 궤도가 미처 형성되지 않은 불규칙은하들에서 폭발적으로 생성된다.

때문에 대부분의 타원은하에서는 거의 별들이 생성되지 않고 나선은하들에서 별들이 생성되며, 아직 궤도가 형성되지 않은 불규칙은하들에서 폭발적인 별 생성이 이루어진다.

전기적으로 중성상태인 중성수소는 대부분의 타원은하들에는 거의 없고, 나선은하나 불규칙은하들의 주변을 감싸고 확산되는 것도 그 때문이다. 이처럼 수소는 빅뱅 최초의 3분에 모두 만들어진 것이 아니라 현재도 계속 생성되고 있으며, 그로 인해 지금의 우주 질량은 초기우주에 비해 수천억의 수천억 배 이상으로 커진 것이다.

① 별은 대부분이 수소로 이루어진 구름 성운이 중력에 의해 압축되면서 생성되는데, 수소 원자 껍데기를 깨뜨릴 수 있는 중력을 가진 천체만이 별이 될 수 있다. 수소 원자 껍데기를 깨뜨려야 핵융합을 통해 불을 지피며, 찬란히 빛나는 별이 될 수 있기 때문이다. 목성처럼 대부분 수소로 이루어져 있어도, 중심 핵을 이루고 있는 수소 원자 껍데기를 깨뜨릴 수 있는 중력이 없으면 결코 별이 될 수 없는 것이다.

이 진실을 물리적 증거로 반론할 수 있는가?

② 별이란 원자 껍데기를 깨뜨리고 핵융합을 통해 불을 지피며 스스로 빛나는 천체를 말하며, 행성이란 수소 원자 껍데기를 깨뜨릴 중력이 없어 스스로 빛을 낼 수 없는 천체를 말한다.

중력은 질량에 비례한다. 질량이 큰만큼 중력도 큰 것이다. 그런즉, 목성도 태양만한 질량을 가지면, 그 질량의 중력으로 수소 원자 껍데기를 깨뜨리고 핵융합을 통해 불을 지피며 스스로 빛나는 별이 될 수 있다.

이 진실을 물리적 증거로 반론할 수 있는가?

③ 별의 중심에서 수소 원자가 극단적으로 압축되면 그 수소 원자 껍데기가 붕괴되며 중수소와 삼중수소가 생성된다. 본문 이미지에서처럼 중력에 의해 압축되며 원자 껍데기가 붕괴되면, 그 원자 껍데기 밖에서 궤도 운동을 하던 전자가 핵으로 진입하며 양성자와 결합하여 중성자가 된다. 이어 그 중성자는 다른 양성자와 결합하며 중수소로 변환된다. 1개의 양성자가 2개의 중성자와 결합한 삼중수소가 생겨나기도 한다.

이 진실을 물리적 증거로 반론할 수 있는가?

④ 중수소와 삼중수소 부피 규모는 원래의 수소 원자보다 부피가 작아지게 된다. 즉, 질량무게는 원래의 수소 원자보다 2배나 커진 반면에, 부피규모는 더 작아지게 된다. 중력에 의해 압축되며 더 작아진 것이다. 하지만 원자 껍데기는 더 두꺼워진다. 중력으로부터 원자핵을 보호하기 위해 더 두꺼워진 것이다.

이 진실을 물리적 증거로 반론할 수 있는가?

⑤ 우주물질은 이처럼 생겨난 중수소와 삼중수소의 결합을 시작으로 생겨난 것이다. 아담과 하와의 결합으로 여러 인종이 생겨났듯이, 중수소와 삼중수소의 결합으로부터 시작하여 우주의 모든 물질이 만들어진 것이다. 중수소와 삼중수소가 핵융합을 통해 결합하면 헬륨이 되듯이 말이다.

이 진실을 물리적 증거로 반론할 수 있는가?

⑥ 본문 이미지 중 중수소와 삼중수소의 원자껍데기가 붕괴되며 핵융합(결합)을 통해 헬륨으로 변환되는 모습을 상징적으로 보여주는 이미지가 있다. 이때 중력의 세기는 수소폭탄을 터뜨리는 정도의 에너지가 되어야 한다.

수소폭탄의 원료로는 중수소와 삼중수소 두 가지가 쓰이는데, 이 둘이 초고온 압력에 의해 융합되면서 헬륨으로 변환된다. 그런즉, 별의 중심핵을 압박하는 중력과 함께 열에너지가 그 정도 되어야 하는 것이다.

이 진실을 물리적 증거로 반론할 수 있는가?

⑦ 만약 원자의 궤도 역할을 하는 이 껍데기 보호막이 없다면, 목성도 태양과 같은 별이 될 수 있다. 수소와 수소가 하나로 합쳐지며 핵융합을 통해 헬륨을 생성하여 태양과 같이 불을 지필 수 있기 때문이다. 하지만 목성

은 태양에 비해 질량과 중력이 작기 때문에 수소 원자 껍데기를 붕괴시킬 수 없다.

그 수소 원자 껍데기를 깨뜨려야 핵융합을 통해 헬륨을 생성하며 태양처럼 불을 지필 수 있다. 하지만 목성은 태양보다 질량과 중력이 작기 때문에 그 수소 원자 껍데기를 붕괴시킬 수 없다. 그래서 목성은 별이 되지 못하고 행성으로 남아 있게 된 것이다.

목성은 태양과 마찬가지로 대부분이 수소로 이루어져 있으면서도, 수소 원자 껍데기를 붕괴시킬 힘이 없어서 별이 되지 못한 것이다. 즉, 별의 생성 공식인 질량-중력-밀도-온도 메커니즘이 이루어지지 않기 때문에, 목성은 별이 될 수 없는 것이다.

이 진실을 물리적 증거로 반론할 수 있는가?

⑧ 태양의 중심부에서는 매초마다 약 7억 톤의 수소폭탄이 폭발하는데, 그 위력은 우라늄원자폭탄의 수천 배에 이른다. 1961년 구소련이 실험한 수소폭탄은 일본 히로시마에서 터진 원자폭탄의 3,800배 이상으로 강력했다. 우라늄원자폭탄이 터지는 위력과 맞먹는 중력과 열팽창에너지 가운데에서 수소 원자 껍데기가 붕괴되며 핵융합을 하고, 수소폭탄이 터지는 엄청난 에너지 가운데에서 헬륨 원자 껍데기가 만들어지며 수소 원자 2배의 질량을 가진 헬륨이 생성되는 것이다. 그리고 그 헬륨은 태양의 핵이 된다.

이 진실을 물리적 증거로 반론할 수 있는가?

⑨ 중요한 것은 우라늄원자폭탄이 터지는 정도의 세기를 가진 중력과 열팽창에너지, 수소폭탄이 터지는 정도의 엄청난 에너지 가운데에서도 헬륨 원자 껍데기를 만들어낸 동력이다. 그 동력이 없다면 헬륨이 생성

될 수 없고, 헬륨이 생성될 수 없다면 우주가 생겨날 수 없었기 때문이다. 헬륨 원자 껍데기를 만들어낸 동력은 원자핵의 회전운동에서 나온다. 원자핵이 회전하며 방출하는 자기력과 전자기파 등의 에너지에 의해 중력장이 형성되는데, 그 에너지들에 의해 헬륨 원자 껍데기가 만들어지는 것이다.

2개의 수소 원자핵이 하나로 결합하며 2배로 커진 에너지로 수소 원자 껍데기보다 더 두껍고 견고한 헬륨 원자 껍데기를 만든 것이다.

이 진실을 물리적 증거로 반론할 수 있는가?

⑩ 중력에 의해 발생하는 고밀도와 초고온 속에서 핵융합을 한다는 것은 2개의 원자가 결합하여 1개의 원자가 된다는 것인데, 원자는 질량이 커질수록 부피가 작아진다. 그리고 2개의 원자가 결합하여 1개가 되었으므로, 한 개의 원자가 차지했던 공간이 남게 된다.

이 진실을 물리적 증거로 반론할 수 있는가?

⑪ 수소 원자는 다른 원자들에 비해 가장 큰 빈 공간을 가지고 있다. 일반적으로 원자핵이 콩알 정도의 크기라면 나머지 빈 공간은 축구장 규모의 크기라고 알려져 있는데, 그 바깥은 원자 껍데기가 감싸고 있다. 그런데 두 개의 수소 원자가 핵융합을 통해 합쳐지면 한 개의 헬륨 원자가 되면서, 한 개의 수소 원자가 차지하고 있던 빈 공간이 생기게 된다.

이 진실을 물리적 증거로 반론할 수 있는가?

⑫ 물이 끓으면서 증기가 되어 날아가는 것은 물 분자를 이루고 있는 원자들의 공간이 팽창되기 때문이다. 즉, 진공뿐만 아니라 우주무한공간을 이루고 있는 원입자들은 에너지가 생기는 곳으로 몰리는 특징이 있기 때

문에, 그 물 분자를 이루고 있는 원자들을 팽창시켜 날려보내는 것이다. 이처럼 원입자들은 열에너지가 발생하는 곳에 몰리며 원자의 공간부피를 팽창시키는 것이다. 이 원리를 이용하여 열기구를 하늘에 띄울 뿐만 아니라, 증기기관차도 달릴 수 있게 하는 것이다.

이 진실을 물리적 증거로 반론할 수 있는가?

⑬ 어두운 방에서 촛불을 밝히면 원입자들이 몰리며 결합하여 광자로 변환되는 것을 확인할 수 있다. 이처럼 열에너지를 얻으면 원입자들이 몰리며 광자로 변환될 뿐만 아니라, 불 입자로 변환되기도 한다. 그 원리를 이용한 것이 부항이다.

부항이란 한마디로 항아리에 불을 붙인다는 뜻이다. 항아리에 불을 넣으면 공기분자들이 팽창하여 항아리에서 빠져나간다. 뿐만 아니라 열에너지를 얻고 항아리에 몰린 원입자들이 광자 및 불 입자로 변환되어 밀도를 높이며, 공기분자들을 항아리 밖으로 밀어내기도 한다. 그리고 열에너지를 잃는 동시에 해체되어 원입자로 돌아간다. 그래서 항아리 안은 순간적으로 진공상태가 된다. 바로 이 원리를 부항치료에 사용하는 것이다.

이 진실을 물리적 증거로 반론할 수 있는가?

⑭ 고무풍선에 열에너지를 제공하면 어떻게 될까? 당연히 고무풍선이 팽창한다. 팽창된 공기분자들이 밖으로 빠져나가지 못하므로 고무풍선을 팽창시키는 것이다. 즉, 열에너지를 얻고 몰려든 원입자들이 그 고무풍선을 팽창시키는 것이다.

이 진실을 물리적 증거로 반론할 수 있는가?

⑮ 태양과 같은 별 가운데서는 연이은 핵융합이 계속되며 빈 공간이 계속

확장된다. 태양의 중심부에서는 초당 7억 톤 정도의 수소가 핵융합을 하는데, 그 핵융합을 통해 수소 1g이 헬륨으로 변할 때 발생하는 에너지는 6억 대의 전열기가 1초 동안에 방출하는 에너지와 같다. 그렇게 두 개의 원자가 핵융합을 통해 합쳐지면 한 개의 원자가 되면서, 한 개의 원자가 차지하고 있던 빈 공간이 생기게 된다. 또한 원자는 질량이 커질수록 공간이 줄어들기 때문에 빈 공간은 더욱 커지게 된다. 그 빈 공간을 열에너지입자들이 채우는 것이다. 다시 말해, 열에너지입자로 변환된 원입자들이 채운다.

이 진실을 물리적 증거로 반론할 수 있는가?

⑯ 열에너지는 곧 팽창에너지로서 중력에 가세하여 핵융합을 가속화시킨다. 인공적인 핵융합은 고온의 팽창에너지를 극대화시켜 진행되지만, 우주에서 자연적인 핵융합은 중력과 열팽창에너지에 의해 진행되는 것이다.

연이은 핵융합이 계속될수록 열팽창에너지는 점점 더 커지게 된다. 그러다 바깥의 외층이 내부로부터 계속 확장되는 그 팽창에너지를 감당할 수 없는 한계점에 이르면 그 에너지에 떠밀려 팽창을 하게 된다. 압축될 대로 압축되며 확장하는 에너지가 외층을 강하게 밀어내며 팽창시키는 것이다.

이처럼 별이 팽창하는 과정에 반지름이 1,000배 정도까지 확장되면서 표면온도가 낮아지는 반면에, 중심부의 온도는 급격히 높아지며 1억K 정도에 도달하게 된다. 팽창에너지에 의해 밀도가 높아지며 나타나는 현상이다. 그리하여 별의 중심핵에 있는 헬륨의 원자껍데기가 붕괴되며, 연이은 핵융합이 일어나게 된다. 초신성은 폭발에너지를 이용하여 가장 안정적이고 견고한 철 원자 껍데기를 붕괴시키고 핵융합을 이루는데, 적색거성은 팽창에너지를 이용하여 핵융합을 이루는 것이다.
이 진실을 물리적 증거로 반론할 수 있는가?

⑰ 적색거성의 단계는 1억 년 정도 걸린다. 그 기간 동안 수소와 헬륨보다 질량이 무거운 리튬, 베릴륨, 붕소, 탄소 등의 물질이 만들어지며, 탄소가 별의 핵을 차지하게 된다. 태양보다 질량이 좀 더 무거운 별은 질소와 산소까지도 만들어낼 수 있다. 질량이 무겁다는 것은 곧 그만큼 중력이 더 크다는 것이므로, 좀 더 무거운 질량의 물질도 만들어낼 수 있는 것이다.
이 진실을 물리적 증거로 반론할 수 있는가?

⑱ 동반성의 물질이 백색왜성으로 옮겨간다는 것은 곧 그 질량만큼의 중력도 옮겨간다는 것을 의미한다. 그렇게 확장된 중력은 백색왜성의 핵을 이루고 있는 탄소나 산소의 원자껍데기를 붕괴시켜 핵융합을 이루며 철에 이르기까지 많은 물질들을 생성할 수 있다.
이 진실을 물리적 증거로 반론할 수 있는가?

⑲ 일반적인 별의 질량-중력-밀도-온도-열팽창에너지 등의 메커니즘 공식으로 생성할 수 있는 물질은 중심 핵을 차지하고 있는 철 원자까지이다. 철 원자는 중력에 가장 잘 버티며 견딜 수 있는 안정적인 구조를 가졌기 때문이다. 그래서 초신성 폭발을 일으키며, 그 폭발력을 더해 철 원자의 그 견고한 구조를 깨뜨리고, 철보다 질량이 더 무거운 물질들을 생성하는 것이다.
이 진실을 물리적 증거로 반론할 수 있는가?

⑳ 물질을 구성하는 모든 원자는 수소 원자로부터 시작하여 결합(융합)된 것이다. 때문에 원자에 수소 원자가 몇 개 들어가 있는가에 따라 물질의 종류가 달라진다. 예를 들어 수소 원자가 2개면 헬륨이 되고, 수소 원자가 7개면 질소가 되고, 수소 원자가 8개면 산소가 되고, 수소 원자가 26개면 철이 되는 것이다.

이 진실을 물리적 증거로 반론할 수 있는가?

㉑ 물질(원자)들은 별에서 핵융합을 통해 만들어지는데, 질량이 작은 별에서는 헬륨밖에 생성할 수 없지만, 별의 질량-중력-밀도-온도 메커니즘이 클수록 많은 물질을 만들어낼 수 있다.

이 진실을 물리적 증거로 반론할 수 있는가?

㉒ 별의 질량-중력-밀도-온도 메커니즘이 클수록 핵융합이 빨라지며, 그 메커니즘이 작을수록 핵융합이 느려진다. 질량이 큰 별일수록 중심핵을 압박하는 중력-밀도-온도메커니즘이 크기 때문에 핵융합 속도가 빠르고, 질량이 작은 별일수록 그 메커니즘이 약하기 때문에 핵융합 속도가 늦어지는 것이다. 아울러 이는 별들의 수명을 결정짓는다.

이 진실을 물리적 증거로 반론할 수 있는가?

㉓ 적색왜성의 질량은 태양의 46% 이하이며, 갈색왜성의 질량은 태양의 8% 미만이다. 하지만 갈색왜성의 질량 하한선은 목성의 13배 이상이 된다. 그런즉, 목성도 질량이 13배 이상이 되면 별이 될 수 있다. 비록 태양처럼 찬란한 빛을 발할 수는 없어도, 갈색왜성과 같은 천체가 될 수 있는 것이다.

질량이 확장된다는 것은 곧 중력이 확장된다는 것인데, 그 중력은 중심

핵의 밀도를 높여 고온을 발생시키며 핵융합을 촉진한다.

이 진실을 물리적 증거로 반론할 수 있는가?

㉔ 별의 진화도 질량-중력-밀도-온도의 메커니즘 가운데 이루어진다.

때문에 태양 질량의 10배 이상 되는 별의 중력-밀도-초고온-폭발에너지 등의 메커니즘 가운데서는 가장 단단하고 안정적 구조를 가진 철 원자 껍데기도 붕괴되며, 그 원자 껍데기 밖에서 궤도운동을 하던 전자들이 핵으로 진입하여 양성자와 결합하며 중성자들로 변환된다.

이처럼 생겨난 별을 중성자별이라고 한다. 그런즉, 중성자별보다 더 큰 별의 질량-중력-밀도-온도 메커니즘의 공식 가운데서는 중성자마저 붕괴되며 극단적으로 압축된 천체인 블랙홀이 생겨난다.

이 진실을 물리적 증거로 반론할 수 있는가?

㉕ 중성자별이 1㎤당 10억 톤이 되는 것은 원자가 붕괴되며 중성자들이 압축되었기 때문이며, 블랙홀이 1㎤당 180억 톤이 되는 것은 그 중성자를 이루고 있는 입자들이 완전히 붕괴·해체되고 맨 마지막에 남은 원입자들이 극단적으로 압축되었기 때문이다. 그런즉, 천체의 진화는 질량-중력-밀도-온도 메커니즘의 공식 가운데에서 이루어진다.

이 진실을 물리적 증거로 반론할 수 있는가?

지금 우리가 보고 있는 우주에는 1천억 개 이상의 은하들이 존재하는데, 인류가 살고 있는 태양계가 속한 은하를 우리은하라고 한다. 우리은하 하나에만 약 3천억 개의 별들이 존재한다. 별이란 태양처럼 스스로 빛을 내는 천체를 뜻한다.

지구나 목성처럼 스스로 빛을 낼 수 없는 천체를 행성이라고 한다. 우리은하에 이런 행성들은 5백억 개 정도가 있다. 그리고 약 1억 개의 블랙홀이 있다. 우리은하 하나에만 이처럼 많은 천체가 존재하는 것이다.

이 이미지는 수많은 은하들 속에 있는 우리은하를 상징적으로

보여주고 있다. 위 은하의 크기에서는 태양계가 보이지 않는다. 3천억 개 정도의 별들이 존재하는 우리은하에서 태양이라고 하는 별은 그 중 하나에 불과하기 때문이다. 태양을 포함한 약 3천억 개의 별을 비롯하여 5백억 개 정도의 행성과 약 1억 개의 블랙홀이 모여 우리은하와 같은 나선형 모양을 나타냈다. 위에 보이는 우리은하 이미지를 1만 배 정도로 확대하면 태양계에 속한 지구는 작은 점으로나마 겨우 보일 것이다.

지금 우리가 보고 있는 우주에는 태양처럼 스스로 빛을 내는 별들뿐만 아니라, 또 그 수많은 별들을 품고 있는 은하들도 1천억 개 이상이 존재한다.

우주에는 우리은하보다 많은 별들을 거느리고 있는 은하들도 많다. 우리은하의 곁에 있는 안드로메다 은하에는 약 9천억 개의 별들이 있다. 우리은하보다 3배나 많은 별들이 있는 것이다. 때문에 우리은하의 지름이 10만 광년인 것에 비해, 안드로메다은하의 지름은 17만 광년 이상이다. 물론 우리은하보다 적은 별들을 거느린 은하들도 많다. 이처럼 크고 작은 은하들이 1천억 개 이상에 이르는 것이다.

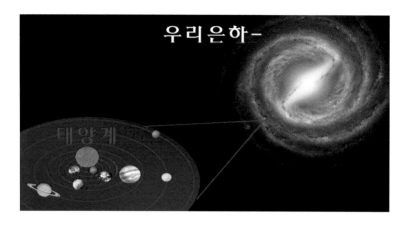

이 이미지는 우리은하에 속한 태양계를 상징적으로 보여주고 있다. 즉, 우리은하에 있는 작은 점 하나를 확대한 모습이다. 아울러 태양계를 크게 확대하면 목성과 토성에 종속된 130여 개의 위성들도 작은 점으로나마 보일 수 있을 것이다.

대부분이 수소로 이루어진 구름(성운)이 우리은하를 감싸고 있다. 그리고 우리은하는 바깥으로 계속 확산되며 커지고 있는데, 지금도 우리은하에서는 별들이 만들어지며 탄생하고 있다. 중력이 몰리며 집중되는 곳들에서 대부분 수소로 이루어진 성운이 압축되며 밀도를 높여서, 태양과 같은 별과 행성들을 생성하고 있는 것이다.

이 사진은 별이 탄생하는 오리온성운(나사 자료제공)의 내부 모습이다. 즉, 우리은하의 나선 팔에서 별이 탄생하고 있는 모습이다. 위에 있는 우리은하 이미지를 1만 배 이상 확대하면, 우리은하의 나선 팔에서 이 오리온성운의 모습을 확인할 수 있을 것이다.

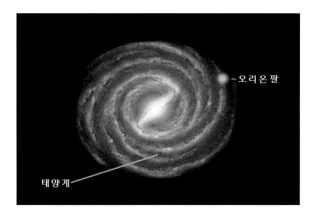

이 이미지에서 붉은 점이 태양계가 위치한 곳이고, 푸른 점은 별들이 생성되는 오리온 팔의 끝자락이다. 즉, 우리은하 여러 나선 팔의 끝자락 중에 하나이다.

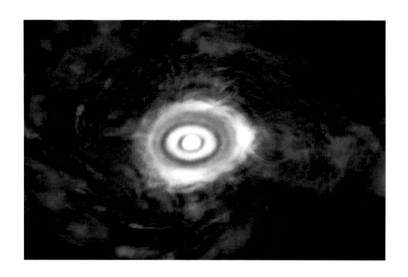

　이 이미지는 성운에서 별이 탄생하는 모습을 상징적으로 보여주고 있다. 이처럼 중력에 의해 성운이 몰리며 압축되어 별이 만들어진다. 그리고 성운은 밖으로 계속 확산되며 커지고 있다. 따라서 성운의 질량 무게도 커지고, 또 질량이 커진 만큼 중력도 커진다. 그 중력으로 성운의 내부를 압축하고 밀도를 높이며 별을 생성하는 것이다.

　대부분 수소로 이루어진 오리온성운의 주변 가스(수소)는 초당 18㎞의 속도로 확산되고 있다. 성운의 내부에서는 중력에 의해 압축되며 밀도가 높아진 별들이 생성되고, 밖으로는 초당 45리를 달리는 속도로 매우 빠르게 확산되고 있는 것이다.

　빅뱅론·힉스입자이론대로라면 별을 생성하는 은하들은 수백억 배 이상으로 수축되며 밀도를 높여야 하기 때문에 계속 작아져야 한다. 하지만 별을 생성하는 은하들은 작아지는 것이 아니라 계속 커지며 성장하고 있다.

그렇게 우리은하도 별들을 생성하며 계속 확장되고 있다. 별을 생성하는 은하들은 수소를 생성하며 계속 확장되고 있는 것이다.

지금도 우주에서는 새로운 은하들이 계속 생겨나고 있다. 이젠 더 이상 별들이 탄생하지 않는 늙은 은하가 있고, 한창 별들이 탄생하고 있는 젊은 은하도 있고, 이제 막 별들이 탄생하기 시작한 신생은하도 있고, 아직 별들이 탄생하기 전인 미성숙 은하도 있다.

이처럼 우주는 새로운 은하들을 계속 탄생시키며 엄청난 속도로 팽창·확장되고 있다. 이를 우주팽창이라 한다. 그렇게 우주는 138억 년 동안 새로운 은하들을 계속 탄생시키며 확장되어 왔다.

그러니 10억 년 전의 우주는 어땠을까?

물론 지금의 우주보다 크기도 작았고, 은하의 수도 적었고, 은하를 이루고 있는 별들의 수도 적었다. 100억 년 전의 우주는 물론 그보다 훨씬 더 작았을 것이다.

그런즉, 지금의 1천억 개 이상의 은하가 있기 전에 1백억 개 정도의 은하가 있었고, 그 1백억 개 정도의 은하가 있기 전에 십억 개 정도의 은하가 있었고, 그 십억 개 정도의 은하가 있기 전에 1억 개 정도의 은하가 있었고, 그 1억 개 정도의 은하가 있기 전에 1천만 개 정도의 은하가 있었고, 그 1천만 개 정도의 은하가 있기 전에 1백만 개 정도의 은하가 있었다. 이처럼 은하들이 생겨난 우주의 과거를 추적하다 보면, 아직 은하가 생겨나기 이전의 신생우주와 만나게 된다. 그 초기우주에는 아직 별들도 생겨나지 않았고, 대부분이 수소로만 이루어진 구름(성운)이 차지하고 있었다.

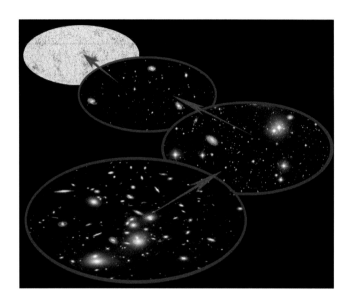

　이 이미지는 팽창우주의 과거를 추적한 모습을 상징적으로 보여주고 있다. 이처럼 팽창하는 우주의 과거를 추적하면 은하가 생겨나기 이전의 초기우주와 만나게 된다.

　미국 나사와 유럽우주국의 최첨단 과학기술에 의해 밝혀진 초기우주의 크기는 지금의 우주보다 수천억 배 이하로 작았다. 지금의 우주가 138억 년 동안 광속 팽창한 규모라면, 초기우주는 38만 년 동안 광속 팽창한 규모가 된다. 그러니 우리은하 규모의 8배 정도가 된다.

　우리은하 반지름이 5만 광년이니 그쯤 된다는 것이다.

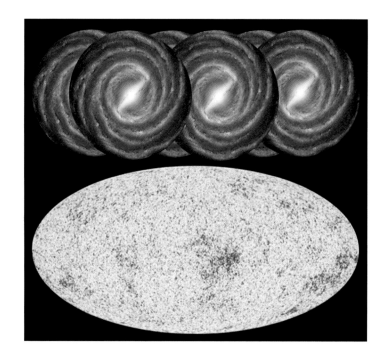

위 이미지는 우리은하 6개를 합친 것과 초기우주를 비교하여 상 징적으로 보여주고 있다.

빅뱅론대로라면 초기우주 밀도가 우리은하의 1천억 배 이상이 되어야 하는데, 지금 우리가 보고 있는 초기우주 모습은 너무도 엉 성하다. 우리은하의 밀도에 비해 너무도 엉성하다.

빅뱅론대로라면 초기우주의 모습은 1천억 개 이상의 은하들을 합친 모습이어야 한다. 빅뱅론에서는 초기우주의 질량이 지금의 우주질량과 같다고 하니 말이다. 그런데 1천억 개 이상의 은하들을 초기우주 규모 안에 합쳐 놓으면, 그 엄청난 질량의 중력에 의해 우 주는 즉시 팽창을 멈추고 극단적으로 수축하게 된다. 그리고 원자 를 이루고 있는 입자들은 산산이 붕괴·해체되며 극단적으로 압축되이 거대한 블랙홀이 되고 만다. 그리하여 오늘의 우주는 생겨날 수 없게 된다. 즉, 빅뱅론·힉스입자이론의 주장대로라면 오늘의 우주가 생겨날 수 없게 되는 것이다.

하지만 우주는 팽창을 멈추지 않고 138억 년 동안 가속팽창을 해왔다. 종말을 맞지도 않았다. 그런즉, 우주팽창은 빅뱅론·힉스입자이론의 허구를 증명하는 명명백백한 물리적 증거이다.

밤하늘을 아름답게 수놓는 찬란한 별들과 은하의 세계도 역시 빅뱅론·힉스입자이론의 허구를 증명하는 명명백백한 물리적 증거이다. 이 땅에 살아 숨쉬는 모든 생명체들까지도 역시 빅뱅론·힉스입자이론의 허구를 증명하는 명명백백한 물리적 증거이다.

초기우주의 모습은 1천억 개 이상의 은하들을 합쳐 놓은 고밀도, 초고온의 모습이 아니다. 초기우주의 모습 역시 빅뱅론·힉스입자이론의 거짓을 만천하에 밝히고 있다.

한국의 과학을 대표하는 천문연구원과 고등과학원에 빅뱅론이 사실이라면 단 한 가지의 물리적 증거라도 제시하라고 거듭해서 요구했지만, 그들은 단 한마디 반론도 하지 못했다. 바로 이것이 우리가 두 눈으로 똑똑히 확인할 수 있는 우주의 진실이다.

실제 우주질량을 계산해 보면, 그 초기우주에서 대부분 수소로 이루어진 구름(성운)의 질량무게는 지금의 우주질량에 비해 수천억의 수천억 배 이하로 매우 작았다.

우주가 질량-중력-밀도-온도의 메커니즘 가운데 생겨나고 진화한다는 사실에 물리적 증거로 반론할 과학자는 이 지구상에 존재하지 않는다.

또한 질량-중력-밀도-온도의 메커니즘을 가지고 팽창하는 우주의 규모와 비율을 역추적하면 우주 질량무게에 대한 진실을 밝힐 수 있다는 사실에 물리적 증거로 반론할 과학자도 역시 이 지구상에 존재하지 않는다.

그런즉, 질량-중력-밀도-온도 메커니즘의 우주공식을 가지고 팽창하는 우주의 규모와 비율을 역추적하면, 초기우주의 질량무게가 지금의 우주에 비해 수천억의 수천억 배 이하로 훨씬 작았다는 것을 확인할 수 있다.

지금의 우주질량이 초기우주에 비해 수천억의 수천억 배 이상으로 커졌다는 것은 곧 그만큼 생성되었다는 것이며, 현재도 계속 생성되고 있다는 것이다. 그리고 우주질량이 계속 생성된다는 것은 곧 그 질량의 물질을 이루는 원자들의 조상인 수소가 계속 생성되고 있다는 것이다.

그런즉, 우주에서 수소를 폭발적으로 생성하는 신생불규칙은하들에서는 별 생성도 폭발적으로 이루어지고, 수소생성이 적은 나선은하들에서는 별 생성도 적으며, 수소를 생성하지 못하는 타원은하들에서는 별 생성도 이루어지지 않고 있다.

이 우주질량의 진실을 밝히는 데는 1천 가지가 넘는 방대하고도 일맥상통한 물리적 증거들이 존재한다. 여기서 물리적 증거라 함은 빅뱅론 따위 이론적 주장이 아니라, 실제 우리 두 눈으로 똑똑히 보고 확인할 수 있는 증거들을 말한다. 세상 사람들은 어쩌다 하나가 맞으면 우연의 일치라고 한다. 하지만 무려 1천 가지가 넘는 방대한 물리적 증거들이 일맥상통한다면 그것은 결코 우연일 수 없고 명명백백하게 100% 진실이다.

별과 행성들은 대부분이 수소로 이루어진 성운이 중력에 의해 압축되며 밀도를 높여서 생성되는 것인데, 아직 별과 행성들이 탄생하기 전인 그 초기우주의 밀도와 질량이 낮은 것은 지극히 당연한 일이다. 이 단순한 이치만 깨달으면 우주의 모든 비밀을 풀 수가 있다.

우주탄생의 진실, 암흑에너지의 진실, 암흑물질의 진실, 우주팽창의 실제 진실, 블랙홀의 진실, 은하형성의 진실, 중력의 진실, 미시세계의 진실 등 우주의 모든 진실에 대해 우리 두 눈으로 보고 확인할 수 있는 물리적 증거들로 낱낱이 밝힐 수 있는 것이다.

즉, 전 세계가 30조원 이상에 이르는 막대한 자금을 투자하며 밝히고자 하는 우주의 모든 진실을 우리 대한민국에서 제일 먼저 밝힐 수 있는 것이다.

그리하여 대한민국은 우주과학과 입자물리학의 후진국에서 벗어나 우주과학과 입자물리학의 종주국으로 세계일류가 되어 우뚝 서게 될 것이다.

① 대부분이 수소로 이루어진 구름(성운)이 우리은하를 감싸고 있다. 그리고 우리은하는 바깥으로 계속 확산되며 커지고 있는데, 지금도 우리은하에서는 별들이 만들어지며 탄생하고 있다. 중력이 몰리며 집중되는 곳들에서 대부분이 수소로 이루어진 성운이 압축되며, 태양과 같은 별과 행성들을 생성하고 있는 것이다.

이 진실을 물리적 증거로 반론할 수 있는가?

② 중력에 의해 성운이 몰리며 압축되어 별이 만들어진다. 그리고 성운의 규모는 밖으로 계속 확산되며 커지고 있다. 따라서 성운의 질량무게도 커지고, 또 질량이 커진 만큼 중력도 커진다. 그 중력으로 성운의 내부를 압축하고 밀도를 높여 별을 생성하는 것이다.

빅뱅론대로라면 별을 생성하는 은하들은 수백억 배 이상으로 수축되며 밀도를 높여야 하기 때문에 계속 작아져야 한다. 하지만 별을 생성하는 은하들은 작아지는 것이 아니라 계속 커지며 성장하고 있다.

이 진실을 물리적 증거로 반론할 수 있는가?

③ 우주에서는 지금도 새로운 은하들이 계속 생겨나고 있다. 그런즉, 이젠 더 이상 별들이 탄생하지 않는 늙은 은하가 있고, 한창 별들이 탄생하고 있는 젊은 은하도 있고, 이제 막 별들이 탄생하기 시작한 신생은하도 있고, 아직 별들이 탄생하기 전인 미성숙 은하도 있다.

이 진실을 물리적 증거로 반론할 수 있는가?

④ 우주는 138억 년 동안 새로운 은하들을 계속 탄생시키며 팽창·확장되어 왔다. 그러니 10억 년 전의 우주는 지금의 우주보다 크기도 작았고, 은

하의 수도 적었고, 은하를 이루고 있는 별들의 수도 적었다. 100억 년 전의 우주는 물론 그보다 훨씬 더 작았을 것이다.

그런즉, 지금의 1천억 개 이상의 은하가 있기 전에 1백억 개 정도의 은하가 있었고, 그 1백억 개 정도의 은하가 있기 전에 십억 개 정도의 은하가 있었고, 그 십억 개 정도의 은하가 있기 전에 1억 개 정도의 은하가 있었고, 그 1억 개 정도의 은하가 있기 전에 1천만 개 정도의 은하가 있었고, 그 1천만 개 정도의 은하가 있기 전에 1백만 개 정도의 은하가 있었다. 이처럼 은하들이 생겨난 우주 역사를 추적하다 보면, 아직 은하가 생겨나기 이전의 신생 우주와 만나게 된다. 그 우주에는 아직 별들도 생겨나지 않았고, 대부분 수소로만 이루어진 구름(성운)이 차지하고 있었다.

이 진실을 물리적 증거로 반론할 수 있는가?

⑤ 미국 나사와 유럽우주국의 최첨단 과학기술에 의해 밝혀진 초기우주의 크기는 지금의 우주보다 수십만 배 이하로 작았다. 지금의 우주가 138억 년 동안 광속 팽창한 규모라면, 초기우주는 38만 년 동안 광속 팽창한 규모가 된다. 아울러 초기우주는 우리은하 규모보다 작았을 때가 있었다.

이 진실을 물리적 증거로 반론할 수 있는가?

⑥ 빅뱅론대로라면 초기우주의 모습은 1천억 개 이상의 은하들을 합친 모습이어야 한다. 빅뱅론에서는 초기우주의 질량이 지금의 우주질량과 같다고 하니 말이다. 그런데 1천억 개 이상의 은하들을 초기우주 규모 안에 합쳐 놓으면, 그 엄청난 질량의 중력에 의해 우주는 즉시 팽창을 멈추고 극단적으로 수축하게 된다. 그리고 원자를 이루고 있는 입자들은 산산이 붕괴·해체되며 극단적으로 압축되어 거대한 블랙홀이 되고 만다. 그리하여 오늘의 우주는 생겨날 수 없게 된다. 즉, 빅뱅론·힉스입자이론

의 주장대로라면 오늘의 우주가 생겨날 수 없게 되는 것이다.

하지만 우주는 팽창을 멈추지 않고 138억 년 동안 가속팽창을 해왔다. 종말을 맞지도 않았다. 그런즉, 우주팽창은 빅뱅론·힉스입자이론의 허구를 증명하는 명명백백한 물리적 증거이다.

밤하늘을 아름답게 수놓는 찬란한 별들과 은하의 세계도 역시 빅뱅론·힉스입자이론의 허구를 증명하는 명명백백한 물리적 증거이다. 이 땅에 살아 숨쉬는 모든 생명체들까지도 역시 빅뱅론·힉스입자이론의 허구를 증명하는 명명백백한 물리적 증거이다.

초기우주의 모습은 1천억 개 이상의 은하들을 합쳐 놓은 고밀도, 초고온의 모습이 아니다. 초기우주의 모습 역시 빅뱅론·힉스입자이론의 거짓을 만천하에 밝히고 있다.

이 진실을 물리적 증거로 반론할 수 있는가?

⑦ 우주는 질량-중력-밀도-온도의 메커니즘 가운데 생겨나고 진화한다.

이 진실을 물리적 증거로 반론할 수 있는가?

⑧ 질량-중력-밀도-온도의 메커니즘을 가지고 팽창하는 우주의 규모와 비율을 역추적하면 우주 질량무게에 대한 진실을 밝힐 수 있다.

이 진실을 물리적 증거로 반론할 수 있는가?

⑨ 질량-중력-밀도-온도의 메커니즘을 가지고 팽창하는 우주의 규모와 비율을 역추적하면 초기우주의 질량무게가 지금의 우주에 비해 수천억의 수천억 배 이하로 훨씬 작았다는 것을 확인할 수 있다.

이 진실을 물리적 증거로 반론할 수 있는가?

⑩ 지금의 우주 질량이 초기우주에 비해 수천억의 수천억 배 이상으로 커졌다는 것은 곧 그만큼 생성되었다는 것이며 현재도 계속 생성되고 있다는 것이다.

그리고 우주 질량이 계속 생성된다는 것은 곧 그 질량의 물질을 이루는 원자들의 조상인 수소가 계속 생성되고 있다는 것이다.

우주에서 수소를 폭발적으로 생성하는 신생불규칙은하들에서는 별 생성도 폭발적으로 이루어지고, 수소생성이 적은 나선은하들에서는 별 생성도 적으며, 수소를 생성하지 못하는 타원은하들에서는 별 생성도 이루어지지 않고 있다.

이 진실을 물리적 증거로 반론할 수 있는가?

04.
우주의 밀도와 질량의 진실에 대하여

아래 증거는 유럽우주국이 최첨단 과학기술을 동원하여 밝혀낸, 138억 년 전의 초기우주 모습이다. 이는 현대과학기술이 이룩한 성과로서, 절대 부인할 수 없는 진실이다.

우주 탄생 38만 년 후인 이 초기우주(출처 : ESA 웹사이트)는 138억 년 동안이나 커지며 가속 팽창한 지금의 우주에 비해 지극히 작은 규모이다.

아직 별들이 탄생하지 않은 이 초기우주에서 원자로 이루어진 물질은 대부분 가장 가벼운 수소로 이루어졌다. 이 초기우주에서 짙은 황색과 그 주위로 연하게 퍼져있는 것이 대부분 수소 원자들로 이루어진 물질이다. 아울러 대부분이 수소 원자들로 이루어진 구름을 성운이라고 한다. 그런데 초기우주를 차지하고 있는 성운의 밀도는 지금의 우주에 비해 수천억의 수천억 배 이하로 매우 낮다.

밀도란 일정한 면적 가운데에서 포함 물질이 빽빽한 정도를 뜻하는데, 초기우주를 이루고 있는 물질(원자)의 밀도는 매우 낮았던 것이다.

이처럼 초기우주의 밀도가 지금의 우주에 비해 수천억의 수천억 배 이하로 낮다는 것은, 곧 그 초기우주의 질량무게가 수천억의 수천억 배 이하로 작다는 것을 의미한다.

그런즉, 밀도가 수천억의 수천억 배 이상으로 높다는 것은 인류가 살고 있는 지구처럼 단단하게 다져졌다는 것이고, 반면에 그 밀도가 수천억의 수천억 배 이하로 낮다는 것은 하늘에 떠 있는 구름처럼 아주 가볍다는 것을 의미한다.

우리가 살고 있는 이 지구에서 가장 가볍다고 하는 수소와 헬륨도 태양의 중심부에서 중력에 의해 압축되면 금덩어리보다 10배 정도 무거워진다. 그러므로 지구에서 밀도가 낮은 수소나 헬륨을 고무풍선에 넣으면 하늘로 날아오르지만, 태양의 중심부에서 중력에 의해 압축되어 밀도가 높은 수소나 헬륨을 고무풍선에 넣으면 물에 가라앉는다고 할 수 있다. 때문에 초기우주를 이루고 있는 성운(대부분 수소로 이루어진 구름)의 질량은 하늘에 떠 있는 구름 정도로 매우 가볍다고 할 수 있다.

예를 들어 똑같은 크기의 박스가 2개 있는데, 그 한 박스 안에는 금괴가 가득 들어있고, 다른 박스에는 오리털이 들어있다고 가정하자. 이 둘 중에 어느 것이 더 무겁겠냐고 묻는 것 자체가 어리석은 질문일 것이다.

마찬가지로 저울 한쪽에 태양을 올려놓고, 다른 한쪽에는 초기 우주를 이루고 있는 낮은 밀도의 성운을 올려놓았다고 가정하자. 이 경우 아래와 같은 상황이 생긴다.

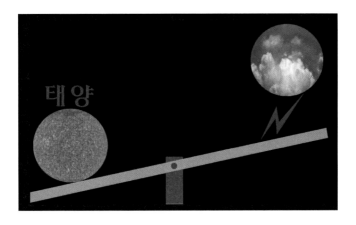

위 그림은 태양과 아직 별들이 생겨나기 전인 초기우주의 성운을 저울에 올려놓았을 때의 상황을 상징적으로 보여주고 있다. 이처럼 초기우주의 질량은 지금의 우주에 비해 수천억의 수천억 배 이하로 매우 작았다는 것이다.

빅뱅론은 지금의 우주 질량이 처음과 동일하다고 한다. 즉, 바늘 구멍보다도 작았다는 빅뱅 특이점으로 지구도 만들고, 태양도 만들고, 우주에 존재하는 모든 별과 행성을 비롯한 1천억 개 이상의 은하들을 만들었다는 것이 빅뱅론의 핵심이다. 이 황당한 이론의 주장대로라면 초기우주의 밀도는 지금의 우주보다 수천억의 수천억 배 이상으로 높아야 한다. 규모가 작은 만큼 밀도가 그 정도로 높아야 하는 것이다.

그런데 미국 나사와 유럽우주국이 최첨단 과학기술을 동원하여 밝혀낸 138억 년 전의 초기우주는 전혀 다른 모습이다. 즉, 그 초기우주의 질량은 지금의 우주에 비해 수천억의 수천억 배 이하로 엄청나게 작은 것이다.

유럽우주국이 밝혀낸 초기우주에서 진황색의 얼룩덜룩한 곳들은 중력에 의해 밀도가 올라가며 고온이 발생하는 지역이다. 즉, 별이 잉태되고 있는 곳이다. 우주 중력에 의해 그곳의 밀도가 수백억 배 이상 올라가면서 별이 탄생하게 되는 것이다.

유럽우주국의 발표에 의하면 그 초기우주에서 고온이 발생하는 지역의 온도는 약 2,700℃ 정도이다. 우리 태양의 표면 온도가 6,000℃ 정도이니 2배 이하로 낮다.

그런즉, 초기우주의 밀도는 우리 태양의 표면 밀도보다 낮은 상태이다. 별이 탄생하는 천체에서는 온도가 높은 만큼 밀도가 높고, 또 온도가 낮은 만큼 밀도가 낮기 때문이다.

태양 중심 핵의 온도는 1,500만℃로서 표면 온도에 비해 훨씬 높을 뿐만 아니라, 밀도도 표면에 비해 수십억 배 이상으로 아주 높다. 즉, 태양 중심 핵의 밀도는 금보다 10배 정도 더 무거운데, 표면 밀도에 비해 수십억 배 이상으로 높다. 때문에 초기우주에서 우리 태양과 같은 별을 생성하려면 수백억 배 이상으로 수축되며 밀도를 높여야 한다.

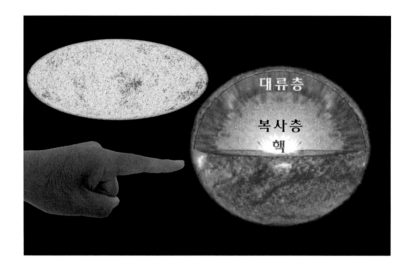

태양의 표면 밀도는 1㎤당 0.0000002g밖에 되지 않는다. 그리고 태양 중심 핵 주변의 복사층 하부 밀도는 1㎤당 10g이다. 이는 1㎤당 수소 원자가 6자 200해 개가 있다는 것이다.

태양 중심 핵의 밀도는 1㎤당 약 150g(금이나 납 밀도의 약 10배)로, 복사층의 밀도보다 훨씬 더 높다. 그러므로 초기우주에서 고온이 발생하는 지역의 온도와 밀도는 태양 표면보다도 훨씬 낮다. 그 초기우주에서 태양과 같은 별이 탄생하려면 밀도를 수백억 배 이상으로 올려야 한다는 것이다.

초기우주에서 진황색의 얼룩덜룩한 지역들은 가장 밀도가 높은 곳으로 질량이 가장 무거운 곳이기도 하다. 하지만 우리 태양의 질량무게에 비해 수백억 배 이하로 매우 작다.

블랙홀의 밀도는 1㎤당 180억 톤 이상이 되고, 중성자별의 밀도는 1㎤당 10톤 정도 된다. 커피를 뜨는 한 티스푼의 무게가 그 정도 되는 것이다. 그런즉, 초기우주에서 블랙홀이나 중성자별을 생성하려면 수천 조의 수천 조 배 이상으로 수축되며 밀도를 높여야 한다.

지금의 우주 질량무게가 금덩어리와 같다면, 초기우주의 질량은 아주 가벼운 솜덩어리의 무게와 같다고 할 수 있다. 바로 이것이 우주의 밀도와 질량의 진실이다.

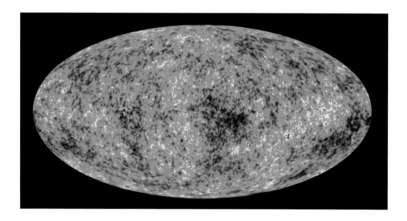

　위 이미지는 미국 항공우주국 나사가 최첨단 과학기술을 통해 밝혀낸 초기우주의 모습인데, 유럽우주국에서 밝혀낸 초기우주의 모습과 색깔만 좀 다를 뿐 거의 동일한 모습이다.

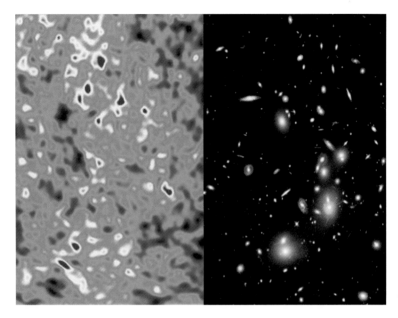

위 사진은 초기우주의 한 부분을 확대한 것과, 1천억 개 이상의 은하가 존재하는 지금의 우주 한 부분을 비교한 것이다. 이처럼 똑같은 면적 안에 한쪽은 대부분 아주 가벼운 수소로 이루어진 성운이 차지하고 있고, 다른 한쪽은 수천억의 수천억 배 이상으로 무거운 질량의 은하들이 차지하고 있다.

이 둘 중에 어느 것이 더 무겁겠는가?

사실 사진의 왼쪽에 보이는 초기우주 물질을 수천억의 수천억 배 이상으로 압축시켜도 단 한 개의 은하도 생성할 수 없다. 즉, 아직 별들이 생겨나지 않은 초기우주의 질량은 지금의 우주 질량에 비해 수천억의 수천억 배 이하로 매우 작았다는 것이다. 이는 초등수학으로도 어렵지 않게 계산할 수 있는 진실이다.

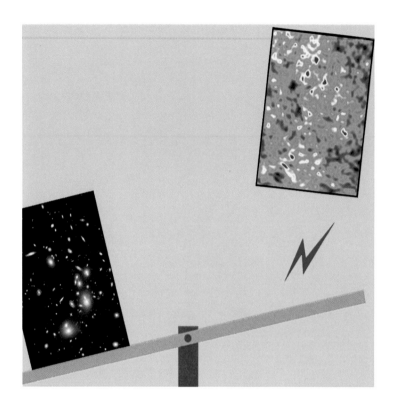

　위 이미지는 초기우주의 한 부분 규모와 똑같이 지금의 우주 한 부분을 저울에 올려놓았을 때의 상황을 상징적으로 보여주고 있다.

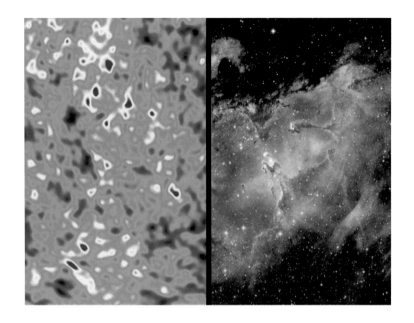

　위 이미지는 초기우주의 한 부분과 지금의 우주에서 별들을 생성하고 있는 성운의 모습을 상징적으로 비교하여 보여주고 있다. 초기우주에서 오른쪽 성운의 모습이 되려면 밀도를 수백억 배 이상으로 더 높이며 1억 년 정도의 시간이 필요하다.

　그러니 이 둘 중에 어느 것이 더 무겁겠는가?

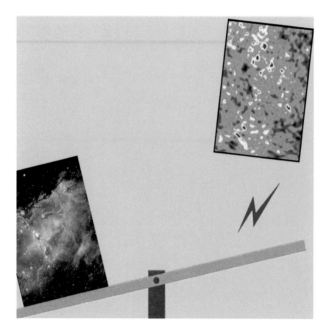

　위 이미지는 지금의 우주에서 별을 생성하고 있는 성운의 질량 무게와 초기우주를 이루는 성운의 질량 무게를 비교하여 상징적으로 보여주고 있다.

　즉, 지금의 우주 질량이 초기우주에 비해 수천억의 수천억 배 이상으로 엄청나게 커졌다는 것을 설명하고 있다. 이처럼 초기우주보다 질량이 커졌다는 것은 곧 생성되었다는 것이다.

　미국 존스홉킨스 대학의 천문학교수 마크 카미온코우스키는 이 초기우주를 가리켜 '천문학에서의 인간 게놈 프로젝트'라며, '현재의 우주가 자라난 씨앗을 보여 준다'고 말했다. 초기우주가 은행나무 씨앗이라면 지금의 우주는 138억 년 자란 거목의 은행나무와 같다. 그 씨앗의 질량 무게가 지금의 우주 질량에 비해 수천억의 수천억 배 이하로 작았다는 것은 지극히 당연한 일이다.

위 위성관측 증거들에서 초기우주의 밀도가 가장 낮다. 아울러 초기우주는 타원은하보다 작을 뿐만 아니라, 우리은하(나선은하)보다 작았을 때가 있었다.

빅뱅론의 주장대로라면 초기우주의 밀도가 우리은하나 타원은하 밀도의 수천억의 수천억 배 이상이 되어야 하겠지만, 현대우주과학이 밝혀낸 진실은 정반대이다.

① 초기우주를 이루고 있는 일반물질이 대부분 수소 원자들로 이루어졌다는 사실을 부인할 수 있는가?

② 유럽우주국의 발표대로 이 초기우주에서 고온이 발생하는 지역의 온도가 약 2,700℃ 정도란 것을 부인할 수 있는가?

③ 초기우주의 2,700℃는 태양 표면 온도보다 절반 이하로 낮다는 것을 부인할 수 있는가?

④ 태양 표면 온도보다 온도가 낮다는 것은 곧, 태양 표면 밀도보다 낮다는 것임을 부인할 수 있는가?

⑤ 초기우주는 현재의 우주가 생겨난 씨앗이란 것을 부인할 수 있는가?

⑥ 초기우주의 작은 부피를 이루고 있는 일반물질의 밀도가 지금의 우주보다 수천억의 수천억 배 이하로 매우 낮았다는 것을 부인할 수 있는가?

⑦ 초기우주의 밀도가 지금의 우주에 비해 수천억의 수천억 배 이하로 낮다는 것은 곧 초기우주의 질량 무게가 지금의 우주에 비해 수천억의 수천억 배 이하로 작다는 것임을 부인할 수 있는가?

우주의 부피와 질량의 진실

밀도가 낮은 초기우주 질량이 지금의 우주와 같으려면 그 부피가 지금의 우주보다 수천억의 수천억 배 이상으로 훨씬 커야 한다. 밀도가 높은 쇳덩이는 작은 주먹만 해도 1㎏이 되지만, 밀도가 낮고 가벼운 솜이 1㎏이 되려면 그 쇳덩이보다 훨씬 더 커야 하는 것과 같다. 하지만 유럽우주국에 의해 밝혀진 초기우주의 부피는 지금의 우주에 비해 수십만 배 이하로 매우 작다. 밀도가 낮을 뿐만 아니라 부피도 지극히 작은 것이다.

빅뱅론에 의하면 바늘구멍보다 지극히 작은 특이점 하나가 폭발하여 오늘의 우주 크기로 팽창하였는데, 그처럼 작은 특이점의 질량이 오늘의 우주 질량무게와 같았다고 한다.

하지만 현대과학의 최첨단 기술장비에 의해 밝혀진 우주의 진실은 그 빅뱅론을 정면으로 부정하고 있다. 지금의 우주는 관측 가능한 범위에서 초속 73㎞ 이상으로 가속팽창을 하고 있다. 그리고 거리가 멀수록 점점 더 빨리 가속팽창을 하고 있다. 아울러 지금의 우주 부피는 138억 년 전의 초기우주에 비해 수십만 배 이상으로 훨씬 큰 반면에, 초기우주의 부피는 지금의 우주에 비해 수십만 배 이하로 매우 작다.

이와 같은 상황에서 지금의 우주 질량이 초기우주와 같았다고 하는 빅뱅론의 주장이 성립되려면 초기우주의 밀도는 지금의 우주보다 수천억의 수천억 배 이상으로 훨씬 높아야 한다. 바늘구멍보다도 지극히 더 작은 특이점 안에 오늘날 우주에 존재하는 총질량이 압축되어 있었다는 빅뱅론의 주장대로, 부피가 작은 만큼 밀도가 높아야 한다는 것이다.

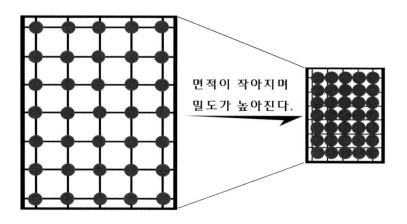

면적이 작아지며 밀도가 높아진다.

이 그림에서 보여주는 것처럼 면적이 작아질수록 그 안에 있는 입자들의 사이는 가까워지며 밀도가 올라간다. 이와 마찬가지로 빅뱅론대로라면 팽창하고 있는 우주의 과거를 추적하여 빅뱅의 시점을 향해 거슬러 올라갈수록 우주의 밀도는 상승하게 된다.

빅뱅론은 팽창하고 있는 우주의 질량을 바늘구멍보다 더 작은 특이점으로 압축시킨 것인데, 그 특이점이 폭발했다는 시점까지 거슬러 올라갈수록 우주밀도가 상승하게 되는 것이다.

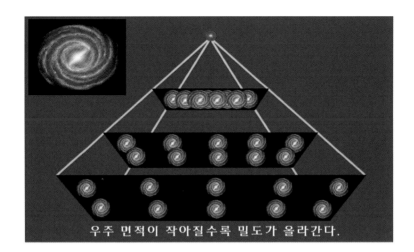

우주 면적이 작아질수록 밀도가 올라간다.

위 이미지에서 보여주는 것처럼, 빅뱅론대로라면 우주는 빅뱅 시점으로 거슬러 올라가면서 은하들이 하나로 합쳐지게 된다. 그래서 우주 면적이 우리은하 크기로 압축되면 밀도가 우리은하의 1조 배 이상이 되는데, 그 밀도는 블랙홀보다 높은 것이 된다. 138억 년 전의 초기우주가 하나의 거대한 블랙홀이 되는 것이다.

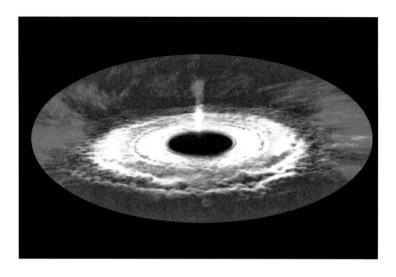

　위 이미지에서 보여주는 것처럼, 빅뱅론대로 지금의 우주를 138억 년 전의 모습으로 되돌리면 우주에 존재하는 1천억 개 이상의 은하들이 하나로 합쳐지며 거대한 블랙홀이 되고 만다. 아니 밀도가 블랙홀보다 훨씬 더 높아지게 된다.

　사이비 종교와 다를 바 없는 빅뱅론에 세뇌된 사람들은 우주가 먼지보다 작은 특이점에서 대폭발을 일으켜 팽창하면서 콩알만큼 커지고, 또 축구공만큼 커지고, 또 운동장만큼 커지며 밀도와 온도가 낮아졌다고 주장한다. 그렇게 부피가 계속 커지며 밀도와 온도는 낮아졌지만, 질량 무게는 오늘의 우주에 존재하는 총질량과 같았다고 한다. 그 주장대로라면 138억 년 전의 초기우주는 부피가 작은 만큼 밀도가 높은 블랙홀이 되고 만다. 그것도 아니라면 초기우주는 지금의 우주에 비해 밀도가 수천억의 수천억 배 이하로 낮은 만큼 부피라도 커야 한다.

위 이미지는 지금의 우주보다 부피가 큰 초기우주를 상징적으로 보여주고 있다. 이처럼 지금의 우주에 비해 밀도가 수천억의 수천억 배 이하로 낮은 초기우주가 지금의 우주와 질량무게가 같으려면 부피라도 수천억의 수천억 배 이상으로 커야 한다는 것이다.

하지만 우리 앞에 나타난 초기우주의 모습은 전혀 그렇지 않다. 현대과학의 최첨단 기술장비에 의해 밝혀진 그 초기우주의 모습은 지금의 우주 부피 규모에 비할 수 없이 매우 작을 뿐만 아니라, 밀도까지도 수천억의 수천억 배 이하로 매우 낮은 것이다.

바로 이것이 초기우주의 부피와 질량의 진실이다.

① 빅뱅론대로 신생 우주가 팽창하며 우리은하 규모(지름 10만 광년)와 같아졌을 때, 그 신생우주의 질량이 우리은하의 1조 배 이상이 된다면 그 밀도는 블랙홀보다 훨씬 높아지게 된다. 여기에 암흑물질의 질량까지 더하면 그 초기우주의 질량은 우리은하의 10조 배 정도가 된다. 그런즉, 빅뱅론대로라면 그 엄청난 질량의 중력에 의해 우주는 팽창을 멈추고 극단적으로 수축하여 거대한 블랙홀이 되고 만다. 하지만 우주는 팽창을 멈추지 않고 오히려 가속팽창을 해왔다. 종말을 맞지도 않았다. 이렇듯 우주팽창은 빅뱅론의 허구를 증명하는 물리적 증거이다.

종말을 맞지 않고 밤하늘을 아름답게 밝히는 찬란한 별들과 은하의 세계도 역시 빅뱅론의 허구를 증명하는 물리적 증거이다. 이 땅에 살아 숨쉬는 모든 생명체들까지도 역시 빅뱅론의 허구를 증명하는 물리적 증거이다.

초기우주가 존재하고 오늘의 우주가 형성되려면 부피가 작은 만큼 밀도가 낮아야 하고, 또 밀도가 낮은 만큼 질량도 작아야 한다.

이를 물리적 증거로 반론할 수 있는가?

② 초기우주의 부피는 지금의 우주에 비해 수천억의 수천억 배 이하로 작았을 뿐만 아니라 밀도도 수천억의 수천억 배 이하로 낮았다.

이를 물리적 증거로 반론할 수 있는가?

③ 초기우주의 질량무게가 지금의 우주에 비해 수천억의 수천억 배 이하로 지극히 작았다는 것을 물리적 증거로 반론할 수 있는가?

06.
초기우주의 온도와 빅뱅론의 모순

2014년 9월 5일 천문연구원과 고등과학원은 두 차례 답변기일을 연기하며 검토를 거듭하고 나서, 필자에게 초기우주의 온도에 대해 아래와 같이 공동반론을 하였다.

"초기우주의 일부 지역이 다른 지역보다 뜨겁다고 해서 이것이 온도의 상승을 의미하는 것은 아닙니다."

2017년 답변에서도 이 주장은 10차례 이상 반복되었다.

"우리가 이야기하고 있는 것은 '초기우주에서 온도가 상승하는 것이 부분적이다'라는 것이 아닙니다."

분명 초기우주의 중력이 몰리는 곳들에서 온도가 상승하고 있는데, 그것이 온도상승이 아니라고 반론을 한 것이다. 온도가 상승하지 않으면 별이 잉태될 수 없고 은하가 생겨날 수 없는데도 말이다. 이는 미국 나사와 유럽우주국의 최첨단 우주과학기술에 의해 밝혀진 초기우주의 진실까지도 부정하는 것이 된다.

이 초기우주에서 붉은 곳이 온도가 상승하는 지역이다. 즉, 중력에 의해 밀도가 높아지며 온도가 부분적으로 상승하는 것이다. 유럽우주국이 최첨단 과학기술을 동원하여 정밀검토를 하고 발표한 결과에 의하면, 이 지역의 온도는 약 2,700℃ 정도이다.

그리고 노란색 지역은 붉은색 지역보다 온도와 밀도가 상대적으로 낮은 지역이다. 또한 그 노란색을 감싸고 있는 녹색 지역은 매우 차갑고 밀도가 더욱 낮은 지역이다.

이처럼 유럽우주국과 미국 나사가 밝혀낸 초기우주는 별들을 생성한 물질의 분포가 균일하지 않고 멍울이 진 것처럼 흩어져 있었는데, 그것들은 중력에 의한 밀도에 따라 뜨겁거나 차가운 상태로 나타났다. 여기서 중력에 의한 밀도에 따라 뜨겁거나 차갑다고 하는 것은 곧 중력에 의해 밀도가 높은 곳에서 온도가 상승하며, 아직 밀도가 낮은 곳은 차가운 상태란 것을 의미한다.

그런데도 한국천문연구원과 고등과학원은 그 초기우주의 일부 지역이 다른 지역보다 뜨겁다고 해서, 이것이 온도의 상승을 의미하는 것은 아니라고 반론한 것이다.

세계 천체물리학자들은 이 점에 주목했다. 유럽우주국의 플랑크망원경 이전에 그 초기우주를 관측했던 나사의 우주망원경 WMAP에서도 이런 패턴이 관측됐지만, 당시에는 분석 오류나 은하수에 의한 오염에 따른 것이라는 주장이 제기되며 논쟁을 부르기도 했다. 하지만 초기우주에 흩어진 물질들이 중력에 의해 밀도가 높아지며 온도가 상승하는 것은 사실로 확인되었다.

현대 우주과학기술에 의해 명백히 밝혀졌듯이 초기우주의 온도가 상승했다는 것은 곧 그 온도가 상승하기 이전의 초기우주가 있었다는 것을 의미한다.

위 이미지가 보여주는 것처럼 녹색의 물질에서 그 가운데 노란색 지역이 나타나고, 또 그 노란색 지역의 가운데 붉은색 지역이 나타

나는 것은 중력에 의해 밀도가 높이지며 온도가 상승하는 모습이
다. 이처럼 초기우주에 흩어진 물질들이 중력에 의해 밀도가 높아
지며 온도가 상승한다는 것은, 그 온도가 상승하기 이전의 초기우
주가 있었다는 것을 의미한다.

138억 년 팽창하며 성장해온 우주의 과거를 추적하면, 아직 별들
이 탄생하기 이전의 초기우주와 만나게 된다. 아울러 그 초기우주
의 크기는 우리은하 규모와 같았을 때가 있었다.

그때 초기우주의 모습은 어땠을까?

38만 살이 된 초기우주는 중력에 의해 밀도가 올라가는 곳들에
서 부분적으로 온도가 상승했다. 이처럼 중력에 의해 밀도가 높아
지며 온도가 상승한다는 것은 그보다 밀도와 온도가 낮았던 시기
가 있었다는 것을 의미한다. 따라서 초기우주의 크기가 우리은하
만큼 팽창했을 때는 아래와 같은 모습이었을 것이다.

위 이미지는 초기우주의 크기가 우리은하 규모와 같았을 때의
모습을 상징적으로 보여준다.

위 이미지는 초기우주 규모가 우리은하보다 커지며 밀도와 온도
가 상승하는 모습을 상징적으로 보여주고 있다. 빅뱅론대로라면
초기우주는 온도가 식어가는 과정의 모습이어야 하는데 그 반대인
것이다. 그러니 빅뱅론의 가설대로라면 절대 있을 수 없는 일이다.
하지만 이것이 현대과학기술이 밝혀낸 우주의 진실이다.

빅뱅론의 가설에 의하면 우주의 온도는 탄생(빅뱅) 1초 후 1백
억℃, 3분 후 10억℃, 1백만 년이 됐을 때는 3천℃로 식었다고 한다.
용광로 온도가 1,500℃ 정도이니, 그 두 배의 온도면 완전한 불덩이
와 같다. 그리고 1백만 년이 되었을 때 3천℃로 식었다면, 그 1백만
년의 절반도 안 되는 38만 년 되었을 때는 3천만℃ 정도의 온도가
되어야 할 것이다. 하지만 그 초기우주에서 가장 밀도가 높은 지역
의 온도는 2,700℃ 정도이다.

빅뱅론에는 암흑에너지와 암흑물질이 없다. 오로지 원자로 이루

어진 일반물질만 존재히는 것이다. 분명 지금의 우주에는 총질량의 80% 정도를 차지하는 암흑물질과, 우주에서 73%의 공간을 차지하고 있는 암흑에너지가 존재한다. 그런데도 빅뱅론에는 우주에서 가장 큰 비중을 차지하는 암흑에너지와 암흑물질이 빠진 것이다.

1931년 2월 3일 아인슈타인은 우주가 팽창하고 있음을 인정하며, 자기가 도입했던 우주상수를 폐기한다고 발표했다. 그 후, 우주의 팽창을 전제로 하는 여러 우주론들이 제기되었는데, 조지 가모프와 랄프 알퍼가 빅뱅이론을 발표한 것은 1948년 4월 1일이다. 한 점에 압축되어 있던 질량과 에너지가 폭발적으로 팽창하여 우주가 생겨났다고 주장한 것이다.

그 당시에는 암흑에너지와 암흑물질의 존재조차도 몰랐다. 그런즉, 빅뱅론대로라면 1백만 년이 된 초기우주는 아래와 같은 모습이어야 할 것이다.

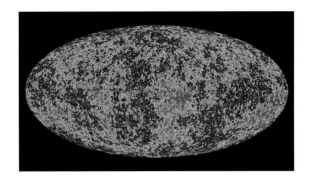

위 이미지는 빅뱅론의 주장처럼 1백만 년이 되어 3천℃로 식어가는 우주의 모습을 상징적으로 보여주고 있다(이는 질량과 중력은 배제되고 온도만 설명된 모순이다).

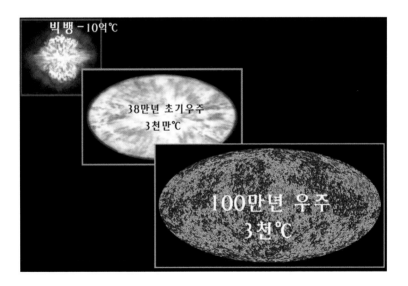

위 이미지는 빅뱅론대로 우주가 1백만 년 동안 식어가는 과정을 상징적으로 보여주고 있다. 하지만 우리 앞에 나타난 초기우주의 실제 모습은 전혀 다른 모습이다.

　현대 우주과학기술로 밝혀진 이 초기우주의 온도는 약 2,700℃로, 중력에 의해 밀도가 높아지는 곳들에서 온도가 상승하며 암흑에너지와 암흑물질이 존재한다. 즉, 빅뱅론의 주장을 전면적으로 부정하고 있다.

우주 진실을 밝히기 위한 질문사항

① 초기우주 열 지도에서 붉은 곳은 중력에 의해 밀도가 높아지며 온도가 상승하는 곳이다.
　이를 물리적 증거로 반론할 수 있는가?

② 초기우주 열 지도에서 노란색 지역은 붉은색 지역보다 온도와 밀도가 상대적으로 낮은 지역이다.
　이를 물리적 증거로 반론할 수 있는가?

③ 초기우주 열 지도에서 노란색을 감싸고 있는 녹색 지역은 매우 차갑고 밀도가 더욱 낮은 지역이다.

이를 물리적 증거로 반론할 수 있는가?

④ 초기우주에 흩어진 물질들이 중력에 의해 밀도가 높아지며 온도가 상승한다는 것은, 그 온도가 상승하기 이전의 초기우주가 있었다는 것이다.

이를 물리적 증거로 반론할 수 있는가?

⑤ 천문연구원과 고등과학원은 공동반론에서 '초기우주의 일부 지역이 다른 지역보다 뜨겁다고 해서 이것이 온도의 상승을 의미하는 것은 아니다'라고 주장했는데, 그 반론대로 온도가 상승하지 않으면 별이 잉태할 수 없고 은하가 생겨날 수 없다. 즉, 오늘의 우주는 생겨날 수 없다.

이를 물리적 증거로 반론할 수 있는가?

2014년 9월 5일 천문연구원과 고등과학원이 답변기일을 수차례 연장하면서까지 검토를 거듭하고 나서 두 번째로 반론한 것은 빅뱅 인플레이션 팽창과정에서 중력의 기원이 생겨났다는 것이었다.

빅뱅론에서는 특이점이 폭발하면서 4가지 힘(중력, 약 핵력, 전자기력, 강 핵력)이 초강력에서 떨어져 나갔다고 하는데, 빅뱅론에 세뇌된 사람들의 주장은 상황에 따라 늘 바뀌고 있다. 어쨌거나 천문연구원과 고등과학원의 공동반론에도 심각한 모순이 있다.

빅뱅론의 기본 핵심은 오늘의 우주에 존재하는 모든 별과 행성, 은하들을 포함한 물질의 총질량이 바늘구멍보다 작은 특이점 안에 압축되어 있었다는 것이다.

한 삽의 흙도 그렇게 압축시키기 어려울 텐데, 빅뱅론에서는 지금 우리가 보고 있는 하늘의 별과 행성, 은하들을 비롯한 우주 물질의 총질량이 그 하나의 점 안에 압축되어 있었다고 주장한다. 우리가 살고 있는 이 지구도 바늘구멍보다 지극히 작은 그 특이한 점 안에 압축되어 있던 부산물이라는 것이다. 그럼 그 특이점을 압축시킨 에너지는 무엇일까?

오늘의 우주에 존재하는 총질량이 압축된 특이점이 있었다면, 분명 그렇게 압축되도록 한 에너지가 존재해야 한다. 우주에서 중력에 의해 천체가 압축되는 것은 보편적 상식이다.

인류가 살고 있는 지구의 물질도 그 중력에 의한 핵융합으로 생겨났고, 태양을 비롯한 모든 별들도 그 중력에 의해 탄생했고, 블랙홀도 그 중력에 의해 생겨났다. 이와 마찬가지로 빅뱅 특이점이 정말로 존재했다면 그 역시 중력에 의해 압축된 것이어야 한다.

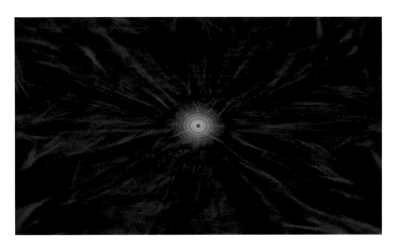

위 이미지는 빅뱅론에서 주장하는 특이점을 압축시킨 에너지를 상징적으로 보여주고 있다. 그래서 이 특이점을 압축시킨 에너지는 무엇이냐고 질문하며 재반론을 요구하니 한국천문연구원과 고등과학원은 더 이상 반론하지 못했다.

그리고 2017년 한국천문연구원은 중력이 원시우주가 급팽창하는 과정에서 한꺼번에 생겨났다며 다음과 같이 주장했다.

"(초기)우주에서는 주변보다 밀도가 낮은 지역, 그리고 밀도가 높은 지역이 형성되게 됩니다. 해당 영역이 저밀도 혹은 고밀도 지역이 되는 것은 초기 양자요동의 조건에 의해서 확률적으로 결정이 됩니다."

이 답변에서 밀도가 높은 지역과 밀도가 낮은 지역은 중력에 의해 형성된 것인데, 천문연구원은 그 과정에서 중력이 생겨났다고 주장하는 것이다.

한국천문연구원은 이 초기우주에서 중력이 한꺼번에 생겨났다고 주장한다. 한국천문연구원의 주장대로라면 초기우주가 우리은하 하나의 규모(지름 10만 광년) 정도로 팽창했을 때의 중력은, 우리은하 중력의 1조 배 이상이 된다. 지금의 우주에 존재하는 중력을 모두 합치면 그 정도가 되는 것이다. 그렇다면 그 엄청난 중력에 의해 원자를 이루고 있는 입자들은 산산이 붕괴·해체되며 극단적으로 압축되어 거대한 블랙홀이 되고 만다.

한국천문연구원의 주장대로라면 중력이 생겨나자마자 우주는 종말을 맞게 되는 것이다.

천문연구원은 이 진실에 해명을 해야 한다. 과학은 냉철한 고찰과 이성을 기반으로 한다. 그런즉, 진정한 과학자라면 이 진실에 해명을 해야 한다. 어려운 일도 아니다. 아니면 아니라고 반론할 수 있는 물리적 증거를 내놓거나, 옳으면 옳다고 긍정하면 된다. 보편적 상식을 가진 사람들이라면 당연히 그래야 한다.

하지만 그들은 단 한 가지도 반론하지 못했다. 중력 입자의 기원과 생성 및 확산 등의 진실을 현대 우주과학기술로 밝혀진 물리적 증거들로 명명백백히 증명하며 과학적 답변 및 반론을 요구했지만, 그에 대해서 단 한 가지도 반론하지 못하고 있다.

우주의 모든 천체는 중력을 동반하고 있다. 그 중력이 천체의 질량에 비례한다는 것은 우주의 보편적 상식이다. 지구표면이 달보다 6배나 큰 중력을 갖고 있듯이 말이다.

빅뱅론이 아무리 개념이 없는 가설이라 해도, 이 보편적 상식을 피해갈 순 없다. 그런즉, 특이점의 질량이 오늘의 우주에 존재하는 총질량과 같다면 그 특이점을 압축시킨 에너지도 오늘의 우주에 존재하는 중력을 모두 합한 것과 같이 엄청날 것이다.

또 한국천문연구원의 주장대로 중력이 원시 우주가 급팽창을 하는 과정에서 한꺼번에 모두 생성되었다고 해도, 그 엄청난 중력 가운데서는 원자를 이루고 있는 입자들이 산산이 붕괴·해체되며 극단적으로 압축되어 거대한 블랙홀이 되고 말았을 것이다.

태양보다 수십 배 이상 큰 별의 중력은 원자를 해체시켜 블랙홀을 만들 수 있다. 중성자별의 중력은 지구표면 중력의 3억 배 정도가 된다. 그 정도의 중력이면 지구상에서 가장 강한 탱크도 산산이 부서져 순식간에 사라지고 만다.

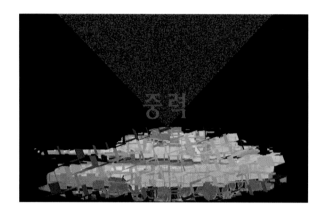

위 그림은 중성자별의 중력에서 탱크가 산산이 부서지는 모습을 상징적으로 보여주고 있다. 이처럼 중력이 지구의 3억 배 정도만 되어도, 물질을 이루는 모든 원소를 붕괴시켜 중성자로 만들어 버릴 수 있다.

이 이미지는 지구 중력의 3억 배가 되면 지구를 이루는 물질이

산산이 붕괴된다는 것을 상징적으로 보여주고 있다. 그리고 그 이상의 중력에서는 중성자마저 붕괴된다.

태양은 질량이 20~30배 이상만 되어도 블랙홀이 될 수 있다. 그렇게 되면 지구를 비롯한 태양계의 모든 행성들은 그 블랙홀에 처박힐 수 있다.

이 이미지에서 보여주는 것처럼 태양 질량이 수십 배 이상이 되면 블랙홀로 진화하며 태양계의 모든 행성들을 삼켜버릴 수 있다.

한국천문연구원의 주장은 빅뱅 인플레이션 팽창과정에서 중력이 한꺼번에 생겨났다는 것이다. 그럴 경우 38만 살의 초기우주 운명은 어떻게 될까?

정말 빅뱅 인플레이션 팽창과정에서 중력이 딱 한 번 생겨나고 말았다면, 지금의 거대한 우주에 존재하는 중력의 규모는 138억 년 전의 그 초기우주를 감싸게 된다. 그 초기우주 규모는 지금의 우주에 비할 수 없이 매우 작았기 때문이다.

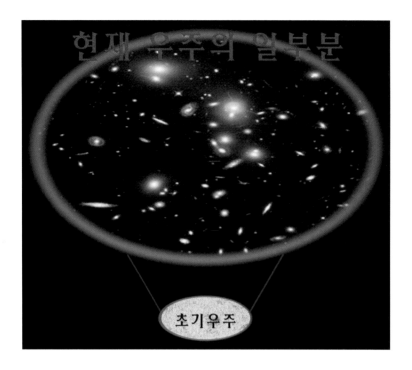

현재 우주의 일부분

초기우주

위 이미지는 지금의 우주 일부분과 38만 살의 초기우주를 비교하여 상징적으로 보여주고 있다. 사실 지금의 우주와 138억 년 전의 초기우주 규모 사이에는 비할 수 없이 엄청난 차이가 있기 때문에, 지금의 우주에 존재하는 중력 면적은 그 초기우주보다 훨씬 더 크다.

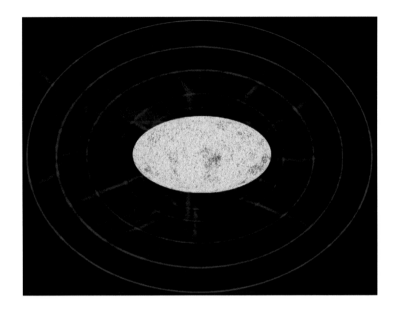

위 이미지는 초기우주를 감싼 중력을 상징적으로 보여주고 있다. 빅뱅론의 주장대로 정말 지금의 우주에 존재하는 중력이 원시우주에서 모두 생성되었다면, 그 중력은 초기우주 규모를 훨씬 능가하게 되는 것이다.

분명 신생 우주는 우리은하 규모만큼일 때가 있었다. 빅뱅론의 주장대로라면 그 신생 우주에서 일반물질 질량은 우리은하의 1조 배 이상이 되고, 그 질량의 중력도 우리은하의 1조 배 이상이 된다.

　위 이미지는 초기우주와 우리은하의 규모를 상징적으로 비교하여 보여주고 있다. 우주에 우리은하와 똑같은 질량의 은하가 1천억 개 있다고 가정하면, 우주질량은 우리은하의 1천억 배에 이른다. 거기에 성간물질의 질량까지 더하면 1조 배 이상이 된다.

　빅뱅론의 주장대로 초기우주 규모가 우리은하만큼 팽창했을 때 그 질량이 지금의 우주와 같았다면, 역시 그 질량은 우리은하의 1조 배 이상이 되고, 그 질량의 중력도 우리은하의 1조 배 이상이 된다. 정말 그랬다면 우주의 운명은 어떻게 되었겠는가?

　태양의 질량이 수십 배 이상만 되어도 그 중력은 대부분 수소와 헬륨으로 이루어진 태양을 붕괴시켜 블랙홀로 만들어버릴 수 있는데, 1조 배 이상의 중력 속에서 초기우주의 일반물질을 이루는 수소와 헬륨이 어떻게 되겠는가 하는 것이다.

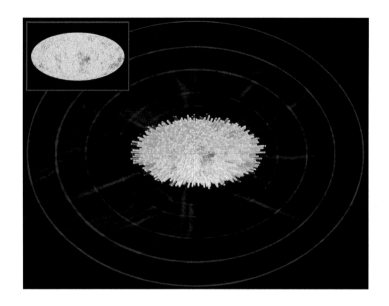

　위 이미지는 한국천문연구원의 주장대로 원시우주에서 중력이
한꺼번에 모두 생겨났을 경우, 그 중력으로 인해 초기우주가 산산
이 붕괴되는 모습을 상징적으로 보여주고 있다.

　천문연구원의 주장대로라면 중력이 생겨나자마자 초기우주는 즉
시 팽창을 멈추게 되고, 극단적으로 수축되며 거대한 블랙홀이 되고
만다.

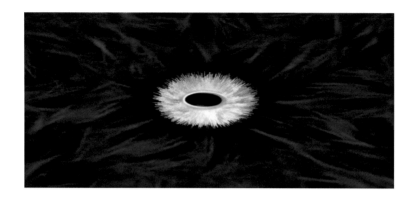

　천문연구원의 주장대로라면 중력이 생겨나자마자 위 이미지처럼 우주는 즉시 팽창을 멈추고 극단적으로 압축되며 블랙홀로 사라지게 된다. 즉, 종말을 맞게 되는 것이다.

　이는 빅뱅론의 주장대로 그 초기우주 질량이 지금의 우주와 같았을 때의 상황이기도 하다. 지금의 우주에 1천억 개 이상의 은하들과 성간물질이 존재하고 있으니, 초기우주가 우리은하 규모 정도로 팽창·확장되었을 때의 질량과 중력이 우리은하의 1조 배 이상이 된다고 가정했을 때의 상황이다.

　빅뱅론의 주장대로 초기우주의 질량이 지금의 우주와 같았다면, 그 밀도는 수천억의 수천억 배 이상으로 높아야 한다. 그러니 그 고밀도의 질량과 중력 속에서는 초기우주가 팽창할 수 없을 뿐만 아니라 극단적으로 압축되며 블랙홀로 사라지게 되는 것이다.

　하지만 우주는 팽창을 멈추지 않았고 138억 년 동안 가속팽창을 해왔다. 또한 우주는 종말을 맞지도 않았다. 그런즉, 우주팽창은 빅뱅론의 주장이 허구임을 입증하는 물리적 증거이다.

　종말을 맞지 않고 밤하늘을 아름답게 밝히는 찬란한 별들과 은하의 세계도 역시 빅뱅론의 주장이 허구임을 입증하는 물리적 증거이다. 이 땅에 살아있는 모든 생명체들까지도 역시 빅뱅론의 주장이 허구임을 입증하는 명명백백한 물리적 증거이다.

중력은 원시우주에서 딱 한 번 모두 생성된 것이 아니라, 태초부터 계속 생성되며 수천억의 수천억 배 이상으로 확장되었다. 또 지금도 계속 생성되며 확장되고 있다.

전파망원경으로 관측하면 별들이 생성되는 은하들의 주변에서 중성수소가 생성되며 확산되는 것을 확인할 수 있다. 그렇게 은하의 질량이 확장되는 만큼 중력도 확장되는 것이다.

분명 우주에는 천체의 질량과 중력의 역학관계가 엄격히 존재한다. 달의 중력이 지구보다 클 수 없고, 지구의 중력이 태양보다 클 수 없으며, 태양의 중력이 블랙홀보다 클 수 없듯이 말이다. 이 역학관계가 없다면 우주질서는 유지될 수가 없다. 그런데 빅뱅론에는 우주질서를 확립하는 이 역학관계가 철저히 무시되고 있는 것이다.

📝 우주 진실을 밝히기 위한 질문사항

① 빅뱅론의 기본 핵심은 오늘의 우주에 존재하는 별과 행성, 은하들을 포함한 물질의 총질량이 바늘구멍보다 작은 특이점에 압축되어 있었다는 것이다.
이를 밝힐 수 있는 물리적 증거가 있는가?

② 오늘의 우주에 존재하는 총질량이 압축된 특이점이 있었다면, 분명 그렇게 압축시킨 에너지가 존재해야 한다. 그럼 빅뱅론의 특이점을 압축시

킨 에너지는 무엇인가?

③ 우주의 모든 천체는 중력을 동반하고 있다. 그 중력이 천체의 질량에 비례한다는 것은 우주의 보편적 상식이다. 빅뱅 특이점의 질량이 지금의 우주 질량과 같았다면, 그 질량의 중력도 지금의 우주에 존재하는 중력의 세기를 모두 합친 것과 같아야 한다.
이를 물리적 증거로 반론할 수 있는가?

④ 중성자별의 밀도는 1㎤당 약 10억 톤에 이른다. 한 티스푼의 무게가 그 정도에 이른다. 중성자별의 지름은 약 10㎞ 정도지만 그 질량은 태양보다 훨씬 크다. 태양의 지름은 139만 2,000㎞지만 중성자별보다 질량이 작은 것이다.
하지만 중성자별의 중력은 지구의 3억 배 정도가 된다. 태양의 표면 중력이 지구의 28배인 것에 비하면 엄청난 중력이다. 중성자별의 그 중력에서는 탱크도 당장 부서져 사라지고 만다. 그 중력에서는 이 지구도 당장 부서져 순식간에 사라지고 만다.
아울러 중성자별은 중력-초고온-폭발에너지 등의 메커니즘 속에서 원자가 붕괴되고, 중성자들이 핵이 되어 이루어진 별이다.
이를 물리적 증거로 반론할 수 있는가?

⑤ 중성자별보다 질량이 큰 별의 중력은 그 중성자마저 붕괴시키고 블랙홀을 만들 수 있다. 그 중력은 물질을 완전히 해체시켜 버리는 것이다.
이를 물리적 증거로 반론할 수 있는가?

⑥ 우주에서 중력에 의해 물질이 압축되는 것은 보편적 상식이다. 빅뱅론이

아무리 개념이 없는 가설이라 해도, 이 보편적 상식을 피해갈 순 없다.

빅뱅론에서 주장하는 특이점의 질량이 오늘의 우주에 존재하는 총질량과 같다면, 그 특이점을 압축시킨 에너지도 오늘의 우주에 존재하는 중력을 모두 합한 것과 같이 엄청날 것이다.

그 중력 가운데서는 모든 물질이 산산이 붕괴되고 해체되므로 우주가 생겨날 수 없다. 그런즉, 빅뱅론은 물리적 증거가 전혀 없는 허구이다.

이를 물리적 증거로 반론할 수 있는가?

⑦ 한국천문연구원의 주장대로 원시우주에서 중력이 딱 한 번 생성되었다면, 초기우주가 우리은하 규모(지름 10만 광년) 정도로 팽창했을 때의 중력은 우리은하의 1조 배 이상이 된다.

이를 물리적 증거로 반론할 수 있는가?

⑧ 빅뱅 인플레이션 팽창 과정에서 우주의 모든 중력이 딱 한 번 생성되었다면 그 엄청난 세기의 중력이 생겨나자마자 우주는 즉시 팽창을 멈추게 될 뿐만 아니라 극단적으로 압축되며 블랙홀로 사라지게 된다. 즉, 종말을 맞게 된다. 하지만 우주는 팽창을 멈추지 않았고 138억 년 동안 가속팽창을 해왔다.

또한 우주는 종말을 맞지도 않았다. 그런즉, 우주팽창은 빅뱅론의 주장이 허구임을 입증하는 물리적 증거이다.

이를 물리적 증거로 반론할 수 있는가?

⑨ 별들이 생성되는 은하의 규모가 커지며 확장된다는 것은 이미 현대 우주과학기술로 명명백백히 밝혀진 사실이다. 이처럼 은하가 성장하며 확장되는 만큼, 그 은하의 확장되는 질량에 비례하여 중력도 확장된다는

것을 물리적 증거로 반론할 수 있는가?

⑩ 원시별이 성장하며 커지는 만큼, 그 별의 질량에 비례하여 중력도 확장
된다는 것을 물리적 증거로 반론할 수 있는가?

⑪ 수명을 다한 초신성이 폭발하면서 뿔뿔이 흩어지는 잔해의 성운들이
독자적인 질량과 중력을 갖는다는 것을 부인할 수 있는가?

⑫ 수명을 다한 초신성이 폭발한 잔해의 성운들에서 별이 탄생하며, 그 별
들이 독자적인 질량과 중력을 갖는다는 것을 부인할 수 있는가?

⑬ 별은 대부분 수소로 이루어진 구름 성운이 중력에 의해 수백억 배로 압
축되며 생성된다. 그리고 그 별들을 폭발적으로 많이 생성하는 은하가
수소를 생성하지 못한다면 그 은하는 수백억 배 이하로 수축되며 작아
지게 된다. 하지만 현대 우주과학기술에 의해 밝혀진 바에 의하면, 별들
을 생성하는 은하들의 주변에서 중성수소가 생성되며 빠르게 확산되고
있다. 이처럼 우주 질량이 확장되는 만큼 중력도 확장되고 있다.
이를 물리적 증거로 반론할 수 있는가?

08. ─────────────────────────────── ✧.
우주의 일반물질 비율과 질량의 진실

초기우주를 이루고 있는 성운(대부분이 수소로 이루어진 구름)은 중력에 의해 압축되면서 밀도를 수백억 배 이상으로 높이며 크고 작은 별들을 생성하였다.

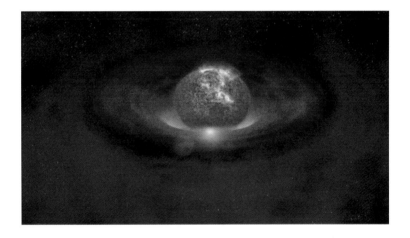

위 이미지와 같이 대부분이 수소로 이루어진 성운에서 별들이 잉태되고 탄생하게 된다. 현재도 우주에서는 이처럼 별들이 계속 탄생하고 있다.

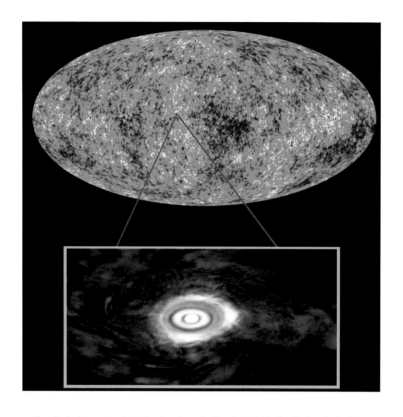

　위 이미지는 초기우주의 밀도가 높은 곳에서 별이 생성되는 모습을 보여주고 있다. 초기우주에서 붉은색의 지역들이 밀도가 가장 높은 곳인데, 그곳에서 별들이 탄생하게 된다. 초기우주를 이루고 있는 성운이 중력에 의해 밀도를 수백억 배 이상으로 높이며 크고 작은 별들을 생성한 것이다. 밀도가 높은 물질이 많은 곳에서는 질량이 큰 별이 탄생하고, 그 물질이 적은 곳에서는 질량이 작은 별과 행성들이 탄생하게 되는 것이다.

　그 별들 속에서는 많은 원소들이 생성되었다. 지구를 이루고 있는 물질도 바로 그 별들 속에서 만들어진 것이다.

우리가 매일 쳐다보고 있는 태양은 대부분이 수소로 이루어져 있는데, 그 수소들을 결합(융합)시켜 헬륨을 생성하고 있다. 그리고 그 과정에서 발생하는 열에너지로 불타고 있다.

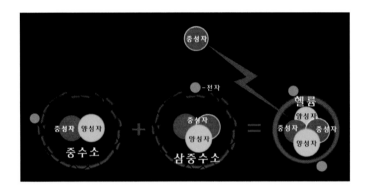

이 그림은 중수소와 삼중수소가 결합(핵융합)하여 헬륨을 생성하는 과정을 보여주고 있다. 그림에서 보는 것처럼 중수소에 비해 삼중수소 핵은 중성자 1개를 더 갖고 있다. 그래서 두 원자가 핵융합을 하면 짝을 이루지 못한 나머지 중성자 1개가 튀어나간다. 이때 엄청난 에너지를 방출하는데 그 원리로 수소폭탄을 만드는 것이다.

태양은 수소폭탄을 터뜨리는 위력으로 엄청난 양의 헬륨을 계속 생성하고 있다. 그리고 태양보다 질량이 큰 별은 탄소, 질소, 산소, 플루오르, 네온, 나트륨, 마그네슘, 알루미늄, 규소, 인, 황, 염소, 아르곤, 칼륨, 칼슘, 스칸듐, 티탄, 바나듐, 크롬, 망간, 철 등의 물질들을 만들어낸다.

초신성이 폭발하면서 중력에 가장 잘 견딜 수 있는 안정적 구조를 가진 철 원자도 붕괴되고, 그보다 질량이 더 무거운 원자들을 만들어 낼 수 있다.

이처럼 별은 우주 물질을 생성하는 공장이다. 우리 인체를 이루고 있는 물질도 모두 별에서 만들어진 것이다. 인간이 섭취하는 음식뿐만 아니라, 우리가 사용하는 모든 생활용품을 이루고 있는 물질도 모두 별에서 만들어진 원소들로 이루어져 있다. 우리가 보고 있는 이 세상 만물은 모두 별에서 만들어진 원소들로 이루어진 것이다.

위 이미지는 성운에서 크고 작은 별과 행성들이 생성되는 모습을 상징적으로 보여주고 있다. 초기우주는 아직 이런 천체들이 생성되기 전이었으므로 대부분 수소로 이루어져 있었다. 유럽우주국은 수년간의 초정밀 관측을 통해, 별과 행성들이 생성되기 이전의 초기우주에서 원자로 이루어진 일반물질의 비율은 4.9%라고 밝혔다.

빅뱅론에서는 이 물질이 최초의 3분 안에 모두 만들어졌다고 한다. 우주의 나이가 10초쯤 되어 온도가 40억℃ 정도로 식었을 때 전자와 양전자가 1대 1로 합해지고, 이 전자들이 양성자와 어울려 원자를 만들고, 우주의 나이가 약 3분쯤 되어 온도가 10억℃ 정도로 떨어지면 양성자와 중성자들이 결합해서 중수소와 삼중수소를 만들고, 그 중수소와 삼중수소가 결합해서 헬륨을 만들었다는 것이다.

그리하여 수소와 헬륨 두 가지 원자핵이 우주에 등장해서 앞으로 150억 년 동안 이 원자들의 거듭되는 핵융합으로 100여 가지의 원소들이 생겨나며, 물질세계를 전개해 나갈 서막을 장식한다고 한다.

우리은하를 이루고 있는 약 3천억 개의 별들과 5백억 개 정도의 행성들도 그때 생성된 수소와 헬륨을 원재료로 만들어진 것이고, 오늘의 우주를 이루고 있는 1천억 개 이상의 은하들 모두가 그 수소와 헬륨을 원재료로 만들어졌다는 것이다.

만약 빅뱅론의 주장대로 원자로 이루어진 물질이 그렇게 빅뱅 최초의 3분 동안 딱 한번 생성되고 말았다면, 그 초기우주의 4.9%를 차지했던 물질의 비율은 10배 팽창한 우주에서 0.49%가 되어야 한다.

여기서 빅뱅론 추종자들은 대부분 수소로 이루어진 물질이 퍼져나가면서 그 비율을 유지할 수 있다고 반론할 수도 있을 것이다. 그 경우 초기우주에서 가장 밀도가 높은 지역의 온도(2,700℃)는 더 낮아지게 된다. 태양 표면의 밀도와 온도보다 낮은 상태에서 더 낮아지게 되는 것이다. 그러면 별이 생성될 수 없고, 은하가 형성될 수 없다. 즉, 오늘의 우주는 형성될 수 없게 된다. 때문에 빅뱅론대로라면 그 초기우주의 4.9%를 차지했던 물질의 비율은 10배 팽창한 우주에서 0.49%가 되어야 한다는 것이다.

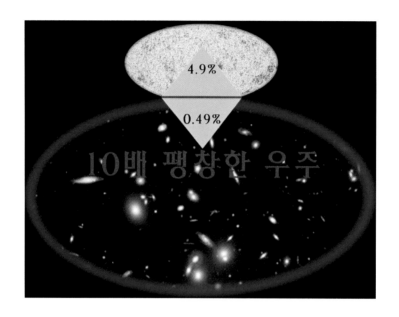

위 이미지에서 보여주는 것처럼 빅뱅론의 주장대로 물질이 최초의 3분 동안 딱 한 번 생성되고 말았다면 초기우주의 4.9%를 차지했던 물질의 비율은 10배 팽창한 우주에서 0.49%가 된다. 그렇게 우주가 팽창할수록 물질의 비율은 반비례로 계속 작아지게 된다. 100배로 팽창하면 0.049%가 되고, 1천 배로 팽창하면 0.0049%로 작아진다.

하지만 지금의 우주 현실은 그렇지 않다! 우주는 1배나 10배 정도가 아니라 138억 년이나 가속팽창을 하며 수십만 배 이상으로 커졌음에도, 이 거대한 우주를 차지하는 물질의 비율은 4%에 이른다. 이는 초기우주의 4.9%에 비해 수천억의 수천억 배 이상으로 많아진 양이다.

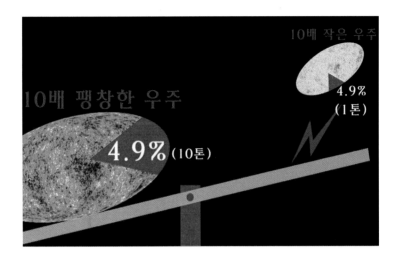

위 이미지는 10배 팽창한 우주에서 10배 이상 많아진 물질의 비율과 질량을 상징적으로 보여주고 있다. 이처럼 초기우주의 4.9%와 10배 팽창한 우주의 4.9% 사이에는 분명 질량의 차이가 있다. 이는 하나에 하나를 더하면 둘이 되는 것과 같은 이치이다.

위 사진에서 보는 바와 같이 작은 병의 간장 비율은 큰 병의 간장보다 0.9% 많지만 질량무게는 훨씬 작다.

그런즉 초기우주의 4.9%와, 138억 년 동안 수십만 배 이상으로 키진 우주의 4%는 수천억의 수천억 배 이상으로 엄청난 차이가 있다.

위 이미지에서 보여주는 것처럼 작은 용기의 비율이 0.9% 높을지라도, 큰 용기의 4%보다 질량무게는 훨씬 작다. 이처럼 초기우주의 일반물질 비율이 0.9% 높을지라도, 현재 우주의 4%에 비해 질량무게가 수천억의 수천억 배 이하로 훨씬 작다는 것이다.

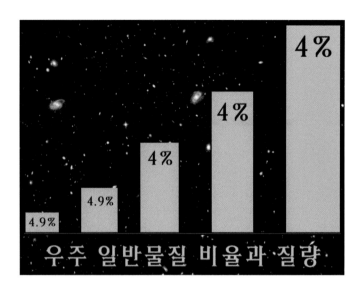

위 이미지는 초기우주의 4.9%에서부터 계속 확장되어온 일반물질의 질량과 비율의 관계를 상징적으로 보여주고 있다.

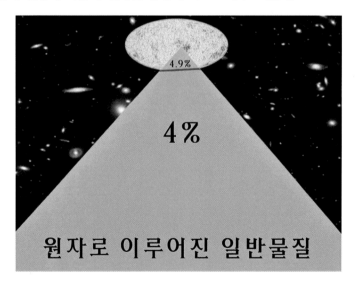

위 이미지는 초기우주의 4.9%에 비해 수천억의 수천억 배 이상

으로 많아진 물질의 질량을 상징적으로 보여주고 있다. 현재 이 물질들이 1천억 개 이상의 은하들을 이루고 있다.

참고로 그 은하들 중에 인류가 살고 있는 태양계가 속한 우리은하에는 약 3천억 개의 별들과 5백억 개 정도의 행성들이 있다. 이런 은하들을 1천억 개 이상이나 생성한 물질이 초기우주에 비해 수천억의 수천억 배 이상으로 많아졌다는 것은 곧 그만큼 생성되었다는 것이며, 현재도 계속 생성되며 많아지고 있다는 것이다.

사실 초기우주에 존재한 물질로는 단 한 개의 은하도 만들 수 없다. 하지만 지금의 우주에는 1천억 개 이상의 은하들이 존재한다. 초기우주보다 수천억의 수천억 배 이상으로 많아진 물질이 그 1천억 개 이상에 이르는 은하들을 생성한 것이다.

초기우주와 지금의 우주에 존재하는 이 질량 차이에 대한 진실을 밝혀야, 그 수천억의 수천억 배에 이르는 물질이 어떻게 생성되었는지를 밝힐 수가 있고, 우주의 미래까지도 확실히 밝힐 수가 있다. 때문에 이 질량 차이를 과학적으로 밝히는 것은 매우 중요한 문제이다.

빅뱅론은 지금의 우주에 존재하는 일반물질(원자로 이루어진 물질)의 총질량이 138억 년 전에 힉스입자로부터 부여된 것이라고 주장한다. 그런데 지금의 우주에 존재하는 일반물질의 총질량이 138억년 전의 초기우주에 비해 수천억의 수천억 배 이상으로 많아졌다는 것은 곧 빅뱅론·힉스입자이론의 주장이 모두 거짓이라는 명명백백한 증거가 된다.

즉, 우리가 완벽하게 속고 있다는 것이다. 우주에서 별이 생성되기까지는 질량의 크기에 따라 다르지만 보통 1억 년 이상이 걸린다. 그

1억 년 동안이면 우주는 수천 배 이상으로 팽창하게 된다. 반면에 빅뱅론의 주장대로라면 초기우주에 존재한 물질은 그 별들을 생성하기 위해 수축에 수축을 거듭하며 줄어들게 된다. 그래서 1억 년이 지나 그 별들이 탄생할 즈음이면, 초기우주의 모습은 아래와 같이 될 것이다.

위 이미지는 팽창하는 우주와 별을 생성하기 위해 수축하며 줄어드는 우주 물질을 상징적으로 보여주고 있다. 이처럼 빅뱅론의 주장대로라면 우주는 계속 팽창하고, 별을 생성하는 물질은 계속 수축하며 줄어들게 된다. 하지만 우주의 현실은 그렇지 않다. 별을 생성하는 물질(성운)은 계속 확장되고 있는 것이다. 별을 생성하는 성운이 안으로는 중력에 의해 수축되지만, 밖으로는 계속 확산된다는 것을 부인할 과학자는 이 세상에 아무도 없다.

아울러 전파망원경으로 관측하면 별들이 생성되는 은하 주위에서 수소가 생성되며 빠르게 확산되는 것을 확인할 수 있다. 그렇게

확장된 일반물질이 138억 년 팽창한 우주의 4%를 차지하며, 초기
우주에 비해 수천억의 수천억 배 이상이 되었다.

바로 이것이 우주의 일반물질 비율과 질량의 진실이다.

🔖 우주 진실을 밝히기 위한 질문사항

① 유럽우주국은 수년간의 초정밀 관측을 통해 초기우주에서 원자로 이루
  어진 물질의 비율은 4.9%라고 밝혔다.
  이 진실을 부인할 수 있는가?

② 만약 빅뱅론의 주장대로 원자로 이루어진 물질이 빅뱅 최초의 3분 동안
  딱 한번 생성되고 말았다면, 그 초기우주의 4.9%를 차지했던 물질의 비
  율은 10배 팽창한 우주에서 0.49%가 되어야 한다. 그렇게 우주가 팽창
  할수록 물질의 비율은 반비례로 계속 작아지게 된다.
  100배로 팽창하면 0.049%가 되고, 1천 배로 팽창하면 0.0049%로 작
  아진다.
  하지만 지금의 우주 현실은 그렇지 않다! 우주는 1배나 10배 정도가 아
  니라 138억 년이나 가속팽창을 하며 수십만 배 이상으로 커졌음에도,
  이 거대한 우주를 차지하는 물질의 비율은 4%에 이른다. 이는 초기우
  주의 4.9%에 비해, 수천억의 수천억 배 이상으로 많아진 양이다.
  이 진실을 물리적 증거로 반론할 수 있는가?

③ 빅뱅론 추종자들은 대부분 수소로 이루어진 물질이 퍼져나가면서 그 비
  율을 유지할 수 있다고 반론할 수도 있을 것이다. 그 경우, 초기우주에서

가장 밀도가 높은 지역의 온도(2,700℃)는 더 낮아지게 된다. 태양 표면의 밀도와 온도보다 낮은 상태에서 더 낮아지게 되는 것이다. 그러면 별이 생성될 수 없고, 은하가 형성될 수 없다. 즉, 오늘의 우주는 형성될 수 없는 것이다.

이를 물리적 증거로 반론할 수 있는가?

④ 빅뱅론의 주장대로라면 최초의 3분 만에 딱 한 번 생성된 물질은 별을 생성하며 계속 수축하기만 해야 한다. 하지만 우주의 현실은 그렇지 않다. 별을 생성하는 물질(성운)은 계속 확장되고 있는 것이다. 별을 생성하는 성운이 안으로는 중력에 의해 수축되지만, 밖으로는 계속 확산된다는 것을 부인할 과학자는 이 세상에 아무도 없다. 아울러 전파망원경으로 관측하면 별들이 생성되는 은하 주위에서 수소가 생성되며 빠르게 확산되는 것을 확인할 수 있다. 그렇게 확장된 일반물질이 138억 년 팽창한 거대한 우주의 4%를 차지하며, 초기우주에 비해 수천억의 수천억 배 이상이 되었다.

이 진실을 물리적 증거로 반론할 수 있는가?

⑤ 빅뱅론은 지금의 우주에 존재하는 일반물질(원자로 이루어진 물질)의 총질량이 138억 년 전에 힉스입자로부터 부여된 것이라고 주장한다. 그런데 지금의 우주에 존재하는 일반물질의 총질량은 138억 년 전의 초기우주에 비해 수천억의 수천억 배 이상으로 많아졌다.

이는 곧 빅뱅론·힉스입자이론의 주장이 모두 거짓이라는 명명백백한 증거가 된다. 즉, 우리가 완벽하게 속고 있다는 것이다.

이 진실을 물리적 증거로 반론할 수 있는가?

초기우주의 지름과 질량의 진실

우주의 나이가 138억 년쯤 되니, 우주의 반지름은 140억 광년이 된다고 한다(더 클 것이라는 주장도 있지만 물리적 증거는 없다). 그러니 초기우주의 반지름은 40만 광년 정도가 된다고 가정해 보자. 이는 광속 이상으로 우주가 팽창했다는 말과 같은 의미이다.

위 이미지는 현재의 우주와 38만 살이 된 초기우주의 반지름을 비교하여 상징적으로 보여주고 있다. 사실 140억 광년과 40만 광

년 사이에는 엄청난 차이가 있기 때문에 위 이미지에서 초기우주의 크기는 아주 작은 점에 불과할 것이다. 138억 년 팽창하며 확장된 우주의 규모도 너무도 거대하기에 다 보여줄 수 없으므로, 일부분만 상징적으로 보여주는 것이다.

초기우주의 반지름이 40만 광년이면 그 지름은 80만 광년이 된다. 이는 지름이 10만 광년인 우리은하의 8배에 해당하는 규모이다.

위 이미지처럼 초기우주의 지름은 우리은하의 8배에 이른다. 그러나 초기우주의 4.9%를 차지하고 있는 일반물질의 밀도는 매우 낮다. 우리은하에는 약 1억 개의 블랙홀, 3천억 개 정도의 별, 5백억 개 정도의 행성들이 있는 반면에 초기우주에는 아직 단 한 개의 별도 없다. 때문에 우리은하의 질량에 비해 초기은하의 질량은 훨씬 더 가볍다.

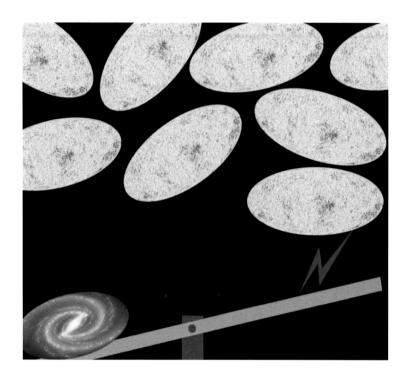

　위 이미지는 우리은하의 지름에 비해 초기우주가 8배 크다고 해
도 그 초기우주의 질량은 우리은하에 비해 훨씬 가볍다는 것을 상
징적으로 보여주고 있다. 실제로 우리은하와 초기우주를 저울에
올려놓는다면, 위와 같은 상황이 생길 것이다.

　그 초기우주에 엉성하게 흩어져 있는 일반물질의 4.9%를 한곳
에 모아 놓으면 그 지름은 약 4만 광년 정도가 된다. 우리은하의 절
반에도 못 미치는 것이다.

위 이미지처럼 초기우주의 4.9%를 차지하는 일반물질을 한곳에 모아 놓아도 그 규모는 우리은하의 절반에도 미치지 못한다. 아울러 그 4.9%의 일반물질로 블랙홀 하나를 생성하려면 수천조의 수천조 배 이상으로 압축되며 밀도를 높여야 한다.

위 이미지는 초기우주의 4.9%를 차지하는 일반물질이 압축되며 밀도를 높여 블랙홀을 생성할 때의 모습을 상징적으로 보여주고

있다. 시실 초기우주의 4.9%를 차지하는 일반물질로는 우리은하 중심핵에 있는 거대질량의 블랙홀 하나조차 생성하기 어렵다.

블랙홀의 밀도는 1㎤당 180억 톤 이상이 되지만, 초기우주를 차지한 일반물질의 밀도는 1㎤당 0.0000001g도 되지 않는다. 태양의 표면 밀도는 0.0000002g/㎤인데, 초기우주에서 밀도가 높은 지역도 태양의 표면 밀도보다 낮다.

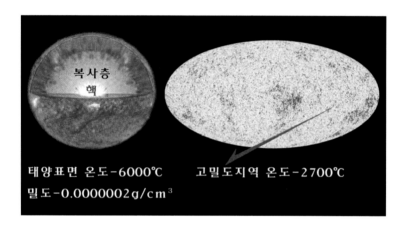

위 이미지는 태양의 표면 온도와 초기우주에서 고밀도 지역의 온도를 상대적으로 보여주고 있다. 천체의 온도는 곧 밀도이다. 그래서 온도가 13,600,000K인 태양 중심핵의 밀도는 약 150g/㎤인데, 이는 금이나 납보다 약 10배 무거운 수준이다.

또한 온도가 700만K인 태양 복사층 하부 밀도는 10g/㎤이다. 이처럼 천체의 온도는 곧 밀도인 바, 초기우주에서 고밀도 지역의 밀도는 태양 표면층 밀도의 절반에도 미치지 못한다. 그러니 초기우주에서 1㎤당 0.0000001g도 되지 않는 밀도를 180억 톤 이상이 될 때까지 압축하려면 수천조의 수천조 배 이상으로 엄청나게 압축되며 밀도를 높여야 한다. 그래서 초기우주의 4.9%를 차지하는 일반물질로는 우리은하 중심핵에 있는 거대질량의 블랙홀 하나도 생성하기 어렵다는 것이다.

아울러 초기우주의 4.9%를 차지했던 일반물질의 질량은 우리은하의 질량보다 훨씬 작다.

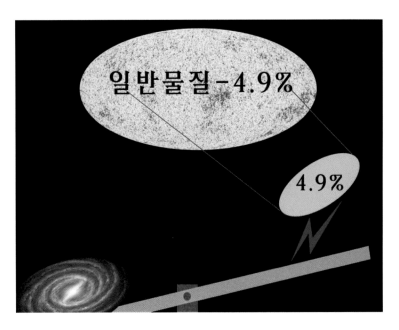

위 이미지는 초기우주의 4.9%를 차지했던 일반물질의 질량이 우리은하의 질량보다 훨씬 작았던 상황을 상징적으로 보여주고 있다. 그럼에도 그때로부터 1억 년 후 초기우주에서는 3천만 개 정도의 아기 블랙홀이 생겨났다. 그 1억 년 동안 일반물질의 양이 그 정도로 확장되며 많아진 것이다.

그리고 현재 우리은하에는 약 1억 개 정도의 블랙홀이 존재히며, 또 우주에는 1천억 개 이상의 은하가 존재한다. 이는 초기우주의 일반물질이 수천억의 수천억 배 이상으로 많아졌기 때문에 가능한 일이다.

현재도 우주에서 별들이 생성되는 모든 은하는 빠르게 확장되고 있다. 우리은하에서 별들이 생성되는 오리온성운도 초속 18㎞ 속도로 확장되고 있다. 성운의 내부에서는 별이 생성되며 수축하고, 밖으로는 초당 45리 달리는 속도로 매우 빠르게 확장하고 있는 것이다.

이처럼 확장된다는 것은 곧 질량이 확장된다는 것이며, 질량이 확장된다는 것은 곧 중력도 확장된다는 것이다. 그리고 그 중력이 몰리며 집중되는 곳들에서 별들이 생성된다. 그래서 별들이 생성되는 성운을 확산성운이라고 부른다.

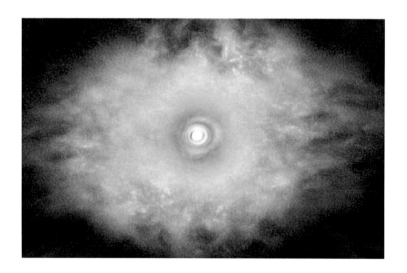

위 이미지는 별을 생성하며 확산되는 성운의 모습을 상징적으로 보여주고 있다.

전파망원경으로 관측하면 이처럼 별들이 생성되는 은하의 주변에서 전기적으로 중성상태인 수소가 생성되며 확산되는 모습을 확인할 수 있다. 아울러 은하들에서 별이 생성되는 양은 그 은하를 둘러싸고 있는 중성수소의 양과 비례한다. 즉, 은하를 둘러싸고 있는 중성수소 양이 많으면 많은 별들이 폭발적으로 생성되고, 그 중성수소의 양이 적으면 별이 생성되는 수가 적은 것이다. 때문에 많은 별들이 폭발적으로 생성되는 은하의 주변에서는, 중성수소도 폭발적으로 생성되며 빠르게 확산된다. 그렇게 우주 질량은 초기우주에 비해 수천억의 수천억 배 이상으로 많아진 것이다. 이는 현대우주과학기술로 관측되고 검증된 진실이다.

📝 우주 진실을 밝히기 위한 질문사항

① 우주의 반지름을 140억 광년으로 가정하면, 38만 살이 된 초기우주의 반지름은 40만 광년 정도가 된다. 그러니 지름으로는 80만 광년 정도가 되는 것이다. 이는 우리은하의 8배에 해당하는 규모이다. 팽창하는 우주의 과거를 추적하면, 분명 초기우주는 그 정도로 작았을 때가 있었다. 이를 물리적 증거로 반론할 수 있는가?

② 그 초기우주에 엉성하게 흩어져 있는 일반물질의 4.9%를 한곳에 모아 놓으면, 그 지름은 약 4만 광년 정도가 된다. 우리은하의 절반에도 못 미치는 것이다. 이를 물리적 증거로 반론할 수 있는가?

③ 초기우주의 온도는 곧 밀도이다.

　이 사실을 물리적 증거로 반론할 수 있는가?

④ 초기우주의 일반물질 밀도가 태양 표면 밀도보다 작았던 사실을 부인할
　수 있는가?

⑤ 초기우주에는 별들이 하나도 없었지만, 우리은하는 약 1억 개의 블랙홀,
　3천억 개 정도의 별, 5백억 개 정도의 행성들이 존재한다는 것을 부인할
　수 있는가?

⑥ 우리은하의 밀도는 138억 년 전 초기우주의 밀도보다 훨씬 더 높다.

　이 사실을 물리적 증거로 반론할 수 있는가?

⑦ 우리은하의 질량은 138억 년 전 초기우주의 질량보다 훨씬 더 무겁다는
　사실을 물리적 증거로 반론할 수 있는가?

⑧　별들이 생성되는 모든 성운이 확장되듯이, 초기우주에서도 별들이 생
　성되는 성운이 확장되었다는 사실을 물리적 증거로 반론할 수 있는가?

초기우주에서 생성된 블랙홀과 질량의 진실

미 항공우주국(NASA)이 쏘아 보낸 찬드라 위성이 200개의 블랙홀로 이루어진 거대 블랙홀집단을 발견했다. 2011년 6월 15일 찬드라 엑스레이 천문대의 발표에 의하면 이 블랙홀들은 지구로부터 약 127~129억 광년 떨어져 있고 그 넓이는 660만 광년에 이른다고 하니, 그 규모만 해도 우주탄생 후 38만 년 팽창한 초기우주보다 10배 정도 더 크다고 할 수 있다. 그리고 질량의 차이는 수백만 배 이상이 될 것이다.

에제키엘 트라이스타 하와이대 연구팀장은 「네이처」와의 인터뷰에서 '지금까지 우리는 이 초기 은하에 블랙홀이 존재하는지, 그들이 어떤 일을 하는지에 대해 전혀 알 수 없었다. 이제 우리는 그것이 있다는 사실과 함께, 갱단 단속 경찰처럼 급성장하고 있다는 사실을 알게 됐다'고 말했다.

이 블랙홀들은 우주탄생 이후 8억 년~9억5천만 년 정도인 초기우주에 분포되어 있다. 찬드라 엑스레이 천문대는 관측 결과 블랙홀이 빅뱅 이후 8억 년이나 성장했고, 빅뱅 후 10억 년이 되기 전에 적어도 우주에는 3천만 개의 블랙홀이 있었음을 알아냈다고 밝혔다.

케빈 쇼윈스키 예일대 교수는 '우리가 아주 새로운 베이비 블랙홀을 찾아낸 것 같다'고 소감을 밝히며, '우리는 이 아기 블랙홀들이 130억 년 후에는 10만 배나 큰 거대 블랙홀로 성장하며, 이는 오늘날 우리가 보는 블랙홀의 크기가 될 것으로 생각한다'고 말했다.

나사는 그동안 과학자들이 빅뱅 이후의 초기우주에서 젊은 블랙홀들이 생겨나는 것은 예상해 왔지만, 이를 직접 발견한 것은 이번이 처음이라고 밝혔다. 그런데 초기우주의 4.9%를 차지한 물질로는 거대질량의 블랙홀 하나조차도 만들기 어려웠다.

위 이미지는 거대질량의 블랙홀과 초기우주의 4.9%를 차지했던 물질을 한곳에 모았을 때의 상황을 상징적으로 보여주고 있다. 사실 현대 우주과학기술로 명명백백히 밝혀지고 검증되었듯이 초기우주의 4.9%를 차지했던 물질의 밀도는 1㎤당 0.0000001g도 되지

않기 때문에, 1㎤당 180억 톤 정도가 되는 거대질량의 블랙홀 하나 조차도 만들기 어렵다.

우리은하 중심핵에 존재하는 거대질량의 블랙홀은 태양 질량의 약 460만 배이다. 우주에는 이 블랙홀보다 훨씬 더 큰 질량을 가진 블랙홀들이 있다. 안드로메다 은하의 중심에는 태양 질량의 1억 1,000만 배에서 2억 3,000만 배 정도 되는 블랙홀이 있고, M-87 은하의 중심에는 태양 질량의 64억 배 되는 블랙홀이 있다. NGC-4889 은하의 중심에는 태양 질량의 210억 배나 되는 블랙홀이 있고, OJ-287 은하의 중심에 있는 블랙홀 쌍은 태양 질량의 180억 배로 추정되며, NGC-1277 은하의 중심에는 태양 질량의 약 170억 배로 큰 블랙홀이 있다. 초기우주의 4.9%를 차지했던 물질로 이처럼 거대한 질량의 블랙홀을 생성하기에는 그 질량이 턱없이 부족한 것이다.

초기우주에서 블랙홀을 만들 수 있는 재료인 일반물질 4.9%를 한곳에 모아 놓으면 그 지름이 4만 광년 정도가 된다. 그 평균 밀도는 태양 표면 밀도보다 훨씬 낮다. 그런즉, 그 일반물질을 1㎤당 180억 톤이 될 때까지 압축시키면 그 지름은 우리은하 중심에 있는 블랙홀의 지름보다 훨씬 작아진다.

일반물질 - 4.9%

우리은하 블랙홀

　이 이미지는 초기우주의 4.9%를 차지한 일반물질을 한곳에 모아
서 만들 수 있는 블랙홀과, 우리은하 중심핵에 있는 거대질량의 블
랙홀을 상징적으로 비교하여 보여주고 있다.

　그런즉, 우리은하 중심핵에 있는 블랙홀을 압축된 만큼 다시 풀
어 놓으면 초기우주 규모를 능가하게 되는 것이다.

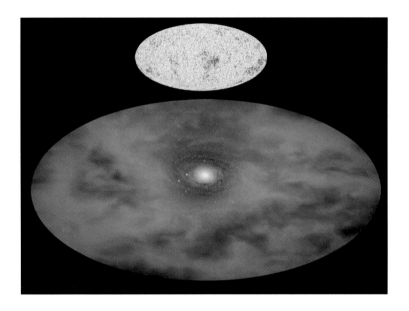

위 이미지처럼 거대질량의 블랙홀 하나를 수축된 만큼 다시 풀어 놓으면 초기우주에 존재한 성운의 규모를 훨씬 능가하게 된다. 그러 므로 거대질량의 블랙홀은 그 초기우주를 삼켜버릴 수도 있다.

　위 이미지는 유럽우주국이 공개한 초기우주가 우리은하의 중심
핵에 있는 블랙홀에 빨려 들어가는 모습을 상징적으로 보여주고
있는데, 그 초기우주의 물질로는 이 블랙홀 하나도 만들 수 없었
다. 그런즉, 위 블랙홀은 그 초기우주를 삼켜버릴 수도 있다는 것
이다.

위 이미지는 초기우주의 4.9%를 차지했던 일반물질이 압축되며 블
랙홀을 생성하는 모습을 상징적으로 보여주고 있다. 이처럼 초기우
주의 일반물질 질량은 우리은하 중심핵에 있는 블랙홀의 거대질량보
다도 작은 블랙홀 하나를 겨우 만들 수 있는 양에 불과했던 것이다.

하지만 그 질량이 138억 년 동안 수천억의 수천억 배 이상으로 많
아지며 1천억 개 이상의 은하들을 생성해냈듯이, 1억 년 이상 확장된
물질의 질량으로 3천만 개 정도의 블랙홀들을 생성할 수 있었다.

① 초기우주에서 10억 년 동안 생성된 블랙홀은 3천만 개 정도기 된다는 사실을 부인할 수 있는가?

② 우리은하에 초기우주에서 10억 년 동안 생성한 블랙홀보다 3배 이상 많은 약 1억 개 정도의 블랙홀들이 존재한다는 사실을 부인할 수 있는가?

③ 우리은하의 질량은 138억 년 전 초기우주 질량보다 훨씬 더 무겁다.
이를 물리적 증거로 반론할 수 있는가?

④ 탄생 후 38만 년이 된 초기우주의 4.9%를 차지했던 일반물질의 밀도를 1㎤당 180톤이 될 때까지 압축시키면 그 크기의 지름은 우리은하 중심에 있는 블랙홀의 지름보다 작아진다.
이를 물리적 증거로 반론할 수 있는가?

⑤ 그 초기우주의 4.9%를 차지했던 일반물질의 질량은 우리은하 중심 핵에 있는 블랙홀의 질량보다 작았다.
이를 물리적 증거로 반론할 수 있는가?

11.
초기우주의 성장

　우리은하 중심핵에 있는 블랙홀은 처음부터 거대질량이었던 것이 아니라, 질량이 작은 아기 블랙홀이었다. 예일대의 프라이어 나타라얀은 '대부분의 천문학자들에게 기존 우주, 블랙홀, 은하계가 성장하는 것은 상징적'이라고 말했다.

　아울러 우리은하 중심에 있는 거대질량의 블랙홀도 초기우주에서 아기 블랙홀로 탄생했지만, 130억 년이 넘게 성장하며 거대질량을 갖게 된 것이다.

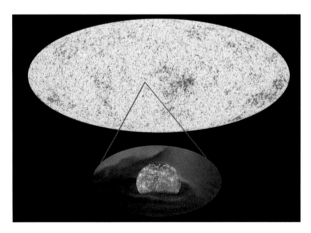

　위 이미지는 초기우주의 밀도가 높은 곳에서 별이 생성되었다는

것을 상징적으로 보여주고 있다. 이처럼 거대질량의 블랙홀도 초기 우주의 한 부분에서 탄생한 별이었다.

그 별이 기대질량의 블랙홀로 진화했다. 지금의 우주물질 질량이 138억 년 전의 초기우주에 비해 수천억의 수천억 배 이상으로 커졌듯이, 블랙홀의 질량도 커진 것이다.

2004년 8월 17일 영국 BBC방송에서는 우리은하의 나이가 136억 살(±8억 살) 정도라는 사실이 처음으로 밝혀졌다고 보도했다. 국제연구팀이 칠레에 설치된 초대형 광학망원경을 이용해 NGC-6397 구상성단에 있는 2개의 별에서 베릴륨의 양을 측정한 결과, 이와 같은 결론을 얻어냈다는 것이다. 별에 존재하는 베릴륨의 양은 시간이 지날수록 증가하기 때문에 그 베릴륨의 양을 별의 나이를 측정하는 '우주시계'로 사용할 수 있다.

현재 우리은하에는 약 1억 개 정도의 블랙홀들이 있다. 초기우주에서 10억 년 동안 생산된 3천만 개 정도의 블랙홀 숫자보다 3배 이상 많은 것이다.

빅뱅론의 주장대로 우리은하를 이루고 있는 물질이 힉스입자로부터 물려받은 것이라면 우리은하의 질량이 그 초기우주의 질량보다 수천억 배 이하로 작아야 하는데, 오히려 우리은하의 질량이 훨씬 더 큰 것이다.

우주에는 1천억 개 이상의 은하들이 존재한다. 현재도 우주에서는 새로운 블랙홀들이 계속 생성되고 있으며, 아기 블랙홀들의 성장도 계속되고 있다. 그런즉, 초기우주는 오늘의 우주가 생겨난 씨앗과 같다.

위 이미지는 초기우주에서 생겨난 우주의 진화과정을 상징적으로 보여주고 있다. 이처럼 초기우주의 중력이 몰리며 집중되는 곳에서 대부분이 수소로 이루어진 성운의 밀도가 올라가며 별들을 생성하고, 그곳에서 탄생한 별들 중에 질량이 큰 별은 블랙홀로 진화하고, 그 블랙홀과 별들로 이루어진 은하가 형성되고, 그 천체들을 만드는 원재료인 물질이 수천억의 수천억 배 이상으로 계속 생성되며 오늘의 우주를 형성했다.

이것이 우리은하 하나도 만들 수 없었던 초기우주가 1천억 개 이상의 은하들을 생성해낼 수 있었던 진실이다. 그러므로 아직 별들이 탄생하지 않은 초기우주가 아주 작은 겨자씨라면, 138억 년 팽창한 오늘의 우주는 1천억 개 이상의 열매가 열린 거목과 같다. 따라서 유럽우주국이 공개한 초기우주는 은하가 생겨난 씨앗과 같다는 것이다.

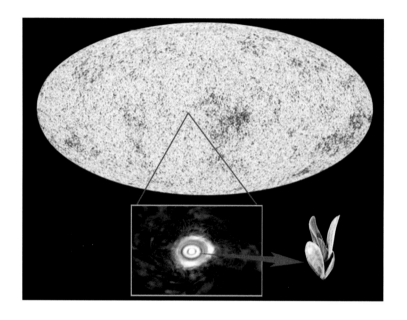

　위 이미지는 초기우주에서 생성된 별이 우주의 씨앗이 되었다는 것을 상징적으로 보여주고 있다. 초기우주에서 생성된 별들 중에 질량이 큰 별은 초신성으로 폭발하고, 그 잔해의 성운들에서 또 많은 별들이 탄생하고, 그 별들 중에 질량이 큰 별이 초신성으로 폭발하고, 그 잔해의 성운들에서 또 많은 별들을 생성하며 우주를 확장시킨 것이다.

　어머니의 뱃속에서 8주가 되면 인체의 기본구조를 갖추게 되는데, 이때부터 태아라고 부른다. 그리고 인체구조를 갖추지 못한 8주 전의 생명체는 배아라고 부른다. 그런즉, 초기우주는 별의 기본구조를 갖추기 이전의 배아와 같다고 할 수 있다.

　위 이미지에서 보는 바와 같이 생겨난 지 100만 년의 절반도 되지 않은 초기우주의 모습은 배아 상태와 같다. 그리고 138억 년이나 성장한 오늘의 우주는 성인의 모습과 같다.

　태중에 있는 배아의 수분 비율은 성인에 비해 훨씬 많지만 질량은 매우 작다. 초기우주도 지금의 우주에 비해 일반물질의 비율은 높지만 질량은 매우 작다.

－138억년 전의 초기우주

138억년 팽창한 우주 일부분－

　위 이미지는 138억 년 전의 초기우주와, 138억 년 팽창한 현재 우주의 한 부분을 비교한 것이다. 이 둘 중에 어느 우주가 더 크냐고 물으면 둘 다 똑같다고 말할 사람은 없다. 138억 년이나 팽창하며 확장된 우주가 더 큰 것은 지극히 당연하기 때문이다. 또한 별이 생성되기 이전의 그 초기우주와, 1천억 개 이상의 은하를 거느린 지금의 우주 중에 어느 것이 더 무겁냐고 묻는다면, 역시 지금의 우주가 더 무겁다고 하는 것이 당연하다.

　현대 우주과학기술로 명명백백히 밝혀지고 검증되었듯이 아직 별들이 탄생하기 이전인 그 초기우주의 밀도와 온도는 지금의 우주에 비해 매우 낮았을 뿐만 아니라 부피의 규모까지도 엄청나게 작았다. 아울러 그 초기우주의 물질은 오늘의 우주에 존재하는 천체의 총질량에 비해 수천억의 수천억 배 이하로 매우 작다.

　빅뱅론의 기본 핵심은 오늘의 우주에 존재하는 총질량이 138억 년 전에 힉스입자로부터 부여받았다는 것인데, 그 질량차이가 무려 수천억의 수천억 배 이상으로 차이가 나는 것이다. 신의 입자라고 불리는 힉스입자를 찾았다며 언론마다 앞다투어 극찬하고 전 세계가 떠들썩했다. 그런데 그 신의 입자로부터 부여받았다는 초기우주의 질량이 오늘의 우주에 비해 수천억의 수천억 배 이상이나 작다.

1%의 오차는 어떤 실수에 의한 착오로 생각할 수도 있다. 10% 이상 차이가 난다면 머리를 갸웃거리며 의문을 제기하게 된다. 하지만 100% 차이가 난다면 이미 진실이 아니라는 증거가 된다.

아울러 초기우주의 질량이 1%나 10%도 아니고 수천억의 수천억 배 이상으로 차이가 난다는 것은, 우리가 100% 완벽하게 속고 있다는 것이다.

📝 우주 진실을 밝히기 위한 질문사항

① 예일대의 프라이어 나타라얀은 '대부분의 천문학자들에게 기존 우주, 블랙홀, 은하계가 성장하는 것은 상징적'이라고 말했다.
이를 부인할 수 있는가?

② 미국 존스홉킨스 대학의 천문학교수 마크 카미온코우스키는 유럽우주국이 밝혀낸 초기우주를 가리켜 '천문학에서의 인간 게놈 프로젝트'라며, '현재의 우주가 자라난 씨앗을 보여 준다'고 말했다.
그런즉, 그 씨앗의 질량 무게가 지금의 우주 질량에 비해 수천억의 수천억 배 이하로 작다는 것은 지극히 당연한 일이다.
이를 물리적 증거로 반론할 수 있는가?

③ 현재 우리은하에는 약 1억 개 정도의 블랙홀이 있다. 초기우주에서 10억 년 동안 생산된 3천만 개 정도의 블랙홀 숫자보다 3배 이상 많은 것이다.

빅뱅론의 주장대로 우리은하를 이루고 있는 물질이 힉스입자로부터 물려받은 것이라면, 우리은하의 질량이 그 초기우주의 질량보다 수천억 배 이하로 작아야 하는데, 오히려 우리은하의 질량이 훨씬 더 큰 것이다. 이를 물리적 증거로 반론할 수 있는가?

④ 초기우주의 중력이 몰리며 집중되는 곳에서 대부분이 수소로 이루어진 성운의 밀도가 올라가며 별들을 생성하고, 그 중에 질량이 큰 별은 블랙홀로 진화하고, 그 블랙홀과 별들로 이루어진 은하가 형성되고, 그 천체들을 만드는 원재료인 물질이 수천억의 수천억 배 이상으로 계속 생성되며 오늘의 우주를 형성했다.

이것이 우리은하 하나도 만들 수 없었던 초기우주가 1천억 개 이상의 은하들을 생성해 낼 수 있었던 진실이다. 그러므로 아직 별들이 탄생하지 않은 초기우주가 겨자씨라면, 138억 년 팽창하며 확장된 오늘의 우주는 1천억 개 이상의 열매가 열린 거목과 같다. 때문에 유럽우주국이 공개한 초기우주는 은하가 생겨난 씨앗과 같다. 이를 물리적 증거로 반론할 수 있는가?

⑤ 우주에는 1천억 개 이상의 은하들이 존재한다. 또 현재도 우주에서는 새로운 은하들이 계속 생겨나고 있으며, 신생은하들의 성장도 계속되고 있다. 그런즉, 초기우주는 오늘의 우주가 생겨난 씨앗과 같다. 이를 물리적 증거로 반론할 수 있는가?

⑥ 1%의 오차는 어떤 실수에 의한 착오로 생각할 수도 있다. 10% 이상 차이가 난다면 머리를 갸웃거리며 의문을 제기하게 된다. 하지만 100% 차이가 난다면 이미 진실이 아니라는 증거가 된다.

초기우주의 질량이 1%나 10%도 아니고 수천억의 수천억 배 이상으로 차이가 난다는 것은, 우리가 100% 이상으로 완벽하게 속고 있다는 것이다. 즉, 빅뱅론은 지금의 우주질량이 바늘구멍보다도 작은 빅뱅 특이점의 질량과 같았다고 하는데, 지금의 우주질량이 초기우주에 비해 수천억의 수천억 배 이상으로 많아졌다는 것은 우리가 100% 완벽하게 속고 있다는 것이다.

이를 물리적 증거로 반론할 수 있는가?

12.

초기우주에서 38만 년 동안 확장된 질량

초기우주가 38만 년 동안 확장된 질량은 얼마나 될까?

그것을 알기 위해서는 우선 초기우주의 4.9%를 차지하는 일반물질의 밀도부터 알아야 한다. 초기우주를 이루고 있는 일반물질은 아직 별들이 탄생하기 이전의 성운이기 때문에, 그 밀도를 알면 38만 년 동안 확장된 질량을 대략 짐작할 수 있는 것이다.

별은 차가운 성운이 압축되면서 생성된다. 그래서 천문학자들은 별의 탄생을 연구하기 위해 차가운 성운을 관측한다. 그 온도는 영하의 절대온도(영하 273℃)보다 10~20℃ 정도 더 높다. 그 성운의 중력이 몰리며 집중되는 곳들에서 별이 생성된다. 마찬가지로 초기우주의 4.9%를 차지하는 성운에서도 중력이 몰리며 집중되는 곳들에서 별이 탄생하였다.

위 이미지에서 연한 청색이 영하 273℃의 차가운 물질이고, 짙은 황토색 지역은 중력에 의해 밀도가 올라가며 고온이 발생하는 지역이다.

별들이 탄생하는 성운의 표준 수소 분자 밀도는 1㎤당 100~1,000개 정도이다. 1㎤당 수소 분자가 100~1,000개가 있다는 것이다. 성운의 중력이 몰리며 집중되는 중심부로 들어갈수록 밀도는 계속 높아진다. 그래서 1㎤당 수소 분자가 100~1,000개 정도이던 것이, 중심부로 들어가면서 점점 더 많아진다. 1㎤당 1만, 십만, 백만, 천만, 1억, 십억, 백억, 천억, 1조, 1경, 1해, 1자 이상으로 계속 상승하며, 수백억 배 이상으로 밀도를 계속 높인다. 그렇게 중심 핵의 밀도가 1㎤당 100자 정도가 되고, 그 질량이 금보다 10배 정도 무거울 때까지 압축되면 태양과 같은 별이 탄생하게 된다.

때문에 초기우주에서 태양과 같은 별을 생성하려면 그 밀도를 수백억 배 이상으로 높여야 한다. 그 초기우주에서 밀도가 가장 높은 곳의 온도는 2,700℃이다. 이는 태양 표면 온도의 절반에도 못 미친다. 즉, 태양 표면 밀도의 절반도 안 된다. 태양 표면 온도는 6,000℃ 정도이고 밀도는 0.0000002g/㎤인데, 이 절반에도 못 미친다는 것이다.

이 이미지는 초기우주의 4.9%를 차지하는 일반물질을 모아 놓았을 때, 물질의 밀도에 따라 온도를 나타내는 지역의 비율을 상징적으로 보여주고 있다. 그런즉, 2,700℃ 지역은 밀도가 가장 높은 곳이다. 그리고 영하의 지역들은 상대적으로 밀도가 매우 낮은 지역이다.

이 물질을 1㎤당 180톤이 될 때까지 압축시키면 우리은하 중심핵에 있는 블랙홀의 질량보다 수백만 배 이하로 훨씬 작아진다. 우리은하 중심핵에 존재하는 거대 질량의 블랙홀은 태양 질량의 약

460만 배이다. 그런데 초기우주의 4.9%를 차지하는 일반물질의 질량은 우리은하 중심핵에 있는 블랙홀의 질량보다 수백만 배 이하로 작다.

즉, 초기우주의 4.9%를 차지하는 일반물질의 질량은 태양과 같은 별을 수십만 개 정도밖에 생성할 수 없는 질량에 불과했다. 그러니까 초기우주의 질량은 38만 년 동안 태양 질량의 약 수십만 배 정도 확장된 것이다.

우주에 별들이 생성되는 확산성운이 있다. 이 성운을 확산성운이라고 하는 것은, 그 규모가 계속 커지며 확산되기 때문이다. 성운의 내부에서는 중력이 몰리며 집중되는 곳들에서 수많은 별들을 생성하며 밖으로는 계속 확장되고 있는 것이다. 대부분이 수소분자로 이루어진 확산성운의 질량은 태양의 10배에서 수백만 배에 달하기도 한다.

초기우주의 4.9%를 차지하고 있는 물질은 이 확산성운과 같다. 다만 아직 별들이 생성되기 전이므로 밀도가 더 낮고 질량이 작을 뿐이다. 하지만 그 질량이 1억 년 이상 더 확장되면 수천만 개의 아기 블랙홀들을 생성할 수 있다.

미국 찬드라 엑스레이 천문대의 관측 결과, 우주탄생 후 10억 년이 되기 전에 적어도 우주에는 3천만 개의 블랙홀이 있었음을 알아냈다고 밝혔는데, 그 천체들을 생성할 수 있는 물질이 확보된다는 것이다.

물론 우주는 정체된 것이 아니라 계속 팽창·확장되고 있기 때문에 그 질량을 정확히 계산할 수는 없지만 우주에 대한 개념을 정립하기 위해 이 같은 추정을 할 수 있는 것이다.

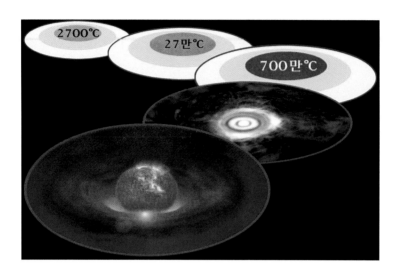

위 그림은 온도와 밀도가 상승하는 것과 함께 질량도 커지며 별이 생성되는 과정을 상징적으로 보여주고 있다. 이 별을 생성하는 은하들의 주변에서는 전기적으로 중성상태인 수소가 생성되며 확산되고 있다. 그리고 그 수소는 은하로 공급되며 별을 생성하는 주원료가 된다.

만약 그 수소가 생성되지 않는다면 별을 생성하는 은하들은 계속 수축되며 작아져야 한다. 하지만 그 은하들은 계속 커지고 있다. 은하의 성운은 별을 생성하며 수백억 배로 수축되는 반면에 밖으로는 계속 커지는 것이다. 이는 수소가 생성되기 때문에 가능한 일이다.

은하에서 얼마나 많은 별들이 생성되는가 하는 것은 중성수소의 양에 비례한다. 이처럼 초기우주의 4.9%를 차지하고 있던 일반물질의 질량은 수천억의 수천억 배 이상으로 확장되며 오늘의 우주로 성장한 것이다.

① 초기우주에서 짙은 황토색의 지역은 중력에 의해 밀도가 올라가며 온도가 상승하는 곳이다.

이를 물리적 증거로 반론할 수 있는가?

② 초기우주에서 가장 밀도가 높은 지역이, 태양 표면 온도와 밀도의 절반에도 미치지 못한다.

이를 물리적 증거로 반론할 수 있는가?

③ 초기우주의 4.9%를 차지하는 일반물질을 1㎤당 180톤이 될 때까지 압축시켜도 우리은하 중심핵에 있는 블랙홀 질량의 절반에도 미치지 못한다.

이를 물리적 증거로 반론할 수 있는가?

④ 초기우주의 질량은 38만 년 동안 확장된 것이다.

이를 물리적 증거로 반론할 수 있는가?

⑤ 초기우주의 온도, 밀도, 부피, 중력의 메커니즘을 놓고 고찰할 때, 초기우주의 질량은 지금의 우주 질량에 비해 수천억의 수천억 배 이하로 작다.

이를 물리적 증거로 반론할 수 있는가?

초기우주 질량에 대한 산술적 증거

빅뱅론대로라면 우주의 모든 질량은 138억 년 전에 힉스입자라고 하는 조상한테 물려받은 것이므로 변동이 없어야 한다. 그런데 사실 엄청난 양의 물질이 생겨났다.

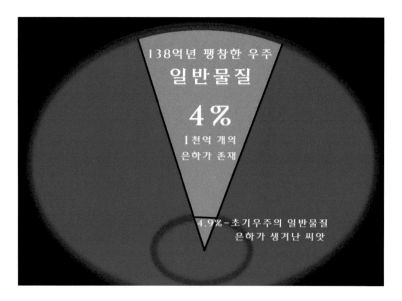

위 그림과 같이 초기우주를 차지한 일반물질의 비율에 비해 지금의 우주 물질은 0.9% 작아졌지만, 138억 년이나 팽창한 우주의

규모를 보면 엄청난 양의 물질이 생겨난 것이다. 이 진실을 초등학생도 풀 수 있는 간단한 산술적 계산으로 밝혀보자.

우주의 크기는 허블법칙으로 계산되는데, 우주의 반지름은 100~200억 광년으로 구해진다. 지름으로는 200~400억 광년이 되는 것이다.

유럽우주국이 공개한 초기우주의 지름이 400억 광년이 된다고 가정해 보자. 어차피 빅뱅론이란 게 물리적 증거나 개념이 전혀 없는 가설이니, 그 정도로 왕창 부풀려서 가정해 보자는 것이다. 그럼 그 정도로 부풀려진 초기우주 규모에서, 몇 개의 은하들이 생성될 수 있을까?

우주의 임계밀도는 여러 연구를 통해 1029g/㎤로 알려졌는데, 이 값은 1㎥의 우주공간에 6개의 수소 원자가 있는 것에 불과하다. 그리고 별들이 탄생하는 성운의 표준 수소 분자 밀도는 1㎤당 100~1,000개 정도이다.

이 성운의 중력이 몰리는 중심부로 들어가면서 밀도는 1㎤당 1만, 1백만, 1천만, 1억, 1조, 1경, 1해, 1자 개 이상으로 계속 상승하며, 수천억의 수천억 배로 밀도를 높인다.

태양 중심 핵 주변의 복사층 하부에는 1㎤당 수소 원자가 6자 200해 개 압축되어 있다.

예를 들어 1㎤당 90개의 수소 원자가 있는 것을, 1㎤당 9개의 수소 원자가 차지하도록 나누어 길게 펼쳐놓으면 10㎝가 된다.

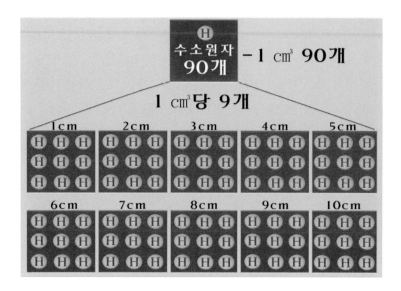

　위 그림은 1㎤ 안에 있는 90개의 수소 원자를 꺼내서 1㎤당 9개의 수소 원자가 차지하도록 나누어 길게 펼쳐놓으면 10㎝가 된다는 것을 상징적으로 보여주고 있다.

　이와 마찬가지로 태양 중심 핵 주변의 1㎤에 압축되어 있는 수소 원자를 꺼내서 1㎤당 1,000개의 수소 원자가 들어가도록 나누어 길게 풀어놓으면 얼마나 길어질까? 별들이 탄생하는 성운의 표준 수소 분자 밀도는 1㎤당 100~1,000개 정도이니 그 정도로 펼쳐보면 얼마나 길어질 수 있겠는가 하는 것이다.

　수소 원자가 6자 개 이상이 압축되어 있는 1㎤을 10㎝로 풀면, 1㎤당 6천해 개로 분산되고, 또 그것을 1m로 풀면 1㎤당 600해 개가 되는데, 이를 1㎤당 6천 개 될 때까지 풀면 아래와 같은 거리가 나온다.

1m	1㎤당 600해 개
10m	1㎤당 60해 개
100m	1㎤당 6해 개
1km	1㎤당 6천경 개
10km	1㎤당 600경 개
100km	1㎤당 60경 개
1천km	1㎤당 6경 개
1만km	1㎤당 6천조 개
10만km	1㎤당 600조 개
100만km	1㎤당 60조 개
1천만km	1㎤당 6조 개
1억km	1㎤당 6천억 개
10억km	1㎤당 600억 개
100억km	1㎤당 60억 개
1천억km	1㎤당 6억 개
1조km	1㎤당 6천만 개
10조km	1㎤당 600만 개
100조km	1㎤당 60만 개
1천조km	1㎤당 6만 개
1경km	1㎤당 6천 개

빛의 속도로 1년 동안 갈 수 있는 거리는 9조4,608억㎞이다. 따라서 1㎤당 6천 개 정도의 수소 원자가 있는 1경㎞의 거리는 1천 광년 이상의 거리이다. 태양 중심 핵 주변에서 불과 1㎤ 안에 압축되어 있는 수소 원자를 꺼내 길게 풀어 놓았을 뿐인데 이 정도의 엄청난 거리가 나온 것이다. 태양 중심 핵의 밀도는 1㎤당 약 150g(금이나 납 밀도의 약 10배)으로 복사층의 밀도보다 15배 정도 더 높은데, 반지름은 약 10만㎞이다. 그런즉, 태양 중심 핵에 압축되어 있는 수소 원자들을 위에서 간단히 계산된 산술적 방법으로 풀어 놓으면, 현재 우주의 지름마저 능가할 수 있다.

유럽우주국이 밝혀낸 초기우주에서 짙은 황토색으로 얼룩덜룩한 지역들은 이미 고밀도의 에너지덩어리가 형성되고 있는 곳이다. 즉, 별들이 잉태되며 온도가 상승하고 있는 지역이다.

과학자들은 그 당시의 우주온도가 약 2,700℃였다고 한다. 태양 표면 온도는 6,000℃ 정도이며, 밀도는 0.0000002g/㎤밖에 되지 않는다.

그러므로 초기우주에서 고온이 발생하는 지역의 온도와 밀도는 태양 표면보다도 훨씬 낮다. 따라서 그 초기우주에서 태양과 같은 별이 탄생하려면, 밀도를 수십억 배 이상으로 더 올려야 한다.

빛은 1초에 30만㎞를 갈 수 있는데, 1년은 3,153만6천 초이다. 이 3,153만6천 초에 광속인 30만㎞를 곱하면, 9조4,608억㎞에 이르는 거리가 계산된다. 즉, 빛의 속도로 1년 동안 가야 하는 거리이다.

태양의 지름은 광속으로 4.5초 정도의 거리이다. 위에서 보았듯 1㎤에 압축된 수소 원자를 1㎤당 6천 개 정도가 될 때까지 1천경 배 길게 풀어 놓은 거리는 1천 광년 이상이었다. 그런즉, 태양의 지름을 가로지를 수 있는 광속을 1천경 배 확장시키면 어느 정도의 거리가 나올 수 있는지를 확인해 보자.

태양 지름 : 광속으로 약 4.5초 거리 (약 139만㎞)

10배	45초
100배	450초
1천 배	4천500초
1만 배	4만5천 초
10만 배	45만 초
100만 배	450만 초
1천만 배	4천500만 초
1억 배	4억5천 초
10억 배	45억 초
100억 배	450억 초
1천억 배	4천500억 초
1조 배	4조5천억 초
10조 배	45조 초
100조 배	450조 초
1천조 배	4천500조 초
1경 배	4경5천조 초
10경 배	45경 초
100경 배	450경 초

이 시간은 1천억 광년을 초과하는 거리에 해당한다. 오늘의 우주 지름을 400억 광년으로 보면 그 두 배를 훨씬 넘는 거리인 것이다 (물론 초기우주의 일반물질도 별이 잉태되고 있을 정도로 상당히 수축되고 있는 상태이다). 그럼 그 시간과 광년을 확인해 보자.

1광년	3,153만6천 초
10광년	3억1,536만 초
100광년	31억5,360만 초
1천 광년	315억3,600만 초
1만 광년	3,153억6천 초
10만 광년	3조1,536억 초
100만 광년	31조5,360억 초
1천만 광년	315조3,600억 초
1억 광년	3,153조6억 초
10억 광년	3경1,536조 초
100억 광년	31경5,360조 초
1천억 광년	315경3,600조 초

이 시간은 1천억 광년을 초과하는 거리에 해당한다. 현재 우주의 2배가 넘는 거리이다. 이처럼 태양에 압축된 원자들을 1㎤당 6천 개가 될 때까지 풀어 놓으면 엄청난 규모가 된다. 이는 그 엄청난 규모가 압축되며 태양과 같은 별을 생성했다는 증거이다.

태양을 수축된 만큼 다시 풀어 놓으면

위 이미지는 태양을 수축된 만큼 다시 풀어 놓으면 초기우주 규모를 능가할 수 있다는 것을 상징적으로 보여주고 있다. 우리은하에는 이런 별들이 3천억 개 정도가 있고, 5백억 개 정도의 행성들이 있으며, 약 1억 개의 블랙홀들이 있다.

초기우주의 4.9%를 차지한 물질의 질량으로 이 천체들을 만들어 내기에는 턱없이 부족하다. 수천억의 수천억 배 이상으로 일반물질을 더 생성해야 오늘의 우주를 이루고 있는 천체(별, 행성, 은하 등)들을 모두 생성할 수 있는 것이다.

① 우주의 임계밀도는 여러 연구를 통해 1029g/㎤로 알려졌는데, 이 값은 1 ㎥의 우주공간에 6개의 수소 원자가 있는 것에 불과하다. 그리고 별들이 탄생하는 성운의 표준 수소 분자 밀도는 1㎤당 100~1,000개 정도이다. 이 성운의 중력이 몰리는 중심부로 들어갈수록 밀도는 1㎤당 1만, 1백만, 1천만, 1억, 1조, 1경, 1해, 1자 개 이상으로 계속 상승하며, 수천억의 수천억 배로 밀도를 높인다.

이를 물리적 증거로 반론할 수 있는가?

② 태양 중심 핵 주변의 복사층 하부에는 1㎤당 수소 원자가 6자200해 개 압축되어 있다.

예를 들어 1㎤당 90개의 수소 원자가 있는 것을, 1㎤당 9개의 수소 원자가 차지하도록 나누어 길게 펼쳐놓으면 10㎝가 된다.

이와 마찬가지로 태양 중심 핵 주변의 1㎤에 압축되어 있는 수소 원자를 꺼내서 1㎤당 1,000개의 수소 원자가 차지하도록 나누어 길게 풀어놓으면 얼마나 길어질까? 별들이 탄생하는 성운의 표준 수소 분자 밀도는 1㎤당 100~1,000개 정도인데, 그 정도로 펼쳐보면 얼마나 길어질 수 있겠는가 하는 것이다.

수소 원자가 6자 개 이상이 압축되어 있는 1㎤을 10센티로 풀면, 1㎤당 6천해 개로 분산되고, 또 그것을 1m로 풀면 1㎤당 6백해 개가 되는데, 이를 1㎤당 6천 개 될 때까지 풀면 1경㎞의 거리가 나온다.

이를 물리적 증거로 반론할 수 있는가?

③ 빛의 속도로 1년 동안 갈 수 있는 거리는 9조4,608억㎞이다. 따라서 1㎤

당 6천 개 정도의 수소 원자가 있는 1경㎞의 거리는 1천 광년 이상의 거리이다. 태양 중심 핵 주변에서 불과 1㎤ 안에 압축되어 있는 수소 원자를 꺼내 길게 풀어 놓았을 뿐인데 이 정도의 엄청난 거리가 나온 것이다. 이를 물리적 증거로 반론할 수 있는가?

④ 태양 중심 핵의 밀도는 1㎤당 약 150g(금이나 납 밀도의 약 10배)으로 복사층의 밀도보다 15배 정도 더 높은데 반지름은 약 10만㎞이다. 그런즉, 태양 중심 핵에 압축되어 있는 수소 원자들을 위에서 간단히 계산된 산술적 방법으로 풀어놓으면 현재 우주의 지름마저 능가할 수 있다. 이를 물리적 증거로 반론할 수 있는가?

⑤ 유럽우주국이 밝혀낸 초기우주에서 짙은 황토색으로 얼룩덜룩한 지역들은 이미 고밀도의 에너지덩어리가 형성되고 있는 곳이다. 즉, 별들이 잉태되며 온도가 상승하고 있는 지역인 것이다. 유럽우주국은 그 당시의 초기우주 온도가 약 2,700℃ 정도가 되었음을 밝혀냈다.

태양 표면온도는 6,000℃ 정도이며, 밀도는 0.0000002g/㎤밖에 되지 않는다.

그러므로 초기우주에서 고온이 발생하는 지역의 온도와 밀도는 태양 표면보다도 훨씬 낮다. 아울러 그 초기우주에서 태양과 같은 별이 탄생하려면 밀도를 수백억 배 이상으로 더 올려야 한다.

이를 물리적 증거로 반론할 수 있는가?

⑥ 태양의 지름은 광속으로 4.5초 정도의 거리이다. 위에서 1㎤에 압축된 수소 원자를 1㎤당 6천 개 정도가 될 때까지 1,000경 배 길게 풀어 놓은 거리는 1천 광년 이상이었다. 그런즉, 태양의 지름을 가로지를 수 있는

광속을 100경 배 확장시키면 450경 초의 시간이 나온다.

이 시간은 1천억 광년을 초과하는 거리에 해당한다. 오늘의 우주 지름을 400억 광년으로 보면 그 두 배를 훨씬 넘는 거리인 것이다. 물론 초기우주의 일반물질도 별이 잉태되고 있을 정도로 상당히 수축되고 있는 상태이다.

1000억 광년은 315경3,600조 초의 시간이 된다. 이 시간은 1천억 광년을 초과하는 거리에 해당한다. 현재 우주의 2배가 넘는 거리이다. 이처럼 태양에 압축된 원자들을 1㎤당 6천 개가 될 때까지 풀어 놓으면 엄청난 규모가 된다. 이는 그 엄청난 규모가 압축되며 태양과 같은 별을 생성했다는 증거이다.

이를 물리적 증거로 반론할 수 있는가?

⑦ 우리은하에는 이런 별들이 3천억 개 정도가 있고, 5백억 개 정도의 행성들이 있으며, 약 1억 개의 블랙홀들이 있다.

초기우주의 4.9%를 차지한 물질의 질량으로 이 천체들을 만들어내기에는 턱없이 부족하다. 아울러 수천억의 수천억 배 이상으로 일반물질을 더 생성해야, 오늘의 우주를 이루고 있는 천체(별, 행성, 은하 등)들을 모두 생성할 수 있는 것이다.

이를 물리적 증거로 반론할 수 있는가?

암흑물질과 우주 질량

유럽우주국의 최첨단 과학기술에 의해 초기우주에서 암흑물질의 비율이 26.6%라는 것이 밝혀졌다. 지금의 우주에서 암흑물질이 차지하고 있는 비율은 23%이다. 초기우주의 26.6%와 138억 년이나 가속 팽창하며 커진 지금의 우주에서 23%는 엄청난 차이가 있다. 우주가 138억 년 가속 팽창하며 확장된 만큼의 엄청난 차이가 있는 것이다.

위 이미지는 138억 년 전의 초기우주를 차지했던 암흑물질의 비율과 지금의 우주를 차지하고 있는 암흑물질 비율을 비교하여 상

징적으로 보여주고 있다. 이미지에서 보여주는 것처럼 지금의 우주를 차지하는 암흑물질 규모는 138억 년 전의 초기우주보다 훨씬 큰 규모이다. 이처럼 암흑물질이 많아졌다는 것은 곧 그만큼 생성되었다는 것이다.

그런데 현대 천체물리학은 암흑물질이 원시우주에서 한꺼번에 생성되었다고 주장한다. 그 원시우주는 지금의 우주 규모에 비해 수천억의 수천억 배 이하로 매우 작은 규모이다.

그런즉, 138억 년이나 가속 팽창하며 엄청나게 확장된 지금의 우주가 100개의 축구장을 합친 규모라면, 그 원시우주의 규모는 아주 작은 모래알에 불과하다. 그토록 작은 원시우주에서 지금의 우주 23%를 차지하는 암흑물질이 한꺼번에 생겨났다면, 그 엄청난 질량의 중력에 의해 우주팽창은 즉시 멈추게 된다.

분명한 사실은 그 원시우주가 팽창하며 우리은하 하나의 규모(지름 10만 광년)로 확장되었을 때가 있었다는 것이다. 현대 천체물리학의 주장대로라면 그 초기우주의 암흑물질 질량은 우리은하의 1조 배 이상이 된다. 우리은하를 둘러싸고 있는 암흑물질의 질량이 우리은하의 10배 정도가 되고, 우주에는 1천억 개 이상의 은하들이 존재하니, 그 기준으로 대충 계산해도 그 정도가 된다. 그 엄청난 질량의 중력 가운데에서는 우주가 팽창할 수 없다.

천체물리학자들은 우주를 차지하는 암흑물질의 양은 원자로 이루어진 일반물질의 약 6배 정도인데, 이것은 우주의 팽창을 멈추게 하기 위해 필요한 양의 4분의 1에 해당한다고 주장한다. 그런데 1조 배 이상이면 어떻게 되겠는가? 우주는 더 이상 팽창할 수 없을 뿐만 아니라 극단적으로 수축되며 블랙홀로 사라지게 된다.

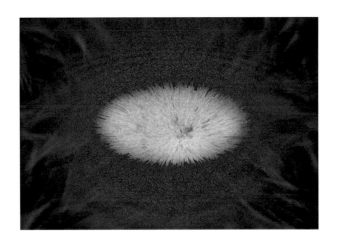

위 이미지는 초기우주가 수축되며 붕괴되는 모습을 상징적으로 보여주고 있다.

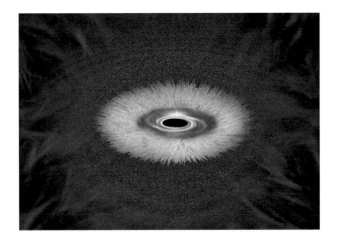

위 이미지는 한꺼번에 생성된 암흑물질의 엄청난 중력 가운데 원 시우주가 블랙홀로 사라지는 모습을 상징적으로 보여주고 있다. 현

대 천체물리학의 주장대로 암흑물질이 원시우주에서 한꺼번에 생성되었다면, 위 이미지에서 보여주는 것처럼 원자로 이루어진 일반물질은 극단적으로 압축되며 붕괴되어 블랙홀로 사라지게 되는 것이다.

하지만 우주는 팽창을 멈추지 않았고, 오히려 138억 년 동안 가속팽창을 해왔다. 우주는 종말을 맞지도 않았다. 그런즉, 우주팽창은 현대 천체물리학의 주장이 허구임을 입증하는 명명백백한 물리적 증거가 된다.

반복되는 이야기이지만, 종말을 맞지 않고 밤하늘을 아름답게 밝히는 찬란한 별들과 아름다운 은하의 세계 역시 현대 천체물리학의 주장이 허구임을 입증하는 명명백백한 물리적 증거가 된다. 이 땅에 살아 숨쉬는 모든 생명체들까지도 역시 현대 천체물리학의 주장이 허구임을 입증하는 명명백백한 물리적 증거가 된다.

그런즉, 암흑물질은 원시우주에서 한꺼번에 생성된 것이 아니라 138억 년 동안 생성되어 왔으며 지금도 계속 생성되고 있다. 유럽우주국의 최첨단 과학기술에 의해 밝혀진 초기우주의 비율과 지금의 우주 비율이 바로 그 증거 중의 하나이다.

만약 암흑물질이 생성되지 않았다면 초기우주의 26.6%를 차지했던 암흑물질은 10배 팽창한 우주에서 2.66%, 100배 팽창한 우주에서 0.266%, 1천 배 팽창한 우주에서 0.0266%를 차지하게 된다. 원자로 이루어진 일반물질의 질량도 마찬가지이다.

위 이미지는 10배 팽창한 우주에서 암흑물질과 일반물질의 비율을 보여주고 있다.

위 이미지는 100배 팽창한 우주에서 암흑물질과 일반물질의 비

율을 상징적으로 보여주고 있다. 이처럼 암흑물질과 원자로 이루어진 일반물질이 생성되지 않았다면 그 비율은 우주가 팽창할수록 반비례로 계속 작아지게 된다. 하지만 실제로는 우주의 팽창과 함께 암흑물질과 일반물질의 질량도 함께 확장되어 왔다.

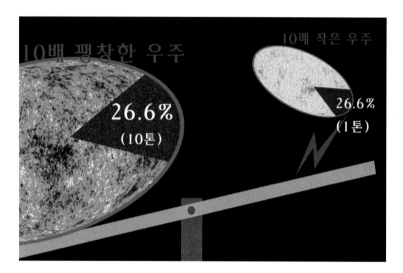

위 이미지는 10배 팽창한 우주 암흑물질의 질량 차이를 상징적으로 보여주고 있다. 그런즉, 지금 우주에서 23%를 차지하고 있는 암흑물질은 우주가 138억 년 가속팽창하며 확장된 만큼의 엄청난 질량 차이가 있다. 원자로 이루어진 일반물질도 역시 마찬가지이다.

암흑에너지 68.5%
—일반물질 4.9%
—암흑물질 26.6%
138억년 전 초기우주

138억년 팽창한 우주

암흑에너지 73%

일반물질 4%

암흑물질 23%

위 이미지처럼 초기우주와 지금의 우주 비율은 큰 차이가 없다. 하지만 초기우주의 68.5%를 차지한 암흑에너지의 규모와, 138억 년 팽창한 우주의 73%를 차지하는 암흑에너지의 규모는 엄청난 차이가 있다.

지금도 우주에서는 많은 별들이 생성되고 있으며, 새로운 신생은 하들도 계속 생겨나고 있다. 그렇게 우주에는 138억 년 동안 1천억 개 이상의 많은 은하들이 생겨났다.

태양계가 속한 우리은하에는 약 3천억 개의 별과 5백억 개 정도의 행성들과 1억 개 정도의 블랙홀들이 존재하는데, 우주에는 이런 은하들이 1천억 개 이상 존재하는 것이다.

이 우주가 138억 년 팽창해 왔으며, 현재도 계속 끊임없이 팽창하며 확장되고 있다. 우주가 138억 년 동안 팽창해 왔다는 것은, 그렇게 팽창할 수 있는 공간이 있었기 때문이다. 이는 천체물리학자가 아니더라도 보편적 상식이 있는 사람이라면 누구나 금방 깨달을 수 있는 물리적 증거이다.

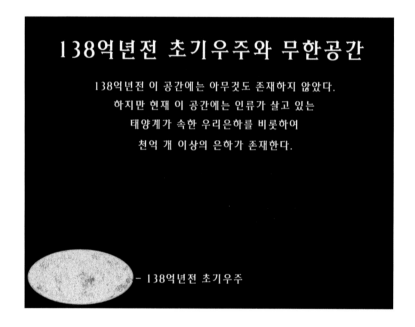

위 이미지는 유럽우주국의 최첨단 과학기술에 의해 밝혀진 138억 년 전의 초기우주와 그 밖의 공간을 상징적으로 보여주고 있다. 하지만 현재 이 공간에는 인류가 살고 있는 태양계가 속한 우리은하를 비롯하여 1천억 개 이상의 은하들이 존재한다. 우주가 그만큼 팽창하며 우주 안에 많은 은하들이 생겨난 것이다.

그런즉, 우주가 138억 년 동안 팽창해온 것은 그렇게 팽창할 수 있는 공간이 있었기 때문이며, 지금도 계속 팽창할 수 있는 것도 역시 그렇게 팽창할 수 있는 무한공간이 있기 때문이다. 우주가 그 무한공간으로 팽창하며 정복한 공간은 곧 우주영역이 되는데, 그렇게 확장된 영역의 진공을 암흑에너지라고 한다. 아울러 이 암흑에너지는 우주가 138억 년 팽창한 만큼 엄청나게 많아졌다. 이는 현대우주과학기술로 명명백백히 밝혀지고 검증된 진실이다.

그런즉, 초기우주의 68.5%를 차지한 암흑에너지의 규모와 138억 년 팽창한 우주의 73%를 차지하는 암흑에너지의 규모는 엄청난 차이가 있는 것이다.

이와 마찬가지로 초기우주 26.6%를 차지한 암흑물질의 질량과 138억 년 팽창한 거대 우주 규모의 23%를 차지하는 암흑물질의 질량은 수천억의 수천억 배 이상으로 엄청난 차이가 있다. 우주 비율은 큰 차이가 없지만 우주가 팽창한 만큼 질량은 엄청난 차이가 생긴 것이다. 이 역시 천체물리학자가 아니더라도 보편적인 상식을 가진 사람이라면 누구나 금방 깨달을 수 있는 물리적 증거이다.

은하들의 주변은 암흑물질이 감싸고 있는데, 그 물질이 어떤 입자들로 이루어졌는지 확인이 되지 않았다. 그래서 암흑물질이라고 칭하는 것이다. 암흑물질은 질량을 갖고 있기에, 그 질량에 해당한 중력을 동반한다.

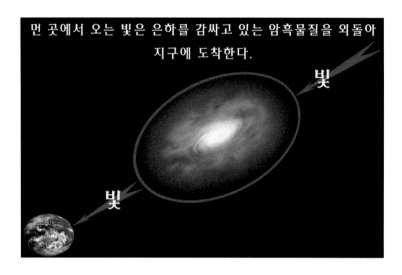
먼 곳에서 오는 빛은 은하를 감싸고 있는 암흑물질을 외돌아 지구에 도착한다.

빛

빛

위 이미지는 먼 우주에서 오는 빛이 은하를 감싸고 있는 암흑물질과 그 중력을 외돌아 지구에 도착하는 모습을 상징적으로 보여주고 있다. 빛은 암흑물질과 그 중력을 통과하지 못하고 외돌아서 지구에 도착할 수 있는 것이다. 이를 중력렌즈 효과라고 하는데, 이 같은 중력렌즈 현상을 통해 암흑물질의 존재를 확인할 수 있다.

우주에는 나선은하, 타원은하, 불규칙은하 등의 은하들이 존재하고 있다.

　위 이미지는 우주에 존재하는 나선은하, 타원은하, 불규칙은하 등 은하들의 종류를 상징적으로 보여주고 있다. X선 관측을 통하여 암흑물질의 질량은 이 은하들의 10배 정도가 되는 것으로 밝혀졌다. 갓 생겨난 어린 은하도, 젊은 은하도, 오래된 은하도, 그 은하들의 주변을 둘러싸고 있는 암흑물질의 질량은 그 은하들의 10배 정도가 되는 것이다. 이는 은하의 성장과 함께 암흑물질도 확장되었다는 증거이다.

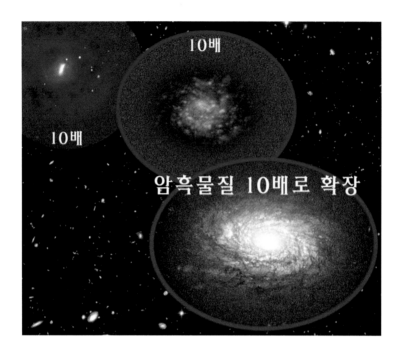

위 이미지는 은하의 성장과 함께 암흑물질이 확장된 모습을 상징적으로 보여주고 있다. 만약 은하만 성장하고 암흑물질은 확장되지 않았다면 은하들마다 암흑물질의 질량이 달랐을 것이다. 하지만 X선 관측을 통하여 암흑물질의 질량은 은하들의 10배 정도가 되는 것으로 밝혀졌다. 즉, 그만큼 생성되며 확장된 것이다.

아울러 암흑물질의 확장은 은하의 성장과 함께 이루어진다. 성장을 멈추고 별들이 생성되지 않는 타원은하에서는 암흑물질도 확장되지 않는 것이다.

별들을 생성하며 성장하는 은하들에는 2가지 특징이 있다.

첫 번째 특징은 그 은하들의 주변을 둘러싼 중성수소(전기적으로 중성상태인 수소)구름이 확산하며, 은하를 이루고 있는 일반물질(원자로 이루어진 물질)의 질량을 확장시킨다는 것이다. 아울러 은하들에서 별이 생성되는 양은 그 중성수소의 양에 비례한다.

두 번째 특징은 그 중성수소 구름의 바깥쪽, 즉 은하의 바깥을 둘러싸고 있는 암흑물질의 질량도 확장되고 있다는 것이다. 이는 암흑물질의 질량에 비례한다. 암흑물질이 확장되는 만큼 중성수소의 확산이 이루어지며, 은하의 질량이 확장되는 것이다. 그래서 암흑물질의 질량이 그 은하의 10배 정도 되는 것이다.

이와 같은 현상은 암흑물질에서 중성수소가 생성되고 그 중성수소가 이온화된 성운에서 별들이 생성되며 은하를 성장시키기 때문이다. 그래서 일본의 천체물리학자들은 무려 2,400만 개의 은하들을 관찰하고 나서, 현재 우리가 보고 있는 은하들은 암흑물질의 밀도가 가장 높게 나타난 것이라고 발표하기도 했다.

이 우주가 무한공간으로 팽창하는 만큼 암흑에너지도 확장되고 있다. 그리고 그 우주 진공 암흑에너지에서 암흑물질이 생성되고, 또 그 암흑물질에서 수소가 생성되며 은하를 성장시킨다. 즉, 우주의 73%를 차지하는 암흑에너지에서 23%의 암흑물질이 생겨나고, 또 그 암흑물질에서 우주의 4%를 차지하는 일반물질(별과 행성을 비롯한 은하들을 이루는 물질)이 생겨난 것이다. 그래서 우주 비율은 138억 년 동안 큰 차이가 없이 유지될 수 있었던 것이다.

수백 가지 이상의 방대하고도 일맥상통한 물리적 증거들이 이 진실을 증명하고 있다.

① 현대 천체물리학은 암흑물질이 원시우주에서 한꺼번에 생성되었다고 주장한다. 그 원시우주는 지금의 우주 규모에 비해 수천억의 수천억 배 이하로 매우 작은 규모이다.

그런즉, 138억 년 가속 팽창하며 엄청나게 확장된 지금의 우주가 100개의 축구장을 합친 규모라면, 그 원시우주의 규모는 아주 작은 모래알에 불과하다.

이는 지금의 우주 23%를 차지하는 암흑물질의 규모가 23개의 축구장을 합친 규모라면, 그 원시우주의 규모는 아주 작은 모래알과 같다는 의미이기도 하다.

이를 물리적 증거로 반론할 수 있는가?

② 그토록 작은 원시우주에서 지금의 우주 23%를 차지하는 암흑물질이 한꺼번에 생겨났다면, 그 엄청난 질량의 중력에 의해 우주팽창은 즉시 멈추게 된다.

분명한 사실은 그 원시우주가 팽창하며 우리은하 하나의 규모(지름 10만 광년)로 확장되었을 때가 있었다는 것이다. 현대 천체물리학의 주장대로라면 그 초기우주의 암흑물질 질량은 우리은하의 1조 배 이상이 된다. 우리은하를 둘러싸고 있는 암흑물질의 질량이 우리은하의 10배 정도가 되고, 우주에는 1천억 개 이상의 은하들이 존재하니 그 기준으로 대충 계산해도 그 정도가 된다. 아울러 그 엄청난 질량의 중력 가운데 우주는 팽창할 수 없다.

천체물리학자들은 우주를 차지하는 암흑물질의 양은 원자로 이루어진 일반물질의 약 6배 정도인데, 이것은 우주의 팽창을 멈추게 하기 위해 필요한 양의 4분의 1에 해당한다고 주장한다. 그런데 1조 배 이상이면 어떻게 되겠는가? 그 환경에서는 우주가 더 이상 팽창할 수 없게 된다. 이를 물리적 증거로 반론할 수 있는가?

③ 현대천체물리학의 주장대로 암흑물질이 원시우주에서 한꺼번에 생성되었다면, 그 엄청난 질량의 중력에 의해 초기우주는 즉시 팽창을 멈출 뿐만 아니라, 그 초기우주는 극단적으로 압축되며 붕괴되어 블랙홀로 사라지게 된다.

하지만 우주는 팽창을 멈추지 않았고, 오히려 138억 년 동안 가속팽창을 해왔다. 우주는 종말을 맞지도 않았다. 그런즉, 우주팽창은 현대천체물리학의 주장이 허구임을 입증하는 명명백백한 물리적 증거가 된다. 종말을 맞지 않고 밤하늘을 아름답게 밝히는 찬란한 별들과 아름다운 은하의 세계도 역시 현대 천체물리학의 주장이 허구임을 입증하는 명명백백한 물리적 증거가 된다. 이 땅에 살아 숨쉬는 모든 생명체들까지도 역시 현대천체물리학의 주장이 허구임을 입증하는 명명백백한 물리적 증거가 된다.

그런즉, 암흑물질은 원시우주에서 한꺼번에 생성된 것이 아니라 138억 년 동안 생성되어 왔으며 지금도 계속 생성되고 있다. 유럽우주국에 의해 밝혀진 초기우주의 비율과 지금의 우주 비율이 바로 그 증거 중의 하나이다.

이를 물리적 증거로 반론할 수 있는가?

④ X선 관측을 통하여 암흑물질의 질량은 은하들의 10배 정도가 되는 것으로 밝혀졌다. 갓 생겨난 어린 은하도, 젊은 은하도, 오래된 은하도, 그 은하들의 주변을 둘러싸고 있는 암흑물질의 질량은 그 은하들의 10배 정

도가 되는 것이다. 이는 은하의 성장과 함께 암흑물질도 확장되었다는 증거이다.

만약 은하만 성장하고 암흑물질은 확장되지 않았다면, 은하들마다 암흑물질의 질량이 달랐을 것이다. 하지만 X선 관측을 통하여 암흑물질의 질량은 은하들의 10배 정도가 되는 것으로 밝혀졌다. 즉, 그만큼 생성되며 확장된 것이다.

이를 물리적 증거로 반론할 수 있는가?

⑤ 우주의 팽창과 함께 암흑물질과 일반물질의 질량도 함께 확장되어 왔다. 원자로 이루어진 일반물질이 수천억의 수천억 배 이상으로 많아졌다는 것은 곧 암흑물질도 수천억의 수천억 배 이상으로 많아졌다는 것이다. 또한 암흑물질의 질량이 수천억의 수천억 배 이상으로 많아졌다는 것은 곧 원자로 이루어진 일반물질의 질량도 수천억의 수천억 배 이상으로 많아졌다는 것이다.

이를 물리적 증거로 반론할 수 있는가?

15.

인플레이션이론으로도 가릴 수 없는 진실

    인플레이션이론이란 바늘구멍보다도 지극히 작은 특이점이 빛보다 빠른 속도로 팽창하며 원시우주를 형성했다는 아이디어로 생겨난 것이다.

    빅뱅론의 허구를 보완한 것이 인플레이션이론인데, 그럼 초기우주의 규모를 어느 정도 부풀리면 빅뱅론, 인플레이션이론의 허구를 가릴 수 있을까?

38만 살의 초기우주에서 은하를 만들 수 있는 물질은 4.9%이다. 그 초기우주 규모를 지금의 우주와 동일한 400억 광년으로, 인플레이션이론의 주장보다 더 허황되게 왕창 부풀려 보자. 어차피 빅뱅론이란 게 물리적 증거나 개념이 전혀 없는 가설이니, 일단 그 정도로 왕창 부풀려 보자는 것이다. 그 초기우주에서 은하를 생성할 수 있는 물질을 한 곳에 모으면 지름이 20억 광년 정도가 된다. 하지만 그 초기우주의 밀도는 지금의 우주에서 별들이 생성되고 있는 성운보다도 훨씬 작다.

　초기우주에서 붉은 점들이 중력에 의해 밀도가 압축되며 고온이 발생하는 지역이다. 이처럼 밀도가 압축되며 고온이 발생하지 않고서는 별들이 생성될 수 없고, 은하가 형성될 수 없으며, 지금의 우주가 생겨날 수 없다. 이를 부정한다면 은하의 기원을 부정하는 것이 되며, 현대 우주과학기술의 성과들을 전면적으로 모두 부정하는 것이 된다. 그런즉, 초기우주는 부피만 작은 것이 아니라 밀도도 지금의 우주에서 별들이 생성되고 있는 성운보다도 훨씬 작다.

우리은하의 지름은 10만 광년이다. 그러니 초기우주에 존재한 성운의 지름을 왕창 부풀려서 우리은하의 2만 배 정도라고 해도, 우리은하 질량보다 수백억 배 이하로 매우 작다. 약 1억 개의 블랙홀들을 비롯하여 3천억 개 정도의 별과 5백억 개 정도의 행성들을 거느리고 있는 우리은하의 밀도가 아직 별들이 생성되지 않은 초기우주의 밀도보다 높은 것은 지극히 당연한 일이다.

위 이미지에서 보는 바와 같이 우리은하의 밀도는 초기우주의 밀도에 비해 훨씬 높다. 초기우주의 지름을 지금의 우주와 같은 400억 광년으로 보고, 초기우주에 흩어져 있는 물질들을 한군데 모아놓으면 그 지름이 20억 광년 정도가 된다. 이는 앞에서 밝힌 바와 같이 잔뜩 부풀려진 규모이다.

아무튼 초기우주에 존재한 성운을 한군데 모아놓은 것의 지름이 20억 광년이 되는 것으로 왕창 부풀려 가정하고, 그 규모를 2만 배 정도로 수축시키면 우리은하의 지름과 비슷해진다. 하지만 그 질량은 우리은하 질량의 수백억분의 1에도 미치지 못한다.

우리은하는 초기우주의 성운들이 수천억의 수천억 배 이상으로 수축되며 형성된 결과물이다. 그런즉, 우리은하를 100만 배로 부풀리면 우주의 2배가 넘는 1천억 광년에 이른다. 우리은하는 초기 은하에 존재한 성운들이 수천억의 수천억 배 이상으로 수축되면서 형성된 것인데, 1억 배도 아니고 1천만 배도 아니고 단 1백만 배만큼만 다시 부풀려도 지금의 우주보다 큰 규모가 되는 것이다.

위 이미지는 우리은하를 수축된 만큼 다시 풀어 놓으면 그 규모가 우주의 지름보다 더 커질 수 있다는 것을 상징적으로 보여주고 있다. 지금의 우주 반지름을 140억 광년이라고 하면 우주의 크기는

1조㎞의 1천억 배가 된다. 이는 은하 크기의 30만 배 정도이다. 때문에 수천억의 수천억 배 이상으로 압축된 결정체인 우리은하를 다시 풀어 놓으면 그 규모가 우주의 지름보다 더 커질 수 있다는 것이다. 따라서 우리은하를 수축된 만큼 다시 풀어 놓으면 그 규모는 초기우주보다 훨씬 크다.

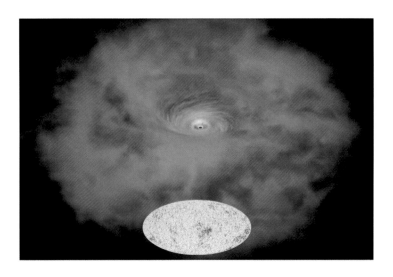

위 이미지처럼 우리은하를 수축된 만큼 다시 풀어 높으면 그 규모는 초기우주보다 훨씬 더 커지게 된다. 초기우주의 질량은 지금의 우주에 비해 수천억의 수천억 배 이하로 훨씬 작다.

그럼 지금의 우주는 어떻게 생겨났는가?

초기우주에 존재한 물질로 우리은하 하나조차도 만들 수 없었다면, 지금의 우주에 존재하는 1천억 개 이상의 은하들은 도대체 어떻게 생겨났는가 하는 것이다.

빅뱅론의 주장대로라면 은하들은 별을 생성한 만큼 수축되어야 하는데 그 반대로 확산되어 왔다. 태양과 같은 별들을 생성하려면 수백억 배로 압축되어야 하고, 또 중성자별이나 블랙홀을 생성하려면 수천조 배로 압축되어야 하는데, 그 천체들을 생성한 만큼 은하들은 확산되어 온 것이다.

빅뱅론의 주장대로라면 현재도 별들을 생성하고 있는 성운은 수백억 배로 수축되어야 하는데 역시 반대로 확산되고 있다. 그 이유는 모든 물질의 조상인 수소가 생성되며 성운을 확산시키고 있기 때문이다.

우리은하 하나조차도 만들 수 없었던 초기우주가 1천억 개 이상의 은하들을 생성할 수 있었던 것 역시 수소가 계속 생성되었기 때문에 가능했다.

빅뱅론대로라면 지금 우리가 보고 있는 은하들은 모두 초기우주에서 동시다발적으로 생성되어야 하지만, 지금도 우주에서는 신생은하들이 계속 생성되고 있다. 그래서 유럽우주국이 공개한 초기우주처럼 아직 별들이 탄생하지 않은 암흑은하도 있고, 이제 막 아기별들이 태어나기 시작하는 신생은하도 있다. 이 역시 지금도 우주에서 수소가 생성되고 있기 때문이다.

그래서 별이 생성되는 은하들 주변은 새로 생성된 중성수소구름이 둘러싸고 있는 것이다.

위 이미지는 38만 년 팽창한 초기우주와 138억 년 팽창·확장되며 1천억 개 이상의 은하들을 거느린 지금의 우주 일부분을 상징적으로 비교하여 보여주고 있다.

초등학생도 풀 수 있는 산술적인 계산으로도 그 진실을 명백히 밝힐 수 있듯이, 아직 별들이 탄생하기 이전인 초기우주의 물질은 지금의 우주에 존재하는 천체의 총질량에 비해 수천억의 수천억 배 이하로 매우 작다.

빅뱅론의 기본 핵심은 지금의 우주에 존재하는 총질량이 138억 년 전에 힉스입자로부터 부여받았다는 것인데, 그 질량 차이가 무려 수천억의 수천억 배 이상으로 차이가 나는 것이다. 바로 이것이 우리 앞에 나타난 우주의 진실이다!

즉, 현대 우주과학기술이 밝혀낸 우주의 진실인 것이다!

신의 입자로 불리는 힉스입자로부터 질량을 부여받았다는 거짓말을 합리화하기 위해 그 초기우주의 물질을 수백만 배, 수천만 배로 부풀려도 그 정도의 양으로는 오늘의 우주에 존재하는 별들의 절반도 만들 수 없다. 빅뱅론의 모순을 해결하기 위한 아이디어로 제기된 것이 인플레이션이론인데 빛보다 빨랐다는 그 인플레이션 팽창 속도를 10만, 100만, 1천만 배로 부풀려도 결코 이 진실은 가릴 수 없는 것이다.

분명 이것은 충격이다. 전 세계 인류는 138억 년 전에 힉스입자로부터 우주의 총질량이 부여된 것으로 철석같이 믿고 있는데, 초기우주의 질량으로 우리은하 하나도 만들 수 없다니 실로 충격이 아닐 수 없다. 그렇게 우리 모두가 감쪽같이 속고 있었던 것이다!

🔍 우주 진실을 밝히기 위한 질문사항

① 초기우주에 존재한 성운을 한군데 모아놓은 것의 지름이 20억 광년이 되는 것으로 왕창 부풀려 가정하고, 그 규모를 2만 배 정도로 수축시키면 우리은하의 지름과 비슷해진다.

하지만 그 질량은 우리은하 질량의 수백억 분의 1에도 미치지 못한다. 우리은하는 초기우주의 성운들이 수천억의 수천억 배 이상으로 수축되며 형성된 결과물이다. 그런즉, 우리은하를 100만 배로 부풀리면 우주의 2배가 넘는 1천억 광년에 이른다.

우리은하는 초기은하에 존재한 성운들이 수천억의 수천억 배 이상으로 수축되면서 형성된 것인데, 1억 배도 아니고 1천만 배도 아니고 단 1백만 배만큼만 다시 부풀려도 오늘의 우주보다 큰 규모가 나오는 것이다. 이를 물리적 증거로 반론할 수 있는가?

② 지금의 우주 반지름을 140억 광년이라고 하면, 우주의 크기는 1조㎞의 1천억 배가 된다. 이는 은하 크기의 30만 배 정도이다. 그런즉, 수천억의 수천억 배 이상으로 수축된 결정체인 우리은하를 다시 풀어 놓으면 그 규모가 우주의 지름보다 더 커질 수 있다는 것이다. 그리고 우리은하를 수축된 만큼 다시 풀어 놓으면, 그 규모는 초기우주보다 훨씬 크다. 초기우주의 질량은 지금의 우주에 비해 수천억의 수천억 배 이하로 훨씬 작다.

이를 물리적 증거로 반론할 수 있는가?

③ 우리은하 하나조차도 만들 수 없었던 초기우주가 1천억 개 이상의 은하들을 생성할 수 있었던 것은 수소가 계속 생성되었기 때문에 가능했다. 빅뱅론대로라면 지금 우리가 보고 있는 은하들은 모두 초기우주에서 동시다발적으로 생성되어야 하지만, 지금도 우주에서는 은하들이 생성되고 있다. 그래서 유럽우주국이 공개한 초기우주처럼 아직 별들이 탄생하지 않은 암흑은하도 있고, 이제 막 아기별들이 태어나기 시작하는 신생은하도 있다. 이는 지금도 우주에서 수소가 계속 생성되고 있기 때문이다. 그래서 별이 생성되는 은하들 주변은 새로 생성된 중성수소가 둘러싸고 있다.

이를 물리적 증거로 반론할 수 있는가?

④ 신의 입자로 불리는 힉스입자로부터 질량을 부여받았다는 거짓말을 합리화하기 위해 그 초기우주의 물질을 수백만 배, 수천만 배로 부풀려도 그 정도의 양으로는 오늘의 우주에 존재하는 별들의 절반도 만들 수 없다. 빅뱅론의 모순을 해결하기 위한 아이디어로 제기된 것이 인플레이션 이론인데, 빛보다 빨랐다는 그 인플레이션 팽창속도를 10만, 100만, 1천만 배로 부풀려도 결코 이 진실은 가릴 수 없는 것이다.

이를 물리적 증거로 반론할 수 있는가?

16.
빅뱅 특이점의 허구

특이점이란 아인슈타인의 일반 상대성이론에서 거대 항성이 죽음을 맞으면 부피가 '0'이 되지만 밀도가 무한대인 블랙홀이 된다는 개념이다.

이와 같은 주장은 우리가 사물을 보고 판단할 수 있는 보편적 상식의 개념부터 무장해제시키고 물리법칙에 전혀 맞지 않는 거짓 이론으로 세뇌시킨다.

블랙홀은 중력이 압축될 수 있는 마지막 한계의 종착점인 바, 그것은 블랙홀의 밀도로 나타나는데도 이처럼 황당한 주장을 하는 것이다.

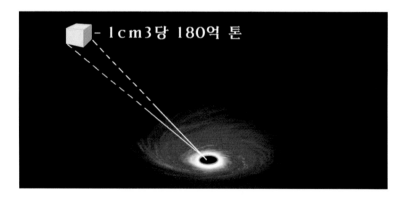

위 이미지는 블랙홀의 밀도가 1㎤당 180억 톤 정도가 된다는 것

을 상징적으로 보여주고 있다. 이처럼 블랙홀의 밀도가 1㎤당 180억 톤이 된다는 것은 그 1㎤에 극단적으로 압축되어 있는 입자들이 있다는 것이다. 즉, 거대질량의 중력에 의해 원자를 이루고 있는 입자들이 산산이 붕괴되고 남은 마지막 입자들이 극단적으로 압축되어 있다는 것이다.

촛불과 가까울수록 밝은 것은 광자들의 밀도가 높기 때문이며, 촛불과 멀어질수록 점점 어두워지는 것은 광자들의 밀도가 점점 낮아지기 때문이다.

블랙홀이 광자들의 밀도가 극단적으로 높은 곳이라면 극단적으로 밝은 곳이겠으나 그곳에 빛이 전혀 존재하지 않는 것은 광자가 전혀 존재하지 않기 때문이다.

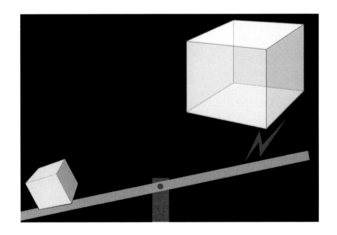

위 이미지는 질량이 있는 박스와 텅 빈 박스를 상징적으로 비교하여 보여주고 있다. 이와 마찬가지로 블랙홀의 밀도가 1㎤당 180억 톤이 된다는 것은 그 1㎤당 180억 톤이 되는 무언가가 있다는 것이다.

　위 이미지는 블랙홀의 흡인력에 빛이 빨려 들어가며 사라지는 모습을 상징적으로 보여주고 있다. 블랙홀에서 빛이 존재하지 못하는 것은 그 빛을 이루는 광자가 해체되기 때문이다. 아울러 빛이 존재하지 않는 블랙홀은 광자까지 해체되고 마지막으로 남은 원입자들이 극단적으로 압축된 천체이다.

　밀도란 일정한 면적 가운데 포함된 물질이 빽빽한 정도를 뜻하는데, 중성자별의 밀도가 1㎤당 10억 톤 정도가 되는 것은 원자가 붕괴되고 중성자가 압축되어 있기 때문이며, 블랙홀의 밀도가 1㎤당 180억 톤 정도가 되는 것은 그 중성자를 이루는 전자, 중성미자, 광자들이 완전히 붕괴되고 맨 마지막으로 남은 원입자들이 극단적으로 압축되어 있기 때문이다.

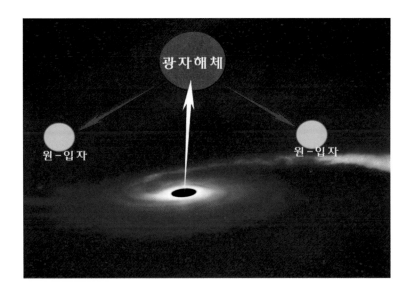

위 이미지는 빛이 존재하지 않는 블랙홀은 광자가 해체된 원입자들이 극단적으로 압축된 천체라는 것을 상징적으로 보여주고 있다. 이처럼 블랙홀에서 빛이 존재하지 못하는 것은 그 빛을 이루는 광자가 해체되었기 때문이다.

질량이란 물리학에서 물질이 가지고 있는 고유한 양을 일컫는 말이며, 질량의 단위는 킬로그램(㎏)이다. 블랙홀에 질량이 있다는 것은 곧 그 질량이 되는 입자들이 있다는 것이다. 그리고 그 입자들은 원자가 해체되고, 양성자와 중성자를 이루는 소립자(쿼크)들이 해체되고, 그 소립자들을 이루는 전자들이 해체되고, 그 전자를 이루는 중성미자들이 해체되고, 그 중성미자를 이루는 광자들이 해체되고 맨 마지막으로 남은 원입자들이 극단적으로 압축된 질량이다. 만약 이 진실조차도 부인하고 싶은 사람에게 '그럼 블랙홀의 질량을 이루는 실체는 무엇이냐?'고 묻는다면, 그는 영원히 그 답을 말할 수 없을 것이다. 그 진실은 오로지 원입자 하나이기 때문이다.

블랙홀의 밀도는 은하나 천체의 중력이 크다고 해서 더 이상 압축되지도 않는다. 다만 천체의 크기에 따라 블랙홀의 질량이 더 커질 뿐이다. 그래서 블랙홀의 밀도는 은하나 천체의 총질량에 상관없이 1㎤당 180억 톤 정도가 된다.

우리은하의 중심에는 태양 질량의 460만 배 정도에 달하는 거대질량의 블랙홀이 있고, 그 주위의 구상성단에도 많은 소규모 행성 블랙홀들이 있다. 그렇게 우리은하에는 약 1억 개 정도의 블랙홀들이 있다. 태양 질량보다 20~30배 이상 큰 별들은 블랙홀로 진화할 수 있기 때문에, 은하에는 많은 블랙홀들이 있는 것이다.

아울러 태양 질량의 수백만 배에 달하는 질량을 가진 거대한 블랙홀이나, 태양 질량의 수십 배 질량을 가진 소규모 블랙홀이나 그 밀도는 1㎤당 180억 톤 정도로 같다. 그 블랙홀들의 질량은 비록 수백만 배 차이가 있을지라도, 1㎤당 180억 톤 정도의 밀도는 같은 것이다.

우리은하 중심핵에 존재하는 블랙홀의 질량은 태양의 460만 배 정도에 달하는데, 우리은하의 이웃인 안드로메다 은하 중심 핵에는 태양 질량의 1억 배인 블랙홀이 존재하고 있다.

위 이미지는 우리은하(왼쪽)의 이웃인 안드로메다 은하(오른쪽)와, 그 주위에 있는 수많은 은하들을 상징적으로 보여주고 있다. 이 은하들마다 많은 블랙홀들을 품고 있는데, 지구에서 3억2천만 광년 떨어진 곳에 있는 NGC-3842 은하에는 태양 질량의 100억 배인 블랙홀이 있다. 그리고 그 블랙홀의 밀도도 1㎤당 180억 톤 정도이다. 이처럼 블랙홀들의 질량은 모두 다르지만, 블랙홀들의 밀도는 그 질량의 크기에 상관없이 1㎤당 180억 톤 정도이다.

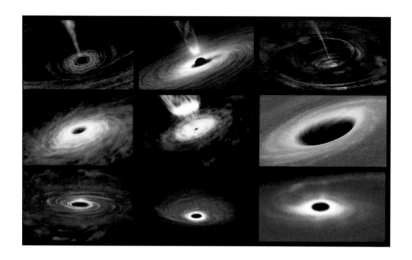

위 이미지에 있는 블랙홀들의 질량은 모두 다르지만, 밀도는 1㎤당 180억 톤 정도로 동일하다. 그 밀도와 무게가 더해져 블랙홀의 총체적 질량으로 나타나는 것이다.

그런즉, 블랙홀의 밀도는 우주에서 진공이 압축될 수 있는 마지막 한계이며, 바로 이것이 현재 우리가 보고 있는 우주의 진실이다. 현대 우주과학기술에 의해 명명백백히 밝혀지고 검증된 진실인 것이다.

지금의 우주 질량이 바늘구멍보다 작은 특이점 진공에 압축되어 있었다는 빅뱅론의 주장은 물리적 증거나 개념이 전혀 없는 허구에 불과하다.

① 특이점이란 아인슈타인의 일반 상대성이론에서 거대 항성이 죽음을 맞으면 부피가 '0'이 되지만 밀도가 무한대인 블랙홀이 된다는 개념이다.

이와 같은 주장은 우리가 사물을 보고 판단할 수 있는 보편적 상식의 개념부터 무장해제시키고 물리법칙에 전혀 맞지 않는 거짓 이론으로 세뇌시킨다.

블랙홀은 중력이 압축될 수 있는 마지막 한계의 종착점인 바, 그것은 블랙홀의 밀도로 나타나는데도 이처럼 황당한 주장을 하는 것이다.

이 진실을 물리적 증거로 반론할 수 있는가?

② 블랙홀의 밀도가 1㎤당 180억 톤이 된다는 것은 그 1㎤에 극단적으로 압축되어 있는 입자들이 있다는 것이다. 즉, 거대질량의 중력에 의해 원자를 이루고 있는 입자들이 산산이 붕괴되고 남은 마지막 입자들이 극단적으로 압축되어 있다는 것이다.

이 진실을 물리적 증거로 반론할 수 있는가?

③ 촛불과 가까울수록 밝은 것은 광자들의 밀도가 높기 때문이며, 촛불과 멀어질수록 점점 어두워지는 것은 광자들의 밀도가 점점 낮아지기 때문이다. 블랙홀이 광자들의 밀도가 극단적으로 높은 곳이라면 극단적으로 밝은 곳이겠으나, 그곳에 빛이 전혀 존재하지 않는 것은 광자가 전혀 존재하지 않기 때문이다.

빛이 존재하지 않는 블랙홀은 광자까지 해체되고 맨 마지막으로 남은 원입자들이 극단적으로 압축된 천체이다.

이 진실을 물리적 증거로 반론할 수 있는가?

④ 밀도란 일정한 면적 가운데 포함된 물질이 빽빽한 정도를 뜻히는데 중
성자별의 밀도가 1㎤당 10억 톤 정도가 되는 것은 원자가 붕괴되고 중
성자들이 압축되어 있기 때문이며, 블랙홀의 밀도가 1㎤당 180억 톤
정도가 되는 것은 그 중성자를 이루는 전자, 중성미자, 광자들이 완전
히 붕괴되고 맨 마지막으로 남은 원입자들이 극단적으로 압축되어 있
기 때문이다.

이 진실을 물리적 증거로 반론할 수 있는가?

⑤ 질량이란 물리학에서 물질이 가지고 있는 고유한 양을 일컫는 말이다.
질량의 단위는 킬로그램(kg)이다. 블랙홀에 질량이 있다는 것은 곧 그 질
량이 되는 입자들이 있다는 것이다. 그리고 그 입자들은 원자가 해체되
고, 양성자와 중성자를 이루는 소립자(쿼크)들이 해체되고, 그 소립자들
을 이루는 전자들이 해체되고, 그 전자를 이루는 중성미자들이 해체되
고, 그 중성미자를 이루는 광자들이 해체되고 맨 마지막으로 남은 원입
자들이 극단적으로 압축된 질량이다.

이 진실을 물리적 증거로 반론할 수 있는가?

⑥ 블랙홀의 밀도는 은하나 천체의 중력이 크다고 해서 더 이상 압축되지
도 않는다. 다만 천체의 크기에 따라 블랙홀의 질량이 더 커질 뿐이다.

태양 질량의 수백만 배에 달하는 질량을 가진 거대한 블랙홀이나, 태양
질량의 수십 배 질량을 가진 소규모 블랙홀이나 그 밀도는 1㎤당 180억
톤 정도로 같다. 그 블랙홀들의 질량은 비록 수백만 배 차이가 있을지라
도, 1㎤당 180억 톤 정도의 밀도는 같은 것이다.

그런즉, 블랙홀의 밀도는 우주에서 물질이 압축될 수 있는 마지막 한계
이다. 바로 이것이 현재 우리가 보고 있는 우주의 진실이다. 현대 우주과

학기술에 의해 명명백백히 밝혀지고 검증된 진실인 것이다.

지금의 우주 질량이 바늘구멍보다 작은 특이점 진공에 압축되어 있었다는 빅뱅론의 주장은, 물리적 증거나 개념이 전혀 없는 허구에 불과하다.

이 진실을 물리적 증거로 반론할 수 있는가?

원입자와 질량의 진실

빅뱅론에 세뇌된 사람들은 우리 인류가 살고 있는 지구가 바늘 구멍보다 작은 빅뱅 특이점 진공 안에 압축되어 있던 것의 부산물 이라고 주장한다.

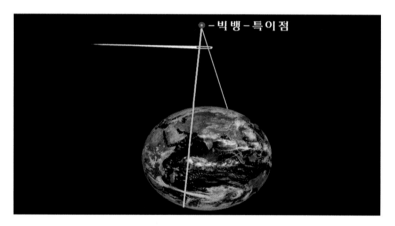

저 하늘의 태양을 비롯한 모든 별들도 빅뱅 특이점 안에 압축되어 있던 것이며, 현재 우리가 보고 있는 이 세상 만물이 모두 빅뱅 특이점 진공 안에 압축되어 있던 것의 부산물들이라는 것이다. 그래서 그 특이점과 지금의 우주 질량무게는 같다고 한다.

위 이미지는 빅뱅 특이점에서 튀어나오는 우주의 천체들을 상징적으로 보여주고 있다. 이처럼 바늘구멍보다도 지극히 작은 특이점 진공으로 지구도 만들고, 태양도 만들고, 우주의 모든 별과 행성들을 비롯한 1천억 개 이상의 은하들을 만들었다는 것이다. 그리고 이 동화 같은 이야기가 천체물리학 이론으로 포장되어 절대 진리인 양 행세하고 있다.

위 이미지는 빅뱅론의 주장대로 원자핵보다 작은 특이점에서 생겨났다고 하는 초기우주와 1천억 개 이상의 은하가 존재하는 오늘

날의 우주 한 조각을 상징적으로 보여주고 있다. 이 모두가 바늘구멍보다도 지극히 작은 한 점 안에서 나왔다는 것이다.

즉, 그처럼 지극히 작은 특이한 점 안에 힉스입자라고 하는 조상이 있었는데 그 조상으로부터 물려받은 재산(질량)을 가지고 오늘의 우주를 만들었다는 것이다. 몇 해 전에는 전 세계가 그 조상님(힉스입자)을 찾았다고 호들갑을 떨었다. 분명 그 입자는 입자가속기에서 만들어낸 인공입자가 맞는데 신의 입자라고 속이며 대대적으로 선전했다. 분명 그 입자는 몇 해 전에 입자가속기에서 인공적으로 잠깐 생겨났다가 순식간에 사라졌는데 138억 년 전에 그 특이점 안에 있던 것이라고 속이며 말이다.

그렇게 모두가 속았다. 우리 모두가 무뇌아 취급을 당하며 속고만 것이다. 이미 수백 가지 이상의 방대하고도 일맥상통한 물리적 증거들로 낱낱이 밝혀졌듯이, 초기우주는 지금의 우주에 비해 부피가 수천억 배 이하로 매우 작았을 뿐만 아니라, 질량무게는 수천억의 수천억 배 이하로 지극히 작았다. 빅뱅론이나 힉스입자이론의 주장대로라면 특이점의 질량과 현재 우주의 질량이 같아야 하는데, 현대 우주과학기술로 밝혀진 우주 현실은 전혀 다른 것이다.

빅뱅론에 의하면 그 특이점은 원자핵보다도 작았다고 한다. 이 세상 모든 물질은 원자로 이루어졌다. 우리 인체도 분해하면 세포가 나오고, 그 세포를 분해하면 분자가 나오고, 그 분자를 분해하면 원자가 나오고, 그 원자를 분해하면 원자핵을 이루는 양성자와 중성자가 나오고, 그 원자핵을 분해하면 쿼크라고 하는 소립자들이 나오고, 그 소립자를 분해하면 전자들이 나오고, 그 전자를 분해하면 중성미자들이 나오고, 그 중성미자를 분해하면 광자가 나오고, 그 광자를 분해하면 원입자가 나온다.

이 원입자들은 진공을 이루고 있는데 강한 인력을 갖고 있다. 그래서 유리병 속의 공기분자들을 다 뽑아내면 진공이 되는데 그때 강한 인력이 생긴다. 그 인력을 이용하여 부항을 뜨며 치료행위를 하는 것이다.

이처럼 원입자는 흡인력을 갖고 있기 때문에 진공 속에 어떤 에너지를 제공하면 그 에너지를 흡수하여 서로 결합하며 그 에너지 값에 따른 질량을 갖고 나타난다.

그 에너지 값에 따라 광자가 되기도 하고, 전자가 되기도 하며, 그 이상의 질량을 가진 입자가 되기도 한다. 그리고 그 에너지를 상실하는 순간에 즉시 해체되어 원입자로 돌아간다. 그런즉, 진공 속에서 나타나는 입자들은 원입자로부터 질량을 얻는다. 입자가속기의 진공 속에서 인공적으로 생성된 힉스입자의 질량도 이 원입자들로부터 얻은 것이다.

이 진실을 부정하고 싶은 사람도 있겠지만, 그에게 힉스입자의 질량은 어디서 얻었냐고 물으면 당장 말문이 막혀 버린다. 그는 그 물리적 증거를 영원히 내놓을 수 없기 때문이다.

하지만 원입자들에 대한 물리적 증거는 수백 가지 이상으로 너무도 많다. 아울러 진공 속에서 에너지 값에 따라 입자들이 나타나는 것은 간단한 실험을 통해서도 얼마든지 확인할 수 있다.

원입자란 의미는 원래부터 있었던 입자이고, 우주 만물을 이루는 모든 물질의 질량이 바로 이 원입자로부터 시작되었다는 뜻이다. 그런즉, 현재 우리가 보고 만지는 이 세상 모든 것은 이 원입자들이 결합하며 더해진 결과로 나타난 것이다.

원지핵인 양성지를 분해히면 퀴크라고 하는 3개의 소립자(업쿼크 2개, 다운쿼크 1개)가 나오고, 그 3개의 퀴크가 분해되면 1,836개 정도의 전자가 나온다. 전자의 질량이 원자핵 양성자에 비해 1,836배 작다는 것은 곧 1,836개의 전자가 모여 원자핵 양성자를 이루고 있다는 것이다. 그 1개의 전자가 분해되면 약 10억 개의 중성미자가 나온다. 중성미자가 전자보다 10억 배 정도로 질량이 작다는 것은 곧 그 10억 개 정도의 중성미자가 모여 1개의 전자를 이루고 있다는 것을 의미한다.

그런즉, 10억 개 정도의 중성미자가 모여 1개의 전자를 만들었고, 1,836개 정도의 전자가 모여 3개의 쿼크를 만들었고, 그 쿼크들이 결합하여 1개의 원자핵을 이룬 것이다. 빅뱅론에서 주장하는 특이점은 이 원자핵보다 작았다고 한다.

원자핵이 다 분해되고 나면 결국 원입자에 이른다. 원입자들이 압축되면 엄청난 인력을 갖는다. 원입자들로 이루어진 진공도 흡인력이 강하지만, 이 원입자들이 압축되면 엄청난 괴력을 갖게 되는 것이다.

실제로 질량이 큰 별의 중력은 원입자들을 압축시킬 수 있다. 원자핵을 3개의 쿼크들로 분해시키고, 또 쿼크들을 1,836개 정도의 전자로 분해시키고, 또 그 전자들을 중성미자로 분해시키고, 또 그 중성미자들을 광자로 분해시키고, 또 그 광자들을 원입자로 분해시키며 압축할 수 있다는 것이다.

그렇게 압축된 원입자들 한 티스푼의 무게는 1㎤당 약 180억 톤 정도에 이른다. 그 정도로 압축된 원입자의 인력은 엄청난 괴력을 나타내는 것이다. 바로 이것이 블랙홀이다!

질량이 큰 별의 중력 속에서는 원자가 붕괴된다. 원자는 대부분 빈공간인데, 원자를 넓은 체육관에 비교했을 때 원자핵은 그 체육관 중앙에 매달린 아주 작은 구슬과 같다고 할 수 있다. 그런즉, 우리 몸의 세포를 이루고 있는 원자에서 이 빈 공간을 다 빼고 나면 인체는 손톱만큼 줄어들게 된다. 원자핵은 원자 지름의 약 10만 분의 1밖에 되지 않기 때문에 인체 세포를 이루고 있는 원자의 빈 공간을 다 빼면 인체는 그 정도로 줄어들게 되는 것이다.

질량이 큰 별에서는 실제로 이 원자가 붕괴되면서 빈 공간이 사라진다.

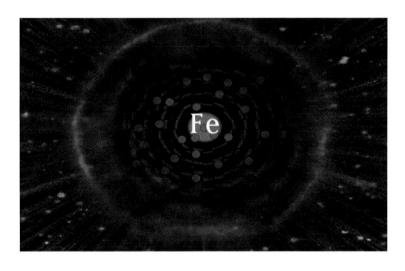

위 그림은 질량이 큰 별의 중력-초고온-폭발에너지 등의 메커니즘에 의해 원자핵을 둘러싸고 있는 보호막 껍데기(궤도)가 붕괴되는 모습을 상징적으로 보여주고 있다.

이처럼 원자 껍데기가 붕괴되면 전자들이 핵으로 밀려들어가 양성자와 결합하여 중성자로 변환된다. 아울러 원자들이 붕괴되고 원자핵을 이루는 중성자들만 남게 되면 그 천체는 중성자별이 된다. 별의 진화에서 블랙홀이 최고의 경지라면, 중성자별은 그 경지에 오르지 못하고 탈락한 천체라고 할 수 있다. 그 원인은 질량과 중력이 부족하기 때문이다.

수명을 다한 별의 폭발로 외층이 날아간 이후에 남은 중심핵의 질량이 태양 질량의 1.44배보다 가벼운 항성은 백색왜성으로 변하며, 외층을 제외한 중심핵의 질량이 태양 질량의 1.44배 이상이면 블랙홀이나 중성자별이 될 수 있다.

중성자별의 밀도는 1㎤당 10억 톤에 이른다. 한 티스푼의 무게가 그 정도 되는 것이다. 중성자별의 지름은 약 10㎞ 정도로 작아지기도 한다. 하지만 그 질량은 태양보다 크다. 태양의 지름은 139만2천㎞이지만 중성자별보다 질량이 작은 것이다.

중성자별의 중력은 지구의 3억 배 정도가 된다. 태양의 표면 중력이 지구의 28배인 것에 비하면 엄청난 중력이다. 그래서 중성자별은 자기보다 부피가 큰 별도 삼킬 수 있다. 스위스 제네바대학의 천문학 연구팀은 유럽우주국(ESA)의 XMM-뉴턴 우주망원경을 사용하여, 중성자별이 청색거성을 삼키는 모습을 포착하였다.

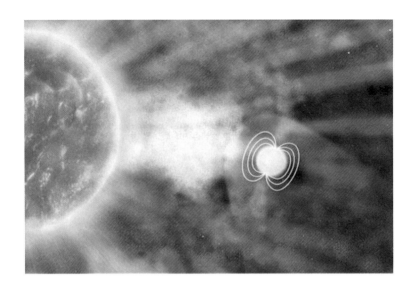

  위 이미지(나사 제공)는 중성자별의 엄청난 인력에 끌려가는 별의
모습을 보여주고 있다. 앞에서 밝혔듯이 중성자별은 원자가 붕괴되
면서 빈 공간이 사라지고 원자핵을 이루는 중성자들만 압축되었으
므로 이처럼 몸집은 작지만 엄청난 인력을 행사할 수 있는 것이다.

  그런즉, 중성자마저 붕괴되며 압축된 천체의 인력은 먼 곳의 은하
까지 끌어다 흡수할 수 있는데, 그 천체의 중력은 광자마저 붕괴시
킨다. 실제로 다른 별을 삼키고 질량이 커진 중성자별의 중력 속에
서는 그 중성자마저 붕괴된다. 또 중성자별들끼리 충돌하며 결합
해도 그렇게 더해진 질량과 중력에 의해 중성자가 붕괴된다.

  2014년 5월 13일 미 항공우주국(NASA)의 고다드 우주 비행 센터
에서는 슈퍼컴퓨터를 이용해 중성자별끼리의 충돌 모습을 시뮬레
이션으로 공개했다.

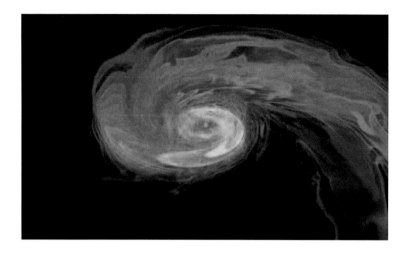

　나사 측은 이 영상을 공개하면서 '두 개의 중성자별이 충돌하는 세기의 순간을 쉽게 이해할 수 있게 시각화한 영상'이라고 했다. 그리고 '전 우주에서 일어나는 가장 강력한 폭발 순간이 담겨있다'고 밝혔다. 이처럼 두 중성자별이 충돌하고 결합하며 질량이 커진 천체의 중력에서는 그 천체의 중심핵을 이루는 중성자마저 붕괴된다.

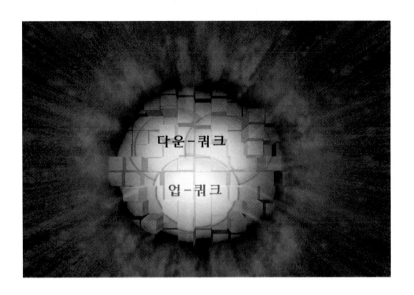

위 그림은 질량이 큰 별의 중력에 의해 중성자를 이루는 소립자(쿼크)들이 붕괴되는 모습을 상징적으로 보여주고 있다. 이처럼 중성자를 이루는 소립자들이 붕괴되면 1,837개 정도의 전자로 해체되고, 또 1개의 전자는 약 10억 개의 중성미자로 붕괴되고, 또 이 중성미자는 광자로 붕괴되고, 또 이 광자는 원입자로 완전해체된다.

중력에 의해 극단적으로 압축된 이 원입자 핵은 엄청난 인력을 갖는다. 앞에서 밝혔듯이 원입자들로 이루어진 진공도 인력이 아주 강하지만, 그 원입자들이 엄청난 중력에 의해 압축되면 먼 곳의 외부은하까지 끌어당길 수 있는 인력을 갖게 되는 것이다.

즉, 천체의 중력에 의해 원입자들이 압축되면서 그 원입자들의 인력도 압축되기 때문에 그처럼 엄청난 괴력을 갖게 되는 것이다. 바로 이것이 블랙홀의 진실이다!

이처럼 물질을 완전 분해하고 압축시킨 블랙홀의 밀도는 위에서 설명했듯이 1㎤당 180억 톤 정도가 된다. 이는 광자까지 해체시켜 압축시킨 원입자들의 밀도이다.

태양 질량의 30배가 되는 블랙홀의 밀도도 1㎤당 180억 톤 정도이고, 수백만 배 되는 블랙홀의 밀도도 1㎤당 180억 톤 정도이며, 수십억 배 이상 되는 블랙홀의 밀도도 역시 1㎤당 180억 톤 정도이다. 그런즉 우주에서 물질을 완전 분해하여 압축시킬 수 있는 한계는 1㎤당 180억 톤 정도란 것이다.

빅뱅론에서는 바늘구멍보다 작은 특이점에 지금의 우주 질량이 압축되어 있었다고 주장하지만 실제로 우주에서 진공이 압축될 수 있는 한계는 1㎤당 180억 톤 정도인 것이다. 원입자에 대한 물리적 증거들은 책 여러 권에 이를 정도로 워낙 방대하기 때문에 따로 상세히 밝히도록 하겠다.

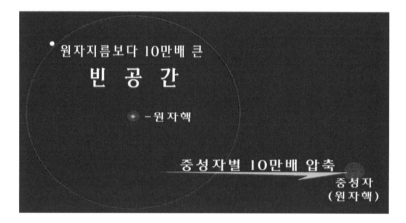

위 그림에서 보는 바와 같이 원자의 빈 공간 지름은 핵의 10만 배 정도에 이른다. 원자의 질량에 따라 빈 공간의 차이는 있지만, 원자는 대부분 빈 공간이다.

질량이 큰 별에서 중력에 의해 이 원자가 해체되면, 원자의 빈 공간이 사라지면서 원자핵만 남게 된다. 즉, 중성자만 남게 되면서 압축되는 것이다. 그런데 별의 중력-초고온-폭발에너지 등의 메커니즘에 의해 이 중성자마저 붕괴되면 18배 정도로 더 압축되며 블랙홀이 된다.

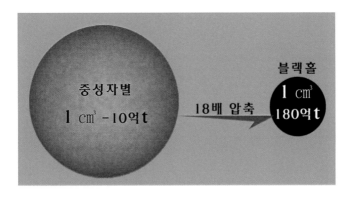

위 그림은 중성자가 붕괴되어 중성자별이 18배 정도로 압축되면서 블랙홀이 되는 모습을 상징적으로 보여주고 있다. 이때는 광자까지 완전히 붕괴되기 때문에 빛을 상실하고 만다. 그리고 더 이상 붕괴될 수 없는 원입자들만 남는다. 이처럼 물질이 완전히 붕괴되고 남은 원입자들이 압축될 수 있는 한계는 1㎤당 180억 톤 정도이다.

하지만 빅뱅론은 원자핵보다 작은 특이점에 지금의 우주에 존재하는 총질량이 압축되어 있었다고 황당무계한 주장을 한다. 실제로 그런 특이점이 존재했을지라도 그 엄청난 질량의 중력에 의해 그 속에서는 모든 물질이 산산이 붕괴되므로 우주가 생겨날 수 없다. 때문에 우주에서 나타나는 모든 진실은 빅뱅 특이점에 관한 이론을 100% 부정하고 있다.

📄 우주 진실을 밝히기 위한 질문사항

① 질량이 큰 별의 중력-초고온-폭발에너지 등의 메커니즘에 의해 원자가 붕괴·해체된다. 질량이 아주 큰 별의 중력은 초신성 폭발을 일으키지 않고도 원자를 완전히 붕괴·해체시킬 수 있다.
이 진실을 물리적 증거로 반론할 수 있는가?

② 원자를 분해하면 원자핵을 이루는 양성자와 중성자가 나오고, 그 원자핵을 분해하면 쿼크라고 하는 소립자들이 나오고, 그 소립자를 분해하면 전자가 나오고, 그 전자를 분해하면 중성미자가 나오고, 그 중성미자를 분해하면 광자가 나온다.
이 진실을 물리적 증거로 반론할 수 있는가?

③ 블랙홀은 질량이 큰 별의 중력-초고온-폭발에너지 등의 메커니즘 가운데 물질(원자들)이 완전 붕괴되면서 광자까지 해체되어 빛이 사라진 천체이다.
이 진실을 물리적 증거로 반론할 수 있는가?

④ 물질을 완전 분해하고 압축시킨 블랙홀의 밀도는 1㎤당 180억 톤 정도가 된다. 블랙홀의 1㎤ 공간 속에 들어있는 실체는 원자가 해체된 마지막 입자이다. 그리고 그 마지막 입자는 원자가 해체되는 마지막 순서에서 광자까지 해체된 것이다.

이 진실을 물리적 증거로 반론할 수 있는가?

⑤ 블랙홀에 질량이 있다는 것은 곧 그 질량이 되는 입자들이 있다는 것이다. 그리고 그 입자들은 원자가 해체되고, 중성자를 이루는 소립자(쿼크)들이 해체되고, 그 소립자들을 이루는 전자들이 해체되고, 그 전자를 이루는 중성미자들이 해체되고, 그 중성미자를 이루는 광자까지 해체되고 남은 마지막 입자들이다.
이 진실을 물리적 증거로 반론할 수 있는가?

⑥ 블랙홀에 광자까지 해체되고 남은 마지막 입자가 존재한다는 것을 부정한다면 이 질문에 대답해야 한다. 그럼 블랙홀의 밀도와 질량을 이루는 실체는 무엇인가?

18.

블랙홀 온도와 빅뱅 특이점의 모순

미국과 러시아 등의 국제연구진은 최첨단 과학기술 위성을 통해 신생은하의 핵인 블랙홀에서 방출되는 제트물질의 온도가 99조 9,999억℃ 정도 되는 것으로 확인했다.

위 이미지(나사 제공)는 블랙홀에서 물질이 방출되는 모습을 보여주고 있다.

위 사진의 러시아 위성(Spektr-R)이 블랙홀에서 방출되는 물질의
온도를 관측했다. 그런데 그 온도가 이론적 한계 온도인 1천억K(화
씨 약 1,790억 도, 섭씨 약 994억4,444만 도)를 훨씬 뛰어넘는 10조K(화
씨 약 180조 도, 섭씨 약 99조9,999억 도)나 되는 것으로 확인된 것이다.

이는 빅뱅 대폭발 당시의 온도를 훨씬 능가하는 온도이다. 빅뱅
론에 의하면 빅뱅 특이점이 폭발하고 1초 후의 온도가 1백억℃, 3
분 후의 온도가 10억℃였다고 한다. 블랙홀에서 방출되는 제트물질
의 온도는 빅뱅 특이점 폭발 당시 온도의 수만 배 이상이다. 당연
한 일이다. 빅뱅 특이점은 바늘구멍보다도 지극히 작은 반면에, 블
랙홀의 규모는 그 빅뱅 특이점에 비할 수 없이 엄청나게 크기 때문
이다. 별을 비롯한 천체들에서 온도는 곧 밀도이며, 그 밀도는 곧
질량이다. 그런즉, 빅뱅 특이점 폭발 당시의 온도가 블랙홀에서 방
출되는 물질의 온도보다 수만 배 이상 낮았다는 것은 곧 질량도 그

만큼 작았다는 것이다.

그럼 바늘구멍보다도 작았다는 빅뱅 특이점의 질량은 얼마나 될까?

활동은하의 중심 핵인 블랙홀에서는 한 해에만 수천 개의 태양을 만들어낼 수 있는 물질을 방출하기도 한다. 빅뱅 특이점의 질량으로는 우리가 밟고 있는 한 삽의 흙조차 만들 수 없다. 그 한 삽의 흙을 입자가 압축될 수 있는 마지막 한계까지 압축시켜도 빅뱅 특이점보다는 크다. 바로 이것이 현재 우리가 두 눈으로 똑똑히 보고 있는 우주의 진실이다. 현대 우주 과학이 밝혀낸 실제 진실인 것이다.

그런데 바늘구멍보다도 작았다는 그 특이점 진공의 질량으로 지구도 만들고, 태양도 만들고, 우주에 존재하는 1천억 개 이상의 은하들을 모두 만들었다고 하니 얼마나 황당한 주장인가?

⊞ 우주 진실을 밝히기 위한 질문사항

① 미국과 러시아 등의 연구진은 최첨단 과학기술 위성을 통해 신생은하 핵인 블랙홀에서 방출되는 제트물질의 온도가 99조9,999억℃ 정도 되는 것으로 확인했다. 이론적 한계 온도인 1천억K(화씨 약 1,790억 도, 섭씨 약 994억4,444만 도)를 훨씬 뛰어넘는 10조K(화씨 약 180조 도, 섭씨 약 99조 9,999억 도)나 되는 것으로 확인된 것이다.

이를 물리적 증거로 반론할 수 있는가?

② 빅뱅론에 의하면 빅뱅 특이점이 폭발하고 1초 후의 온도가 1백억℃, 3분

후의 온도가 10억℃였다고 한다. 그러니 블랙홀에서 방출되는 제트물질의 온도는 빅뱅 특이점 폭발 당시 온도의 수만 배 이상이다. 당연한 일이다. 빅뱅 특이점은 바늘구멍보다 작은 반면, 블랙홀의 규모는 그 빅뱅 특이점에 비할 수 없이 엄청나게 크기 때문이다.

이를 물리적 증거로 반론할 수 있는가?

③ 별이나 행성을 비롯한 천체들에서 온도는 곧 밀도이며, 그 밀도는 곧 질량이다. 빅뱅 특이점 폭발 당시의 온도가 블랙홀에서 방출되는 물질의 온도보다 수만 배 이상 낮았다는 것은 곧 밀도와 질량도 그만큼 작았다는 것이다.

그럼 바늘구멍보다도 작았다는 빅뱅 특이점이 폭발한 물질의 질량은 얼마나 될까?

활동은하의 중심 핵인 블랙홀에서는 한 해에만 수천 개의 태양을 만들어낼 수 있는 물질을 방출할 수 있다. 우주에 존재하는 그 수많은 블랙홀들의 규모와 질량은 모두 다르지만 1㎤당 180억 톤 정도의 밀도는 동일한 바, 진공이 압축될 수 있는 마지막 한계는 1㎤당 180억 톤 정도이다.

따라서 빅뱅 특이점의 질량으로는 우리가 밟고 있는 한 삽의 흙조차 만들 수 없다. 그 한 삽의 흙을 입자가 압축될 수 있는 마지막 한계까지 압축시켜도 빅뱅 특이점보다는 크다. 바로 이것이 현재 우리가 두 눈으로 똑똑히 보고 있는 우주의 진실이다. 즉, 현대 우주 과학이 밝혀낸 실제 진실인 것이다.

이를 물리적 증거로 반론할 수 있는가?

19.

원입자와 인공입자

우리 인류가 살고 있는 지구에서 땅의 밀도는 1㎤에 겨우 몇 그램 정도이지만, 우주에서 중성자별의 밀도는 1㎤당 10억 톤 정도에 이른다. 그 이유는 원자가 붕괴되고 원자 지름의 10만분의 1 정도로 작은 중성자들이 극단적으로 압축되었기 때문이다.

그리고 블랙홀의 밀도가 1㎤당 180억 톤 정도가 되는 이유는 그 중성자가 붕괴되는 과정에서 광자까지 완전히 해체되고 남은 마지막 입자인 원입자(원래부터 있던 입자)들이 극단적으로 압축되어 있기 때문이다. 그래서 블랙홀에는 빛이 존재하지 않으며, 그처럼 엄청난 밀도와 무게를 나타내는 것이다.

우주 진공 암흑에너지를 이루고 있는 원입자들이 결합하고 더해지며 진화된 것이 물질이다. 이 물질이 도로 붕괴·해체되면 결국 원입자가 남게 되는데, 이 원입자들이 극단적으로 압축된 진공이 바로 블랙홀인 것이다.

진공인력을 이용하여 부항치료를 하듯이, 원입자들이 극단적으로 압축된 블랙홀은 극단적인 인력을 나타내기도 한다. 이는 현대 우주과학기술로 관측되고 검증된 물리적 증거이다. 아울러 이 사실에 물리적 증거로 반론할 수 있는 과학자는 지구상에 존재하지 않는다.

진공뿐만 아니라 모든 물질의 바탕에는 원입자가 있다. 그래서 밀폐된 용기 안에서 공기분자를 모두 뽑아낸다 해도, 그 바탕이 되는 원입자들은 남는다. 아무리 철저하게 밀폐한 용기라 해도 원입자가 통과할 수 없는 물질은 존재하지 않기 때문에 원입자를 제거할 수는 없는 것이다. 우리가 숨을 쉬는 공기의 바탕에도 원입자가 존재한다.

원입자는 우주의 토양이다. 그래서 이 토양에 에너지라고 하는 씨앗을 심으면 그 씨앗대로 열매를 맺는다. 큰 에너지를 제공하면 큰 질량을 가진 입자로 나타나고, 작은 에너지를 제공하면 작은 질량을 가진 입자로 나타나는 것이다. 이는 입자가속기를 통해 수없이 확인된 진실이다.

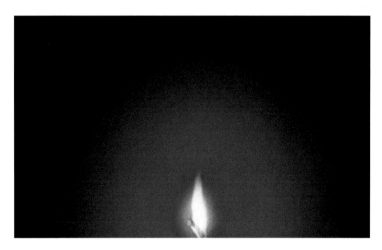

위 이미지처럼 캄캄한 방에서 촛불을 켜고 그 방 안 공기의 바탕을 이루고 있는 원입자들에 열에너지를 제공하면 그 에너지를 얻

은 원입자들이 결합하여 광자로 나타난다. 촛불 근처에는 열에너지가 많기 때문에 많은 광자들이 나타나고, 그 촛불로부터 멀어질수록 에너지가 점점 작아지기 때문에 그에 따라 광자들의 수도 적어진다. 따라서 촛불로부터 멀어질수록 점점 어두워진다. 불을 끄면 광자들도 에너지를 잃기 때문에 곧바로 해체되어 도로 원입자로 돌아간다. 따라서 다시 어두워지는 것이다.

촛불 앞에 장애물이 있으면 에너지 전달이 안 되기 때문에 그 장애물 뒤에 있는 원입자들은 에너지를 얻지 못하므로 서로 결합할 수가 없다. 즉, 광자가 될 수 없는 것이다. 그래서 장애물 뒤에는 그늘이 생긴다.

위 이미지는 빛과 그늘의 관계를 상징적으로 보여주고 있다. 그늘진 곳이 희미하게 보이는 것은 매우 적은 수의 광자들이 생겼기 때문이다. 반면에 촛불 주위에는 많은 광자들이 생겨 아주 밝게 보인다.

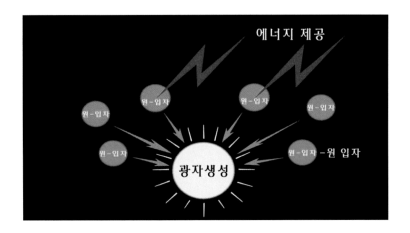

위 이미지는 에너지를 얻은 원입자들이 모여들며 결합하여 광자
가 되는 모습을 상징적으로 보여주고 있다. 이 광자가 에너지를 잃
으면 바로 해체되어 원입자로 돌아간다(빛은 여러 형태로 발생하지만,
여기서는 촛불에 의한 광자생성만 언급한다).

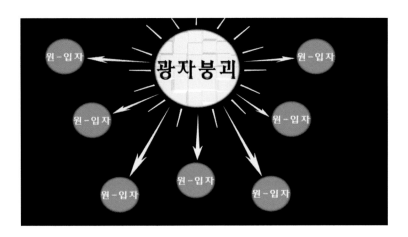

앞 이미지는 에너지를 잃은 광자가 해체되며 원입자로 돌아가는
모습을 상징적으로 보여주고 있다. 캄캄한 방 안을 밝히던 촛불이

꺼지는 동시에 어두워지는 이유는, 이처럼 에너지를 잃은 광자들이 해체되어 원입자로 돌아가기 때문이다. 불도 광자의 일종으로서 원입자들이 몰리며 결합하여 나타나는 현상이다.

양전기와 음전기가 충돌하는 것을 방전이라고 한다. 양전기선과 음전기선이 합선되면서 방전 에너지를 발생하면 역시 많은 원입자들이 몰리며 불꽃으로 나타난다. 그때 몰려든 원입자들이 공기분자를 팽창시키면서 순간적으로 진동현상이 일어난다. 그 진동이 '펑' 하는 소리로 들리는 것이다.

하늘의 번개도 역시 같은 현상이다. 번개도 양전기입자와 음전기입자들이 충돌하는 방전현상인데, 그때 많은 원입자들이 몰리며 불꽃으로 나타날 뿐만 아니라, 공기분자들을 극도로 팽창시키면서 하늘을 진동시킨다. 그 진동소리를 천둥 또는 우레라고 하는 것이다.

　위 사진과 같은 번개는 양전기입자와 음전기입자들이 충돌하는 방전현상인데 그때 많은 원입자들이 몰리며 불꽃으로 나타날 뿐만 아니라, 공기분자들을 극도로 팽창시키면서 하늘을 진동시키는 우레(굉음)을 낸다.

　태양의 중심부에서는 지속적으로 거대 질량의 수소폭탄이 폭발하고 있다. 수소의 핵융합이 바로 그것이다. 그 핵융합을 통해 단 1초 동안에 발생하는 폭발력은 미국이 9만 년 동안 쓸 수 있는 양에 버금가는 에너지를 생산해 내는 것으로 알려져 있다.

　중수소와 삼중수소가 핵융합을 하면 한 개의 헬륨 원자가 된다. 그렇게 두 개의 원자가 하나로 결합하면서 한 개의 원자가 차지했던 공간이 남게 된다.

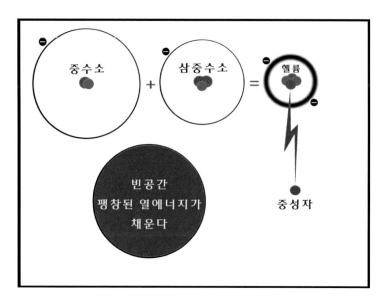

위 그림과 같이 핵융합을 통해 두 개의 원자가 합쳐져 하나가 되면서 빈 공간이 생기는데, 그 빈 공간은 팽창된 열에너지가 채운다. 원자는 대부분 빈 공간인데, 원자의 빈 공간이 축구장이라면 원자핵은 아주 작은 콩알 정도에 불과하다. 그리고 원자는 질량이 커질수록 그 빈 공간이 작아지기 때문에 핵융합을 통해 질량이 커질수록 그 빈 공간도 작아지게 된다. 그런즉, 축구장 규모의 수소가 핵융합을 하면 그 축구장의 절반 이상이 빈 공간이 되는 셈이다.

태양의 중심부에서는 1초 동안에 수백만 톤의 수소가 핵융합을 한다. 그 1초 동안에 만들어내는 에너지는 500만 톤 이상으로서, 이는 인류가 탄생한 이후에 사용한 에너지보다도 많은 양이다. 아울러 그 에너지만큼 많은 원입자들이 몰린다.

부항 항아리에 불을 붙이면 원입자들이 몰려들며 결합하여 광자 및 불 입자로 변환되어, 항아리 속의 공기분자들을 밀어내고 진공

상태로 만든다. 이처럼 태양 속에서는 엄청난 양의 에너지가 발생하는 만큼, 또 엄청난 양의 원입자들이 몰리며 열팽창에너지를 형성한다.

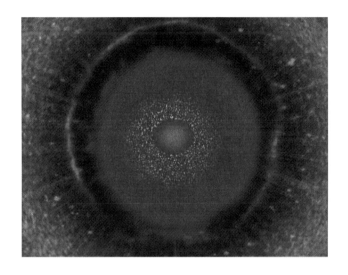

위 이미지는 태양의 중심부에 원입자들이 몰리며 열팽창에너지를 확장시키는 모습을 상징적으로 보여주고 있다. 태양의 중심부에서는 1초 동안에 수백만 톤의 수소가 핵융합을 하며, 두 개의 수소가 결합하여 수소 원자보다 부피가 작은 한 개의 헬륨 원자로 변환되지만 태양의 규모는 조금도 축소되지 않는다. 그 이유는 원입자들이 몰리며 열팽창에너지를 형성하기 때문이다. 그리고 그 열팽창에너지는 태양 표면의 약한 곳으로 분출되는데, 그것이 흑점폭발로 나타난다. 이는 지구에서 화산이 터지는 것과 비슷한 현상이라고 할 수 있다.

　위 이미지는 태양 표면에서 흑점폭발이 일어나는 모습이다. 태양의 중심부에는 중력과 열팽창에너지에 의해 원자껍데기가 붕괴되고 미처 핵융합을 이루지 못한 양성자, 중성자, 전자들이 많은데 그 입자들이 열팽창에너지에 떠밀려 태양 표면 밖으로 방출된다. 바로 이것이 태양풍이다.

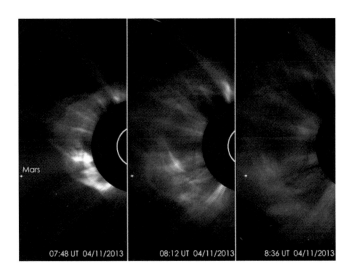

07:48 UT 04/11/2013   08:12 UT 04/11/2013   8:36 UT 04/11/2013

위 이미지는 태양폭풍이 분출되는 장면이다. 이 태양풍은 1~3일 정도면 지구까지 도착한다. 이처럼 태양은 엄청난 양의 에너지를 방출하지만 태양의 부피는 줄어들지 않는다. 역시 원입자들이 몰리며 열팽창에너지로 변환되어 태양의 부피를 유지해주기 때문이다.

하지만 이 과정이 오랜 세월 동안 계속되면서 열팽창에너지는 점점 더 커지는 한편, 태양과 같은 별의 껍데기는 얇아지게 된다. 핵융합을 통해 헬륨으로 이루어진 핵은 커지고, 부피(수소층)를 이루는 껍데기는 얇아지게 되는 것이다. 그리고 별의 수소층 껍데기가 내부의 열팽창에너지를 감당할 수 없는 한계에 이르면 원입자들로 이루어진 열팽창에너지에 떠밀려 부풀어오르면서 팽창하게 된다. 원입자들이 열에너지를 얻고 몰리면서 공기분자를 이루고 있는 원자를 팽창시키듯이 별도 팽창시킬 수 있는 것이다.

이처럼 원입자들로 이루어진 열팽창에너지에 의해 진화한 별을 적색거성이라고 한다.

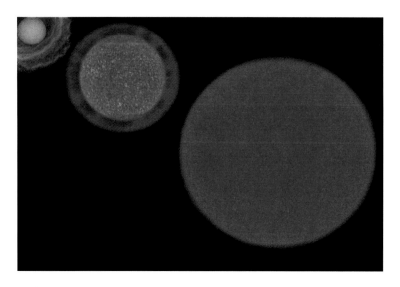

위 이미지는 원입자들로 이루어진 열팽창에너지에 떠밀려 별이
부풀어오르며 팽창하는 모습을 상징적으로 보여주고 있다. 이처럼
원입자는 에너지의 근원이다.

원입자는 에너지가 있는 곳에 몰리며 다양한 형태로 나타나는
데, 에너지를 얻은 만큼 결합하며 그 에너지 값에 해당하는 질량
을 가지고 나타나기도 한다. 이는 빅뱅론이나 양자론 같은 추상적
이론이 아니라, 현대우주과학기술로 밝혀지고 검증된 물리적 증거
이다.

냄비에 물을 끓이면 원입자들이 몰려들며 물 분자를 이루고 있
는 원자들을 팽창시킨다. 그래서 물이 부글부글 끓는 현상으로 나
타나고, 또 증기로 나타난다. 이 원리를 이용하여 증기기관차도 달
리게 한다. 이처럼 원입자는 동력의 원천이다.

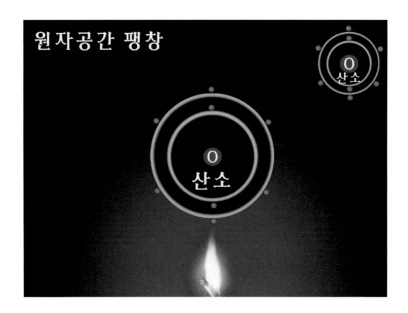

위 이미지에서 보는 것처럼 원입자는 열에너지가 있는 곳에 몰리며 원자들을 팽창시킨다. 이 이미지는 촛불의 열에너지가 발생한 곳에 몰려든 원입자에 의해 팽창된 산소원자와, 그 에너지를 얻지 못하고 팽창되지 않은 산소원자를 상징적으로 비교하여 보여주고 있다.

이 원리를 이용하여 열기구를 하늘에 띄우기도 한다. 원입자에 의해 팽창된 공기분자들이 열기구를 하늘에 띄우는 것이다.

　위 사진과 같이 원입자에 의해 팽창된 공기분자들이 열기구를
하늘로 띄우는 것이다. 불을 피워 공기분자들을 팽창시켜서 열기
구를 하늘에 띄우는 것이다.

　뜨거운 물을 유리병에 가득 채우고 뚜껑으로 봉인한 후에 식히
면 물이 줄어드는 것을 확인할 수 있다. 물이 증기로 날아갈 수 없
도록 뚜껑을 봉인했는데도 말이다.

　이는 물 분자를 이루는 원자들을 팽창시켰던 원입자들이 열에너
지를 잃으면서 도로 빠져나갔기 때문이다. 원입자는 가장 작은 입
자이기 때문에 바람이 그물을 통과하듯이 유리벽도 그냥 통과할
수 있다. 중성미자는 우리 인체를 그냥 통과하는데, 원입자는 그
중성미자보다도 훨씬 더 작은 입자인 것이다.

　10kg 이상의 뜨거운 물을 큰 통에 넣고 봉인한 후에 식히면 부피
가 줄어드는 것과 함께 약간의 질량무게도 작아진 것을 확인할 수

있다. 이는 물 분자를 이루고 있는 원자들을 팽창시켰던 원입자들이 열에너지를 잃으며 도로 빠져나갔기 때문이다. 이때 원입자들이 몰려든 부피와 질량은 물의 양과 온도에 비례한다. 물이 뜨거울수록 많은 원입자들이 몰려들기 때문이다.

한국석유관리원 실험 결과를 보면, 온도가 1℃ 오를 때마다 휘발유의 부피가 0.11%씩 팽창한다. 온도가 오르는 만큼 원입자들이 몰리며 부피를 팽창시키는 것이다. 그래서 온도가 낮은 아침에 주유하면 기름을 조금 더 넣는 것과 같은 효과가 발생한다.

원입자는 질량의 근원이 된다. 지금 이 순간에도 지구 대기권으로 끊임없이 쏟아지는 우주입자들은 산소, 질소 원자들과 충돌하고, 그 충돌 에너지를 얻은 원입자들이 결합하여 새로운 입자로 나타난다. 그리고 그 에너지를 잃는 동시에 해체되어 원입자로 돌아간다. 순식간에 나타났다가 사라지는 것이다.

입자가속기의 진공을 이루는 원입자에도 인공적으로 생성된 에너지 씨앗을 뿌리면 원입자는 그 씨앗대로 열매를 맺는다. 큰 에너지를 가진 씨앗이면 큰 질량을 가진 열매를 맺고, 작은 에너지를 가진 씨앗이면 작은 질량을 가진 열매를 맺는 것이다.

즉, 입자들이 충돌하며 발생하는 에너지는 곧 씨앗이 되어 원입자로 이루어진 토양에 뿌려지고, 원입자들은 그 에너지만큼의 질량을 가진 입자로 변환되어 나타나는 것이다.

하지만 이 진실을 깨닫지 못한 물리학자들은 계속해서 새로운 입자를 찾아 헤맸다. 1950년대에는 새로운 입자가 발견될 때마다 큰 화제가 되었다. 당시 과학자들은 우주의 토양인 원입자의 존재를 몰랐기 때문에 그와 같은 현상이 큰 화제가 되었던 것이다.

1960년대에는 '입자동물원'이라는 말이 생길 정도로 많은 입자들이 발견되었다. 그 입자들은 에너지를 얻은 원입자들이 결합하여 순식간에 나타난 입자들로서, 그 에너지를 잃는 동시에 바로 해체되며 사라져버렸다.

인간의 기술로 만들 수 있는 진공의 한계는 1㎤ 속에 기체 분자가 3만 개 있는 정도이다. 아울러 우리가 보통 진공이라고 생각하는 1㎤ 공간에는 약 30조 개의 기체 분자가 있다.

공기 1㎤ 속에는 3천경 개에 이르는 기체 분자가 있는데, 인간의 능력으로는 그 공기를 우주와 같은 완전한 진공상태로 만들 수 없는 것이다.

인간의 가상시나리오에 의해 인공입자들을 만든 입자가속기의 내부도 우주환경과 같은 완전한 진공은 아니다. 그리고 설사 완전한 진공으로 만들 수 있다고 해도, 그 속에서 원입자마저 제거할 수는 없다. 원입자는 우주에서 가장 작은 최소 입자로서, 마치 바람이 그물을 그냥 지나가듯이 어떤 물질도 통과할 수 있기 때문이다. 또한 진공 자체가 원입자로 이루어져 있으므로, 그 진공 속에서 원입자를 제거할 수는 없다.

그런즉, 입자가속기의 진공에 어떤 에너지를 제공하면 그 에너지를 얻은 원입자들이 결합하여 상대성원리에 따른 입자의 모양으로 나타난다. 그리고 에너지를 얻은 만큼의 질량을 나타낸다.

예를 들어 입자가속기의 진공 속에서 인공적으로 가공된 음(-)전자와 양(+)전자가 충돌·방전하면 그 전자를 이루고 있는 중성미자와 광자들은 산산이 붕괴·해체되며 사라진다. 그리고 그 전자의 수천 배 이상의 질량을 가진 입자가 순간적으로 나타난다.

그럼 그 입자는 어떻게 생겨나고 또 그 질량은 어디서 어떻게 얻은 것인가?

수사학적 관점에서 입자가속기의 진공 속에 무엇이 있고, 거기에서 무슨 일이 발생했는가에 대한 상황을 살펴보자.

첫째, 진공 속에는 원입자라고 하는 재료가 있다. 이 재료는 스스로 무엇이 되지 못한다. 하지만 상대성에 따라 절대적으로 반응하며, 에너지를 얻으면 그 상대성에 따라 무엇이 되어 나타난다.

둘째, 진공 속에 고에너지로 가속된 입자들이 충돌하며 에너지가 제공되었다.

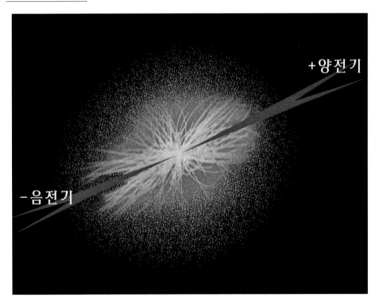

위 이미지에서 보여주는 것처럼 입자가속기의 진공에서 인공적으로 가속된 입자가 충돌·방전하며 에너지를 발생하면 많은 원입

자들이 모여들며 결합한다. 그리고 그 입자들은 자기가 얻은 에너지 값에 따라 질량을 나타낸다. 때문에 입자가속기에서 입자들이 충돌할 때 발생하는 에너지가 크면 그 질량만큼 큰 질량의 입자들이 생겨나고, 그 에너지가 작으면 작은 질량의 입자들이 생겨난다.

위 이미지는 에너지를 얻은 원입자들이 모여 결합하며 압축된 질량을 형성하는 모습을 상징적으로 보여주고 있다. 하지만 이 입자들은 에너지를 잃는 동시에 바로 해체된다.

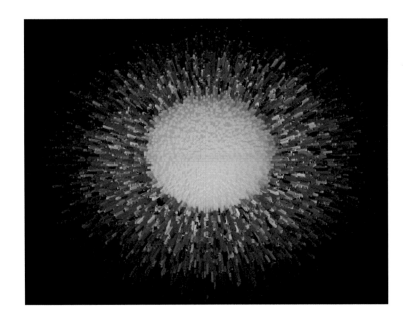

위 이미지는 에너지를 잃은 입자가 도로 붕괴되며 원입자로 돌아가는 모습을 상징적으로 보여주고 있다. 이처럼 입자가속기에서 인공적으로 생성된 입자는 순식간에 나타났다가 해체되며 진공 속으로 사라진다. 즉, 그 진공을 이루는 원입자로 돌아간다.

분명한 사실은 그 입자가속기에 에너지 씨앗을 심지 않으면 그어떤 입자도 생겨날 수 없다는 것이다. 땅에 콩이나 팥과 같은 씨앗을 심지 않으면 절대로 그 싹이 나올 수 없듯이, 그 입자가속기진공에도 에너지를 제공하지 않으면 절대로 그 입자들이 생겨날수 없다. 이것이 입자가속기의 진실이다. 그런즉, 입자가속기의 진공을 이루고 있는 원입자들에 고에너지로 가속된 입자들이 충돌하며 발생한 에너지가 제공되었고, 그에 따라 가속기에서 충돌한 입자의 수천 배가 되는 질량을 가진 입자가 순간적으로 나타났다가사라졌다. 10억분의 1초도 안 되는 매우 짧은 순간에 나타났다가

시리진 것이다.

그럼 이처럼 순간적으로 나타났다가 사라진 입자의 정체는 무엇인가?

현대물리학의 기본 개념인 에너지질량보존의 법칙으로 고찰할 때, 입자가속기의 진공 속에 제공된 에너지는 원입자들을 결합시켜 원자핵보다 더 큰 질량을 가진 입자를 순간적으로 만들어냈다. 그 '인공입자'를 만드는 데 참여한 존재들을 살펴보면 진실은 더욱 명백해진다.

예를 들어 시신이 발견된 사건현장에 피 묻은 칼이 있고, 그 장소에 다른 한 사람이 있었다. 그 경우 피 묻은 칼의 지문을 확인해 보고, 그 장소에 설치된 CCTV까지 확인해 보면 범인을 확인하는 것은 어렵지 않다.

마찬가지로 그 '순간입자'가 나타났다가 사라진 현장에 원입자라고 하는 재료가 있었고 고에너지로 가속된 입자들의 강력한 충돌이 있었던 것이다. 따라서 그 순간입자가 생성되는 데에는 원입자, 가속입자, 충돌에너지가 참여했다고 할 수 있다. 그 셋 중에 어느 하나만 빠져도 그 입자는 생겨날 수 없는 것이다.

이는 현대과학기술이 밝혀내고 검증한 진실이다. 원입자, 가속입자, 충돌에너지가 그 인공입자를 찰나의 순간에 잠시 만들어낸 것이다.

그렇게 만들어진 입자들에는 원자핵인 양성자의 질량보다 100배 이상이나 훨씬 더 무거운 입자도 있고, 금 원자만큼이나 무거운 질량을 가진 입자도 있다.

물리학자들은 그 입자들이 우주물질을 만든 기본입자들이라고 주장한다. 그런데 그 입자들로 이루어진 물질이 어디에 있는가 물으면 대답해주지 않는다. 우주 어디에도 그 입자들로 이루어진 물질은 존재하지 않는 것이다.

그 입자들이 원자핵보다도 무거운 질량을 어디서 얻었냐고 물어도, 그들은 대답해주지 않는다. 분명 그 입자들은 인공적으로 가속된 입자들과 원입자라는 재료를 가지고 충돌에너지로 만들어졌는데, 불 보듯이 뻔한 이 진실을 대답하지 못하는 것이다.

그리고 아무런 근거도 없이 그 입자들이 우주물질을 구성하는 기본입자라는 거짓말만 계속 되풀이한다. 우주의 모든 물질을 구성하는 원자에는 그 입자들이 존재하지 않는데도, 같은 거짓말만 계속 반복하고 있다. 정작 그 입자들로 이루어진 물질은 우주 어디에도 존재하지 않는데 말이다. 분명 입자가속기는 진실을 말하고 있는데 그들이 왜곡하여 거짓말을 생산하고 있는 것이다.

그래도 사람들은 그 거짓말에 환호하며 호들갑을 떤다. 그들은 과학자들이기 때문에 팥으로 메주를 쑨다고 해도 곧이곧대로 믿고 찬양하는 것이다. 그 순진무구한 성원에 힘을 얻어 그들은 또 한 번의 기적을 이루었다.

입자가속기에서 똑같은 방법으로 또 하나의 '순간입자'를 만들어 놓고, 이번에는 그 입자를 우주에 모든 질량을 부여한 '신의 입자'라고 추켜세운 것이다. 그 입자가 오늘의 우주를 만든 창조주라는 것이다.

진흙으로 조각을 만들어 놓고 신이라고 하듯이 말이다. 그러자 사람들은 더 크게 환호하며 호들갑을 떨어댔다. 그 열광 속에 가짜 '신의 입자'를 만들어낸 장본인은, 만면에 환한 미소를 지으며 샴페인을 터뜨렸다.

땅이 진실하듯이 입자가속기도 진실하다. 그런데 인간이 거짓말을 만들어내고 있다.

우주 진실을 밝히기 위한 질문사항

① 우리 인류가 살고 있는 지구에서 땅의 밀도는 1㎤에 겨우 몇 그램 정도이지만, 우주에서 중성자별의 밀도는 1㎤당 10억 톤 정도에 이른다. 그 이유는 원자가 붕괴되고 원자 지름의 10만분의 1정도로 작은 중성자들이 극단적으로 압축되었기 때문이다.

그리고 블랙홀의 밀도가 1㎤당 180억 톤 정도가 되는 이유는 그 중성자가 붕괴되는 과정에서 광자까지 완전히 해체되고 남은 마지막 입자인 원입자(원래부터 있던 입자)들이 극단적으로 압축되어 있기 때문이다. 그래서 블랙홀에는 빛이 존재하지 않으며, 그처럼 엄청난 밀도와 무게를 나타내는 것이다.

이 진실을 물리적 증거로 반론할 수 있는가?

② 우주 진공 암흑에너지를 이루고 있는 원입자들이 결합하고 더해지며 진화된 것이 물질이다. 이 물질이 도로 붕괴·해체되면 결국 원입자가 남게 되는데, 이 원입자들이 극단적으로 압축된 진공이 바로 블랙홀인 것이다.

이 진실을 물리적 증거로 반론할 수 있는가?

③ 우주에는 블랙홀이라는 압축된 진공과 암흑에너지라고 하는 압축되지 않은 자연 상태의 진공이 존재한다.

이 진실을 물리적 증거로 반론할 수 있는가?

④ 블랙홀은 원입자들이 극단적으로 압축된 진공이고, 우주 진공 암흑에너지는 원입자들이 압축되지 않은 자연 상태의 진공이다.

이 진실을 물리적 증거로 반론할 수 있는가?

⑤ 진공인력을 이용하여 부항치료를 하듯이, 원입자들이 극단적으로 압축된 블랙홀은 극단적인 인력을 나타내기도 한다. 이는 현대우주과학기술로 관측되고 검증된 물리적 증거이다. 아울러 이 사실에 물리적 증거로 반론할 수 있는 과학자는 지구상에 존재하지 않는다.

이 진실을 물리적 증거로 반론할 수 있는가?

⑥ 진공뿐만 아니라 모든 물질의 바탕에는 원입자가 있다. 그래서 밀폐된 용기 안에서 공기분자를 모두 뽑아낸다 해도, 그 바탕이 되는 원입자는 남는다. 아무리 철저하게 밀폐한 용기라 해도 원입자가 통과할 수 없는 물질은 존재하지 않기 때문에, 원입자를 제거할 수는 없는 것이다. 그러니까 우리가 숨을 쉬는 공기의 바탕에도 원입자가 존재한다.

이 진실을 물리적 증거로 반론할 수 있는가?

⑦ 캄캄한 방에서 촛불을 켜고 그 방 안 공기의 바탕을 이루고 있는 원입자들에 열에너지를 제공하면, 그 에너지를 얻은 원입자들이 결합하여 광자로 나타난다. 촛불 근처에는 열에너지가 많기 때문에 많은 광자들이 나타나고, 그 촛불로부터 멀어질수록 에너지가 점점 작아지기 때문에 그에 따라 광자들의 수도 적어진다. 따라서 촛불로부터 멀어질수록 점점 어두워진다. 불을 끄면 광자들도 에너지를 잃기 때문에 곧바로 해체되

어 도로 윈입자로 돌아간다. 때문에 다시 어두워지는 것이다.

촛불 앞에 장애물이 있으면 에너지 전달이 안 되기 때문에, 그 장애물 뒤에 있는 윈입자들은 에너지를 얻지 못하므로 서로 결합할 수가 없다. 즉, 광자가 될 수 없는 것이다. 그래서 장애물 뒤에는 그늘이 생긴다.

이 진실을 물리적 증거로 반론할 수 있는가?

⑧ 양전기와 음전기가 충돌하는 것을 방전이라고 한다. 양전기선과 음전기 선이 합선되면서 방전 에너지를 발생하면 역시 많은 윈입자들이 몰리며 불꽃으로 나타난다. 그때 몰려든 윈입자들이 공기분자를 팽창시키면서 순간적으로 진동현상이 일어난다. 그 진동이 '펑' 하는 소리로 들리는 것이다.

하늘의 번개도 역시 같은 현상이다. 번개도 양전기입자와 음전기입자들 이 충돌하는 방전현상인데, 그때 많은 윈입자들이 몰리며 불꽃으로 나 타날 뿐만 아니라, 공기분자들을 극도로 팽창시키면서 하늘을 진동시킨 다. 그 진동소리를 천둥 또는 우레라고 하는 것이다.

이 진실을 물리적 증거로 반론할 수 있는가?

⑨ 태양의 중심부에서는 지속적으로 거대 질량의 수소폭탄이 폭발하고 있 다. 수소의 핵융합이 바로 그것이다. 중수소와 삼중수소가 핵융합을 하 면 한 개의 헬륨 원자가 된다. 그렇게 두 개의 원자가 하나로 결합하면 서, 한 개의 원자가 차지했던 공간이 남게 된다.

그 빈 공간은 팽창된 열에너지가 채운다. 원자는 대부분 빈 공간인데, 원자의 빈 공간이 축구장이라면 원자핵은 아주 작은 콩알 정도에 불과 하다. 그리고 원자는 질량이 커질수록 그 빈 공간이 작아지기 때문에 핵 융합을 통해 질량이 커질수록 그 빈 공간도 작아지게 된다. 그런즉, 축구장 규모의 수소가 핵융합을 하면 그 축구장의 절반 이상이 빈 공간이 되는 셈이다.

태양의 중심부에서는 1초 동안에 수백만 톤의 수소가 핵융합을 한다. 그 1초 동안에 만들어내는 에너지는 500만 톤 이상으로서, 이는 인류가 탄생한 이후에 사용한 에너지보다도 많은 양이다. 아울러 그 에너지만큼 많은 원입자들이 몰린다.

부항 항아리에 불을 붙이면 원입자들이 몰려들며 결합하여 광자 및 불입자로 변환되어, 항아리 속의 공기분자들을 밀어내고 진공상태로 만든다.

이처럼 태양 속에서는 엄청난 양의 에너지가 발생하는 만큼, 또 엄청난 양의 원입자들이 몰리며 열팽창에너지를 형성한다.

이 진실을 물리적 증거로 반론할 수 있는가?

⑩ 태양의 중심부에서는 1초 동안에 수백만 톤의 수소가 핵융합을 하며, 두 개의 수소가 결합하여 수소 원자보다 부피가 작은 한 개의 헬륨 원자로 변환되지만, 태양의 규모는 조금도 축소되지 않는다. 그 이유는 원입자들이 몰리며 열팽창에너지를 형성하기 때문이다.

이 진실을 물리적 증거로 반론할 수 있는가?

⑪ 태양의 중심부에는 중력과 열팽창에너지에 의해 원자 껍데기가 붕괴되고 미처 핵융합을 이루지 못한 양성자와 전자들이 많은데 그 입자들이 열팽창에너지에 떠밀려 태양 표면 밖으로 방출된다. 바로 이것이 태양풍이다.

이처럼 태양은 엄청난 양의 에너지를 방출하지만, 태양의 부피는 줄어들지 않는다. 역시 원입자들이 몰리며 열팽창에너지로 변환되어 태양의 부피를 유지해주기 때문이다.

이 진실을 물리적 증거로 반론할 수 있는가?

⑫ 오랜 세월 동안 열팽창에너지는 점점 더 커지는 한편, 태양과 같은 별
의 껍데기는 얇아지게 된다. 핵융합을 통해 헬륨으로 이루어진 핵은 커
지고, 부피(수소층)를 이루는 껍데기는 얇아지게 되는 것이다. 그리고 별
의 수소층 껍데기가 내부의 열팽창에너지를 감당할 수 없는 한계에 이
르면 원입자들로 이루어진 열팽창에너지에 떠밀려 부풀어오르면서 팽
창하게 된다. 원입자들이 열에너지를 얻고 몰리면서 공기분자를 이루고
있는 원자를 팽창시키듯이, 별도 팽창시킬 수 있는 것이다. 이처럼 원입
자는 에너지의 근원이다. 현대우주과학기술로 밝혀지고 검증된 물리적
증거이다.

이 진실을 물리적 증거로 반론할 수 있는가?

⑬ 냄비에 물을 끓이면 원입자들이 몰려들며 물 분자를 이루고 있는 원자
들을 팽창시킨다. 그래서 물이 부글부글 끓는 현상으로 나타나고, 또 증
기로 나타난다. 이 원리를 이용하여 증기기관차도 달리게 하며, 열기구
를 하늘에 띄우기도 한다. 즉, 원입자에 의해 팽창된 공기분자들이 열기
구를 하늘에 띄우는 것이다. 이처럼 원입자는 동력의 원천이다.

이 진실을 물리적 증거로 반론할 수 있는가?

⑭ 뜨거운 물을 유리병에 가득 채우고 뚜껑으로 봉인한 후에 식히면 물이
줄어드는 것을 확인할 수 있다. 물이 증기로 날아갈 수 없도록 뚜껑을
봉인했는데도 말이다.

이는 물 분자를 이루는 원자들을 팽창시켰던 원입자들이 열에너지를 잃

으면서 도로 빠져나갔기 때문이다. 원입자는 가장 작은 입자이기 때문에 바람이 그물을 통과하듯이 유리벽도 그냥 통과할 수 있다. 중성미자는 우리 인체를 그냥 통과하는데, 원입자는 그 중성미자보다도 훨씬 더 작은 입자인 것이다.

이 진실을 물리적 증거로 반론할 수 있는가?

⑮ 10kg 이상의 뜨거운 물을 큰 통에 넣고 봉인한 후에 식히면 부피가 줄어드는 것과 함께 약간의 질량무게도 작아진 것을 확인할 수 있다. 이는 물 분자를 이루고 있는 원자들을 팽창시켰던 원입자들이 열에너지를 잃으며 도로 빠져나갔기 때문이다. 이때 원입자들이 몰려든 부피와 질량은 물의 양과 온도에 비례한다. 물이 뜨거울수록 많은 원입자들이 몰려들기 때문이다.

한국석유관리원 실험 결과를 보면, 온도가 1℃ 오를 때마다 휘발유의 부피가 0.11%씩 팽창한다. 온도가 오르는 만큼 원입자들이 몰리며 부피를 팽창시키는 것이다.

그래서 온도가 낮은 아침에 주유하면 기름을 조금 더 넣는 것과 같은 효과가 발생한다. 그런즉, 원입자는 질량의 근원이 된다.

이 진실을 물리적 증거로 반론할 수 있는가?

⑯ 지금 이 순간에도 지구 대기권으로 끊임없이 쏟아지는 우주입자들은 산소, 질소 원자들과 충돌하고 그 충돌 에너지를 얻은 원입자들이 결합하여 새로운 입자로 나타난다. 그리고 그 에너지를 잃는 동시에 해체되어 원입자로 돌아간다. 순식간에 나타났다가 사라지는 것이다.

입자가속기의 진공을 이루는 원입자에도 인공적으로 생성된 에너지 씨앗을 뿌리면 원입자는 그 씨앗대로 열매를 맺는다. 큰 에너지를 가진 씨앗이면 큰 질량을 가진 열매를 맺고, 작은 에너지를 가진 씨앗이면 작은 질량을 가진 열매를 맺는 것이다. 즉, 입자들이 충돌하며 발생하는 에너지는 곧 씨앗이 되어 원입자들로 이루어진 토양에 뿌려지고, 원입자들은 그 에너지만큼의 질량을 가진 입자로 변환되어 나타나는 것이다.

이 진실을 물리적 증거로 반론할 수 있는가?

⑰ 인간의 기술로 만들 수 있는 진공의 한계는 1㎤ 속에 기체 분자가 3만 개 있는 정도이다. 아울러 우리가 보통 진공이라고 생각하는 1㎤ 공간에는 약 30조 개의 기체 분자가 있다. 공기 1㎤ 속에는 3천경 개에 이르는 기체 분자가 있는데, 인간의 능력으로는 그 공기를 우주와 같은 완전한 진공상태로 만들 수 없는 것이다.

인간의 가상시나리오에 의해 인공입자들을 만든 입자가속기의 내부도 우주환경과 같은 완전한 진공은 아니다. 그리고 설사 완전한 진공으로 만들 수 있다고 해도 그 속에서 원입자마저 제거할 수는 없다. 원입자는 우주에서 가장 작은 최소 입자로서, 마치 바람이 그물을 그냥 지나가듯이 어떤 물질도 통과할 수 있기 때문이다. 또한 진공 자체가 원입자로 이루어져 있으므로, 그 진공 속에서 원입자를 제거할 수는 없다.

이 진실을 물리적 증거로 반론할 수 있는가?

⑱ 입자가속기의 진공 속에서 인공적으로 가공된 음(-)전자와 양(+)전자가 충돌·방전하면 그 전자를 이루고 있는 중성미자와 광자들은 산산이 붕괴·해체되며 사라진다. 그리고 그 전자의 수천 배 이상의 질량을 가진 입자가 순간적으로 나타난다.

그럼 그 입자는 어떻게 생겨나고 또 그 질량은 어디서 어떻게 얻은 것인가?

수사학적 관점에서 입자가속기의 진공 속에 무엇이 있고, 거기에서 무슨 일이 발생했는가에 대한 상황을 살펴보자.

첫째, 진공 속에는 원입자라고 하는 재료가 있다. 이 재료는 스스로 무엇이 되지 못한다. 하지만 상대성에 따라 절대적으로 반응하며, 에너지를 얻으면 그 상대성에 따라 무엇이 되어 나타난다.

둘째, 진공 속에 고에너지로 가속된 입자들이 충돌하며 에너지가 제공되었다.

이처럼 입자가속기의 진공에서 인공적으로 가속된 입자가 충돌·방전하며 에너지를 발생하면 많은 원입자들이 모여들며 결합한다. 그리고 그 입자들은 자기가 얻은 에너지 값에 따라 질량을 나타낸다. 때문에 입자가속기에서 입자들이 충돌할 때 발생하는 에너지가 크면 그 질량만큼 큰 질량의 입자들이 생겨나고, 그 에너지가 작으면 작은 질량의 입자들이 생겨난다.

이 진실을 물리적 증거로 반론할 수 있는가?

⑲ 현대물리학의 기본 개념인 에너지질량보존의 법칙으로 고찰할 때, 입자가속기의 진공 속에 제공된 에너지는 원입자를 결합시켜 원자핵보다 더 큰 질량을 가진 입자를 순간적으로 만들어냈다. 과학의 냉철한 고찰과 이성을 기반으로 판단해 보아도, 이것은 분명한 진실이다. 그 '인공입자'를 만드는데 참여한 존재들을 살펴보면 진실은 더욱 명백해진다.

예를 들어 시신이 발견된 사건현장에 피 묻은 칼이 있고, 그 장소에 다른 한 사람이 있었다. 그 경우 피 묻은 칼의 지문을 확인해 보고, 그 장소에 설치된 CCTV까지 확인해 보면 범인을 확인하는 것은 어렵지 않다.

마찬가지로 그 '순간입자'가 나타났다가 사라진 현장에 원입자라고 하는 재료가 있었고 고에너지로 가속된 입자들의 강력한 충돌이 있었던 것이다. 따라서 그 '순간입자'가 생성되는 데에는 원입자, 가속입자, 충돌에너지가 참여했다고 할 수 있다. 그 셋 중에 어느 하나만 빠져도 그 입자는 생겨날 수 없는 것이다.

땅이 진실하듯이 입자가속기도 진실하다. 그런데 인간이 거짓말을 만들어내고 있다.

이 진실을 물리적 증거로 반론할 수 있는가?

⑳ 힉스입자가 생겨난 곳이 입자가속기의 진공 속이란 사실을 부인할 수 있는가?

㉑ 입자가속기의 진공을 이루는 원입자, 고에너지로 가속되어 그 진공 속에 침투한 입자, 그 가속입자들의 충돌로 발생한 에너지가 그 힉스입자를 만들었다는 진실을 부인할 수 있는가?

㉒ 진흙으로 조각을 만들어 놓고 신으로 섬기는 것과, 진공 속에서 인공적으로 힉스입자를 만들어 놓고 '신의 입자'로 숭배하는 것이 무엇이 다른가?

㉓ 힉스입자는 원자핵보다 무거운 질량을 어디서 얻었는가?

㉔ 만약 오늘의 우주에 존재하는 총질량을 가진 그 힉스입자가 빅뱅 전에 존재했다면 엄청난 중력이 형성될 것이고, 그 중력 속에서는 전체 질량에 비례하여 엄청난 규모의 블랙홀이 생길 텐데, 과연 거기서 우주가 탄생할 수 있는가?

20.
표준모형의 허구

스티븐 와인버그는 힉스입자 메커니즘을 설명하기 위한 연구를 진행하던 중에 표준모형을 완성하고, 그 공로로 1979년 노벨 물리학상을 수상했다. 그래서 그는 표준모형의 아버지로 불리기도 한다. 그는 빅뱅 최초의 3분 동안 우주물질이 모두 만들어졌다는 '최초의 3분' 시나리오의 저자이기도 하다. 그가 완성한 표준모형이란 우주만물이 표준모형에 속하는 17개의 입자로 구성되어 있다는 것이다.

과학자들은 그 표준모형을 설명하기 위해 인공입자들을 만들어내기 시작했다. 입자가속기에서 20~60억eV(전자볼트 : 에너지의 단위)의 에너지를 가질 때까지 인공적으로 가속된 전자와 양전자를 충돌·방전시키면 그 전자들이 붕괴되며 사라진다. 그런데 그 전자의 2천 배 이상 질량을 가진 입자가 나타났다. 전자들이 충돌하며 방전할 때 발생하는 에너지를 얻은 원입자들이 결합하며 그 에너지 값에 해당한 질량을 가진 입자로 나타났다가 에너지를 잃는 동시에 도로 해체되며 사라진 것이다.

전기선을 합선·방전시키면 불꽃이 튀며 '펑' 하는 소리가 난다. 그 방전 전력의 세기가 클수록 큰 불꽃이 튀며 '펑' 하는 소리도 커진다.

천둥번개도 방전현상의 하나이다. 그 방전에너지기 발생하면 원입자들이 몰리며 하늘을 가르는 번갯불로 나타나고, 또 공기분자를 팽창시키며 하늘을 진동하는 것이다.

이와 마찬가지로 입자가속기의 진공에서 인공적으로 가속된 전자와 양전자를 충돌·방전시키면 원입자들이 몰리며 결합하여 그 방전에너지 값에 해당한 질량을 가진 입자로 나타났다가 순식간에 사라지는 것이다.

즉, 충돌한 전자는 붕괴되어 사라지고, 그 전자의 2천 배 이상 질량을 가진 입자가 순식간에 나타났다가 사라지는 것이다. 과학자들은 그 입자를 참쿼크라고 부르며, 표준모형에 속하는 기본입자라고 한다.

물리학자들은 표준모형을 완성하기 위해, 인공쿼크들을 연이어 만들어내면서 최종적으로 톱쿼크라고 하는 가상입자를 만들어냈다. 그 톱쿼크를 가상입자라고 하는 것은 인간의 가상이 만들어낸 입자로서 현실에는 존재하지 않기 때문이다.

처음에 물리학자들은 톱쿼크의 질량이 바닥쿼크 질량의 3배인 약 150억eV 정도는 되어야 한다고 추측했다가, 그 가상입자를 찾기 위한 노력이 실패에 실패를 거듭하자 그 가상입자의 질량이 280억eV 보다는 커야 한다는 것으로 수정하였고, 그러고도 실패에 실패를 거듭하자 또 그 가상입자의 질량이 410억eV 이상 되어야 한다며 수정하였다. 그러고도 실패에 실패를 거듭하자 또 그 가상입자의 질량이 690억eV 이상 되어야 한다는 것으로 수정하였고, 그러고도 실패에 실패를 거듭하자 또 그 가상입자의 질량이 890억eV 정도 이상 되어야 한다는 것으로 수정에 수정을 거듭하였다.

그리고 1994년에 이르러 질량이 무려 1,740억eV(174GeV)에 이르는 무거운 인공입자가 나타났고 결국 그 입자를 톱쿼크라고 명명했다. 그 톱쿼크의 질량은 금 원자의 무게와 맞먹는다. 하지만 금에는 톱쿼크가 존재하지 않는다.

우주 어디에도 톱쿼크로 이루어진 물질은 존재하지 않는다. 우주에서 가장 큰 에너지와 질량을 가진 블랙홀에도 톱쿼크는 존재하지 않는다. 그 톱쿼크는 오로지 입자가속기 안에서, 인간에 의해 인공적으로 만들어진 가상입자일 뿐이다.

그런데 실패에 실패를 거듭하고 수정에 수정을 거듭하며 인공적으로 만들어낸 그 가상입자를, 우주물질을 이루는 표준모형의 기본입자라고 거짓말을 한다. 그 입자가 입자가속기에서 방금 생성되었는데 138억 년 전에 생겨났다고 속인다. 분명한 진실은 입자가속기의 진공에 입자의 충돌과 같은 에너지를 제공하지 않으면 그 인공입자들은 생겨날 수 없다는 것이다.

입자가속기 진공에서 새로운 입자들이 생겨나는 동기는 인간의 의도에서 시작된다. 즉, 인간이 의도하지 않으면 입자가속기에서는 그 입자들이 생겨날 수가 없다. 그 입자들은 인공적 고에너지에 의해서 만들어진다. 인공적으로 가공된 입자의 충돌에서 발생하는 에너지에 의해 그 입자들이 생성된 것이다. 그렇게 입자가속기에서 인공적으로 만들어진 가상입자를 가지고, 빅뱅론 표준모형을 합리화하고 있는 것이다.

물리학자들은 인공적으로 생성한 입자들인 기묘쿼크, 맵시쿼크, 바닥쿼크, 톱쿼크가 물질을 이루는 표준모형의 기본입자들이라고 주장하고 있지만, 우주의 모든 물질을 구성하는 원자에는 그 입자들이 없다. 우주에는 그 입자들로 이루어진 물질이 이디에도 존재하지 않는다. 그 입자들은 인간의 의도에 의해 입자가속기에서 인공적으로 만들어진 가상입자일 뿐이다.

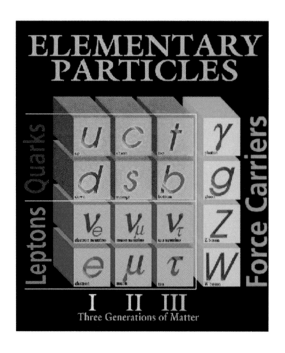

위 이미지는 표준모형에 속하는 입자들을 설명하고 있다. 천체물리학자들은 '세상은 무엇으로 만들어졌을까?'하는 질문에 대한 모범답안이 바로 표준모형이라고 한다. 하지만 표준모형으로는 아무것도 밝히지 못했다. 암흑에너지의 진실도 밝히지 못했고, 암흑물질의 진실도 밝히지 못했고, 우주탄생의 진실도 밝히지 못했고, 우주팽창의 실제 진실도 밝히지 못했고, 블랙홀의 진실도 밝히지 못했고, 은하의 기원 및 진화의 진실도 밝히지 못했고, 중력의 진실도 밝히지 못했고, 원자의 시스템에서 복제된 우주의 진실도 밝히지 못했고, 미시세계의 진실도 전혀 밝히지 못했다.

이처럼 표준모형으로 밝힌 것은 아무것도 없는데, 천체물리학자들은 '세상은 무엇으로 만들어졌을까?'하는 질문에 대한 모범답안이 바로 표준모형이라고 주장한다.

이 표준모형에 대한 아이디어는 양자역학에서 비롯된 것이다. 아인슈타인과 슈뢰딩거도 모호하고 직관적이지 않은 양자역학을 인정하지 않았다.

고전물리학에서는 야구방망이에 맞은 공의 초기속도와 방향을 알면 공이 어디에 떨어질지 정확히 계산할 수 있지만, 양자역학에서는 공의 위치를 계산하지 않고 확률적으로 떨어질 위치를 추정한다. 어디에 떨어질 확률은 얼마이고, 다른 곳에 떨어질 확률도 있다고 보는 것이다. 아인슈타인은 이런 양자역학의 불확실성에 대해 '신은 주사위 놀이를 하지 않는다'며 비아냥거렸다.

그 양자역학의 거두이자 표준모형의 아버지인 스티븐 와인버그는, 2016년 10월 30일 미국 샌안토니오에서 열린 과학저술평의회 연설에서 '나는 이제 양자역학을 확신할 수 없다'고 고백하여 전 세계 과학계에 큰 충격을 주었다.

이어 그는 '양자역학이 고전물리학의 틀을 깬 것처럼, 과학혁명을 일으킬 수 있는 완전히 다른 이론이 등장할 수 있다'고 했다. 하지만 이제 그와 같은 추상적 이론의 시대는 끝났다.

현대우주과학은 이미 우주의 100%를 관측할 수 있고, 그 100%의 진실을 밝힐 수 있는 경지에 이미 도달해 있기 때문이다. 아울러 이제 남은 과제는, 40조 원 이상의 막대한 경제적 피해를 초래하고 있는 빅뱅론이나 표준모형 이론을 조속히 폐기하는 것뿐이다.

① 입자가속기에서 20~60억eV의 에너지를 가질 때까지 인공적으로 가속된 전자와 양전자를 충돌·방전시키면 그 전자들이 붕괴되며 사라진다. 그런데 그 전자의 2천 배 이상 질량을 가진 입자가 나타났다. 그 전자들이 충돌하며 방전할 때 발생하는 에너지를 얻은 원입자들이 결합하며, 그 에너지 값에 해당하는 질량을 가진 입자로 나타났다가 에너지를 잃는 동시에 도로 해체되며 사라진 것이다.
이 진실을 물리적 증거로 반론할 수 있는가?

② 전기선을 합선·방전시키면 불꽃이 튀며 '펑' 하는 소리가 난다. 그 방전전력의 세기가 클수록 큰 불꽃이 튀며 '펑' 하는 소리도 커진다.
천둥번개도 방전현상의 하나이다. 그 방전에너지가 발생하면 원입자들이 몰리며 하늘을 가르는 번갯불로 나타나고, 또 공기분자를 팽창시키며 하늘을 진동하는 것이다.
이와 마찬가지로 입자가속기의 진공에서 인공적으로 가속된 전자와 양전자를 충돌·방전시키면 원입자들이 몰리며 결합하여 그 방전에너지 값에 해당하는 질량을 가진 입자로 나타났다가 순식간에 사라진다.
이 진실을 물리적 증거로 반론할 수 있는가?

③ 톱쿼크가 실패에 실패를 거듭하며 수정에 수정을 거듭하면서 만들어진 인공 가상입자란 것을 부인할 수 있는가?

④ 우주 어디에도 톱쿼크로 이루어진 물질은 존재하지 않는다. 우주에서 가장 큰 에너지와 질량을 가진 블랙홀에도 톱쿼크는 존재하지 않는다. 그 톱쿼크는 오로지 입자가속기 안에서 인간에 의해 인공적으로 만들어진 가상입자일 뿐이다.

이 진실을 물리적 증거로 반론할 수 있는가?

⑤ 톱쿼크는 입자가속기에서 방금 생성되었는데 입자물리학자들은 138억 년 전에 생겨났다고 주장한다. 분명한 진실은 입자가속기의 진공에 입자의 충돌과 같은 에너지를 제공하지 않으면 그 인공입자가 생겨날 수 없다는 것이다.

이 진실을 물리적 증거로 반론할 수 있는가?

⑥ 입자물리학자들은 인공적으로 생성한 입자들인 기묘쿼크, 맵시쿼크, 바닥쿼크, 톱쿼크가 물질을 이루는 기본입자들이라고 주장하고 있지만, 우주의 모든 물질을 구성하는 원자에는 그 입자들이 없다. 우주에는 그 입자들로 이루어진 물질이 어디에도 존재하지 않는다. 그 입자들은 인간의 의도에 의해 입자가속기에서 인공적으로 만들어진 가상입자일 뿐이다.

이 진실을 물리적 증거로 반론할 수 있는가?

⑦ 입자가속기 진공에서 새로운 입자들이 생겨나는 동기는 인간의 의도에서 시작된다. 즉, 인간이 의도하지 않으면 입자가속기에서는 그 입자들이 생겨날 수가 없다. 그 입자들은 인공적 고에너지에 의해서 만들어진다. 입자의 충돌에서 발생하는 에너지에 의해, 그 인공입자들이 생성되는 것이다. 그렇게 입자가속기에서 인공적으로 만들어진 가상입자를 가

지고 빅뱅론을 합리화하고 있는 것이다.

이 진실을 물리적 증거로 반론할 수 있는가?

⑧ 천체물리학자들은 '세상은 무엇으로 만들어졌을까?'하는 질문에 대한 모범답안이 바로 표준모형이라고 한다. 하지만 표준모형으로는 아무것도 밝히지 못했다.

암흑에너지의 진실도 밝히지 못했고, 암흑물질의 진실도 밝히지 못했고, 우주탄생의 진실도 밝히지 못했고, 우주팽창의 실제 진실도 밝히지 못했고, 블랙홀의 진실도 밝히지 못했고, 은하의 기원 및 진화의 진실도 밝히지 못했고, 중력의 진실도 밝히지 못했고, 원자의 시스템에서 복제된 우주의 진실도 밝히지 못했고, 미시세계의 진실도 전혀 밝히지 못했다.

이 진실을 물리적 증거로 반론할 수 있는가?

⑨ 표준모형으로는 아무 것도 밝히지 못했지만 원입자로는 표준모형으로 밝힐 수 없었던 우주의 모든 진실을 밝혔다.

이 진실을 물리적 증거로 반론할 수 있는가?

힉스입자는 실패에 실패를 거듭하며 인공적으로 만들어진 가상입자이다.

그렇다. 분명 그 입자는 입자가속기에서 인간의 의도로 만들어진 인공입자인데, 신의 입자라고 거짓말을 한다. 분명 그 인공입자는 몇 해 전에 입자가속기에서 생성되었다가 사라졌는데, 138억 년 전부터 있던 것이라고 속인다.

어떤 원인이 동기가 되어 다른 상태의 결과가 필연적으로 일어나는 것을 인과율법칙이라 하는데, 인간의 의도가 동기가 되어 그 가상입자들이 생겨났다. 그럼 육하원칙으로 입자가속기에서 인공적으로 생성된 힉스입자의 존재에 대해 확인해 보겠다.

누가	1964년 영국의 이론물리학자 피터 힉스가 가상입자의 존재를 예언했다.
언제	2013년에 만들었다.
어디서	유럽입자물리연구소(CERN)의 대형 강입자충돌기(LHC)에서 만들었다.
무엇을	가상입자인 힉스입자를 만들었다.
어떻게	강입자충돌기에서 7TeV까지 인공적으로 가속된 양성자와 반양성자가 충돌하며 발생하는 에너지를 가지고 만들었다.
왜	피터 힉스가 예언한 가상의 입자로 빅뱅론을 합리화하기 위해 만들었다.

이처럼 그 입자들은 인과율법칙으로나 육하원칙으로 따져보아도 분명 인공적으로 만들어진 가상입자이다. 인간이 입자가속기를 이용하여 만들어낸 쿼크들과 힉스입자는 절대 부인할 수 없는 다음과 같은 공통점이 있다.

첫째, 인공입자들인 톱쿼크, 바닥쿼크, 기묘쿼크, 맵시쿼크와 힉스입자가 생겨난 곳은 입자가속기이다.

둘째, 양성자들의 충돌에서 발생한 에너지를 가지고 만들었다(전자와 양전자의 충돌에서 발생하는 에너지로 만든 쿼크도 있다).

셋째, 잠시 생겨났다가 사라짐으로 수명이 매우 짧다.

넷째, 인간이 만들었다.

다섯째, 진공 속에서 만들어졌다.

여섯째, 진공을 차지하고 있는 원입자에서 질량을 얻었다.

일곱째, 입자가속기의 진공에 인공적으로 가공된 에너지를 제공하지 않으면 절대로 그 입자들은 생겨날 수 없다.

분명한 진실은 입자가속기에 입자의 충돌과 같은 에너지를 제공하지 않으면 그 입자들은 절대로 생겨날 수 없다는 것이다. 입자가속기에서 새로운 입자들이 생겨나는 동기는 인간의 의도이다. 즉, 인간이 의도하지 않으면 입자가속기에서는 그 입자들이 생겨날 수가 없다.

그 입자들은 인공적으로 만들어진 고에너지에 의해서 만들어진다. 입자의 충돌에서 발생하는 에너지에 의해 그 인공입자들이 생성된 것이다. 그렇게 입자가속기에서 인공적으로 만들어진 가상입자를 가지고 빅뱅론을 합리화하고 있는 것이다.

빅뱅 때에는 입자가속기가 없었다. 그런즉, 빅뱅 때에 힉스입자와 그 인공쿼크들이 생겨날 수가 없는 것이다. 빅뱅 때 힉스입자가 기본입자들에 모든 질량을 부여했다고 하는데, 그럼 힉스입자는 그 질량을 어디서 얻었는가? 빅뱅 때 힉스입자로부터 질량을 부여받았다는 기본입자들은 텅 빈 박스와 같았다고 하는데, 그럼 그 빈 박스의 기본입자들은 어떻게 생겨났으며, 그 기본입자들이 만들어진 재료는 무엇인가?

힉스입자가 톱쿼크에게 질량을 나눠주었다고 하는데, 톱쿼크의 질량은 힉스입자보다 훨씬 더 크다. 톱쿼크의 질량이 175GeV인 반면에, 힉스입자의 질량은 125GeV인 것이다.

그럼 힉스입자가 어떻게 자기 몸무게보다 더 무거운 톱쿼크에게 질량을 나눠주었는가?

힉스입자가 부여한 질량을 짊어지고 광속을 초월하는 인플레이션 팽창을 했다는 것을 물리적 증거로 증명할 수 있는가?

빅뱅 전 오늘의 우주에 존재하는 총질량을 가진 '힉스바다'가 존재했다면, 그 질량이 가진 중력도 존재했다는 것이다. 천체의 질량은 곧 중력을 동반하기 때문이다.

힉스바다의 중력이 집중된 곳은 빛조차 빠져나올 수 없는 블랙홀이 된다. 블랙홀은 중력이 집중되며 극대화된 곳에서 생긴다. 그래서 은하의 중력이 집중되는 곳에 블랙홀이 있다.

오늘의 우주에 존재하는 총질량을 가진 '힉스바다'가 존재했다면, 그 중력이 집중되는 곳에 거대질량의 블랙홀이 생겼을 것이고, 그 블랙홀의 질량은 오늘의 우주에 존재하는 수많은 블랙홀이 가진 질량을 모두 합한 것보다 더 커야 한다.

즉, 극초대형이라는 말로도 부족할 정도의 엄청난 블랙홀이 생기게 되는 것이다. 태양보다 10배 이상 무거운 질량을 가진 천체의 중력은 원자를 붕괴시켜 중성자별을 만들고, 그보다 더 무거운 질량을 가진 천체의 중력은 중성자마저도 붕괴시켜 블랙홀을 만들 수 있다. 그리고 블랙홀은 빛까지 빨아들이며, 그 광자도 해체시킨다. 그런즉, '힉스바다'가 존재했다면 그 중력이 집중되는 블랙홀에서는 기본입자들이 생겨날 수 없다. 오늘의 우주가 생겨날 수 없는 것이다.

힉스입자이론의 주장대로라면 입자가속기에서 생성된 인공입자들의 질량도 모두 힉스입자한테 부여받은 것이어야 한다. 정말 그렇다면 진공은 힉스입자들로 꽉 차있어야 한다. 아니, 우리가 숨쉬는 공기조차도 힉스입자로 꽉 차있어야 한다. 원자핵인 양성자보다 134배나 무거운 힉스입자들로 말이다. 그래서 진공은 쇳덩이보다 무거운 질량을 갖고 있어야 한다.

하지만 진공에는 질량이 나타나지 않는다. 그 속에는 힉스입자가 존재하지 않기 때문이다. 즉, 힉스입자는 인공적으로 가공된 충돌에너지를 통해서 입자가속기 안에서만 만들어질 수 있는 가상의 인공입자이다.

① 힉스입자는 실패에 실패를 거듭하며 인공적으로 만들어진 가상입자이다. 어떤 원인이 동기가 되어 다른 상태의 결과가 필연적으로 일어나는 것을 인과율법칙이라 하는데, 인간의 의도가 동기가 되어 그 가상입자들이 생겨난 것이다.

분명 그 입자는 입자가속기에서 인간의 의도로 만들어진 인공입자인데, 신의 입자라고 거짓말을 한다. 분명 그 인공입자는 몇 해 전에 입자가속기에서 생성되었는데, 138억 년 전에 있던 것이라고 속인다.

이 진실을 물리적 증거로 반론할 수 있는가?

② 육하원칙으로 입자가속기에서 생성된 힉스입자의 존재에 대해 확인해보자.

누가	1964년 영국의 이론물리학자 피터 힉스가 가상입자의 존재를 예언했다.
언제	2013년에 만들었다.
어디서	유럽입자물리연구소(CERN)의 대형 강입자충돌기(LHC)에서 만들었다.
무엇을	가상입자인 힉스입자를 만들었다.

어떻게	강입자충돌기에서 7TeV까지 인공적으로 가속된 양성자와 반양성자가 충돌하며 발생하는 에너지를 가지고 만들었다.
왜	피터 힉스가 예언한 가상의 입자로 빅뱅론을 합리화하기 위해 만들었다.

이처럼 그 입자들은 육하원칙으로 따져보아도, 분명 인공적으로 만들어진 가상입자이다.

이 진실을 물리적 증거로 반론할 수 있는가?

③ 인간이 입자가속기를 이용하여 만들어낸 쿼크들과 힉스입자는 절대 부인할 수 없는 다음과 같은 공통점이 있다.

첫째, 인공입자들인 톱쿼크, 바닥쿼크, 기묘쿼크, 맵시쿼크와 힉스입자가 생겨난 곳은 입자가속기이다.

둘째, 양성자들의 충돌에서 발생한 에너지를 가지고 만들었다(전자와 양전자의 충돌에서 발생하는 에너지로 만든 쿼크도 있다).

셋째, 잠시 생겨났다가 사라짐으로 수명이 매우 짧다.

넷째, 인간이 만들었다.

다섯째, 진공 속에서 만들어졌다.

여섯째, 진공을 차지하고 있는 원입자에서 질량을 얻었다.

일곱째, 입자가속기의 진공에 인공적으로 만들어진 에너지를 제공하지 않으면 절대로 그 입자들은 생겨날 수 없다.

이 진실을 물리적 증거로 반론할 수 있는가?

④ 힉스입자가 톱쿼크에게 질량을 나눠주었다고 하는데, 톱쿼크의 질량은 힉스입자보다 훨씬 더 크다. 톱쿼크의 질량이 175GeV인 반면에, 힉스입자의 질량은 125GeV인 것이다. 그럼 힉스입자가 어떻게 자기 몸무게보

다 더 무거운 톱쿼크에게 질량을 나눠주었는가? 그리고 힉스입자는 그 질량을 어디서 얻었는가?

⑤ 힉스입자이론의 주장대로라면 입자가속기에서 생성된 인공입자들의 질량도 모두 힉스입자한테 부여받은 것이어야 한다. 정말 그렇다면 진공은 힉스입자들로 꽉 차있어야 한다. 아니, 우리가 숨쉬는 공기조차도 힉스입자로 꽉 차있어야 한다. 원자핵인 양성자보다 134배나 무거운 힉스입자들로 말이다. 그래서 진공은 쇳덩이보다 무거운 질량을 갖고 있어야 한다. 하지만 진공에는 질량이 나타나지 않는다. 그 속에는 힉스입자가 존재하지 않기 때문이다.

즉, 힉스입자는 인공적으로 가공된 충돌에너지를 통해서, 입자가속기 안에서만 만들어질 수 있는 가상의 인공입자이다.

이 진실을 물리적 증거로 반론할 수 있는가?

⑥ 태양보다 10배 이상 무거운 질량을 가진 천체의 중력은 원자를 붕괴시켜 중성자별을 만들고, 그보다 더 무거운 질량을 가진 천체의 중력은 중성자마저도 붕괴시켜 블랙홀을 만들 수 있다. 그리고 블랙홀은 빛까지 빨아들이며, 그 광자도 해체시킨다.

빅뱅 전 오늘의 우주에 존재하는 총질량을 가진 '힉스바다'가 존재했다면, 그 질량이 가진 중력도 존재했다는 것이다. 천체의 질량은 곧 중력을 동반하기 때문이다.

'힉스바다'의 중력이 집중된 곳은 빛조차 빠져나올 수 없는 블랙홀이 된다. 그런즉, '힉스바다'가 존재했다면 그 중력이 집중되는 블랙홀에서는 기본입자들이 생겨날 수 없다. 오늘의 우주가 생겨날 수 없는 것이다.

이 진실을 물리적 증거로 반론할 수 있는가?

우리에게 정말 중요한 것은 어떤 주장을 위한 이론 따위가 아니라 실제 눈으로 확인 가능한 물리적 증거이다. 그런 의미에서 힉스입자에 대한 주장은 물리적 증거가 전혀 없다.

반면에 원입자에 대한 물리적 증거는 1천 가지 이상으로 방대하다. 그럼 아주 간단하게 정리해서 그 물리적 증거들에 대해 확인해보자.

힉스입자이론에 대한 물리적 증거는 존재하지 않는다.

① 힉스입자는 어디서 질량을 얻었는가에 대한 질문에 물리학자들은 영원히 물리적 증거를 내놓을 수 없다.

이를 물리적 증거로 반론할 수 있는가?

② 힉스입자는 인간의 의도에 의해 인공적으로 만들어진 가상입자이다. 인간이 의도하지 않고, 인간이 만들지 않는다면 힉스입자는 절대로 생겨날 수 없다.

이를 물리적 증거로 반론할 수 있는가?

③ 힉스입자가 생겨난 곳이 입자가속기란 사실을 부인할 수 있는가에 대한 질문에도, 물리학자들은 영원히 부인할 수 없다.

이를 물리적 증거로 반론할 수 있는가?

④ 힉스입자는 분명 몇 해 전에 입자가속기에서 인공적으로 만들어 졌는데, 138억 년 전에 존재했던 것이라며 거짓 주장을 하고 있다.

이를 물리적 증거로 반론할 수 있는가?

⑤ 힉스입자가 빅뱅 때 우주질량을 모두 나누어주었다고 하는데, 지금의 우주질량과 초기우주의 질량은 수천억의 수천억 배 이상의 엄청난 차이가 난다.

이를 물리적 증거로 반론할 수 있는가?

⑥ 빅뱅론의 기본 핵심은 오늘의 우주에 존재하는 총질량이 압축된 특이점이 존재했다는 것이다. 이는 곧 그 특이점을 압축시킨 에너지가 존재했다는 것인데, 물리학자들은 영원히 그 증거를 내놓을 수 없다.

이를 물리적 증거로 반론할 수 있는가?

⑦ 힉스입자가 오늘의 우주에 존재하는 총질량을 가지고 특이점으로 압축되어 있었다면, 그 엄청난 에너지는 모든 입자들을 산산이 부수어 블랙홀을 만든다. 그 질량 및 에너지 환경에서는 그 어떤 입자도 생겨날 수 없다. 즉, 우주가 탄생할 수 없다.

이를 물리적 증거로 반론할 수 있는가?

⑧ 힉스입자는 분명 인간의 의도로 인공적으로 만들어진 인공입자인데,

그 입자를 신의 입자라고 거짓 주장을 하고 있다.

이를 물리적 증거로 반론할 수 있는가?

⑨ 바늘구멍보다도 작았다는 특이점 안에서 힉스입자로부터 받은 질량으로 지구도 만들고, 태양도 만들고, 우주에 존재하는 모든 별과 행성들을 비롯한 1천억 개 이상의 은하들을 만들었다는 허황된 주장을 증명할 수 있는 물리적 증거는 0.1%도 존재하지 않는다.

이를 물리적 증거로 반론할 수 있는가?

⑩ 지금도 계속 팽창하고 있는 우주의 과거를 추적하면, 분명 우주는 우리은하 하나의 규모(지름 10만 광년)로 작았을 때가 있었다. 힉스입자이론의 주장대로라면 그 초기우주의 질량과 중력은 우리은하의 1조 배 이상이 되는데, 그 엄청난 질량의 중력 속에서는 우주는 팽창할 수 없을 뿐만 아니라 극단적으로 수축되며 거대한 블랙홀로 사라지게 된다.

하지만 우주는 팽창을 멈추지 않았고, 종말을 맞지도 않았다. 그런즉, 우주팽창은 힉스입자이론의 거짓을 명명백백히 밝히는 물리적 증거이다.

밤하늘을 아름답게 밝히는 찬란한 별들과 은하의 세계 역시 힉스입자이론의 거짓을 명명백백히 밝히는 물리적 증거이다. 이 땅에 살아 숨쉬는 모든 생명체들까지도 역시 힉스입자이론의 거짓을 명명백백히 밝히는 물리적 증거이다.

이를 물리적 증거로 반론할 수 있는가?

⑪ 현대우주과학기술로 밝혀진 우주의 모든 진실은 힉스입자이론의 주장을 100% 부정하고 있다.

이를 물리적 증거로 반론할 수 있는가?

📑 원입자에 대한 물리적 증거

① 중성자별의 밀도가 1㎤당 10억 톤 정도가 되는 것은 원자가 붕괴되고 남은 중성자들이 압축되었기 때문이며, 블랙홀의 밀도가 1㎤당 180억 톤 정도가 되는 것은 그 중성자를 이루고 있는 입자들이 광자에 이르기까지 완전히 붕괴·해체되고 마지막으로 남은 원입자들이 극단적으로 압축되었기 때문이다. 그래서 블랙홀에는 빛이 존재하지 않으며, 그처럼 엄청난 밀도와 무게를 나타내는 것이다.

이를 물리적 증거로 반론할 수 있는가?

② 우주 진공 암흑에너지를 이루고 있는 원입자들이 결합하고 더하여지며 진화된 것이 물질이다. 이 물질이 도로 붕괴·해체되면 결국 원입자가 남게 되는데, 이 원입자들이 극단적으로 압축된 진공이 바로 블랙홀인 것이다.

이를 물리적 증거로 반론할 수 있는가?

③ 우주에는 블랙홀이라는 압축된 진공과 암흑에너지라고 하는 압축되지 않은 자연 상태의 진공이 존재한다.

이를 물리적 증거로 반론할 수 있는가?

④ 블랙홀은 원입자들이 극단적으로 압축된 진공이고, 우주 진공 암흑에너지는 원입자들이 압축되지 않은 자연 상태의 진공이다.

이를 물리적 증거로 반론할 수 있는가?

⑤ 진공인력을 이용하여 부항치료를 하듯이, 원입자들이 극단적으로 압축

된 블랙홀은 극단적인 인력을 나타내기도 한다. 이는 현대우주과학기술로 관측되고 검증된 물리적 증거이다. 아울러 이 사실에 물리적 증거로 반론할 수 있는 과학자는 지구상에 존재하지 않는다.

이를 물리적 증거로 반론할 수 있는가?

⑥ 진공뿐만 아니라 모든 물질의 바탕에는 원입자가 있다. 그래서 밀폐된 용기 안에서 공기분자를 모두 뽑아낸다 해도 그 바탕이 되는 원입자는 남는다. 아무리 철저하게 밀폐한 용기라 해도 원입자가 통과할 수 없는 물질은 존재하지 않기 때문에 원입자를 제거할 수는 없는 것이다. 우리가 숨을 쉬는 공기의 바탕에도 원입자가 존재한다.

이를 물리적 증거로 반론할 수 있는가?

⑦ 입자가속기의 진공에서 입자들을 충돌(방전)시키면, 그때 발생하는 에너지로 진공을 이루고 있는 원입자들이 결합하여 그 에너지 값에 따른 질량을 가진 입자로 나타난다. 그렇게 만들어진 입자들에는 원자핵인 양성자의 질량보다 100배 이상으로 훨씬 더 무거운 입자도 있고, 금 원자만큼이나 무거운 질량을 가진 입자도 있다.

이를 물리적 증거로 반론할 수 있는가?

⑧ 1974년 스탠포드선형가속기연구소에서 개발한 전자·양전자 충돌형가속기가 가동에 들어갔다. 전자와 양전자는 이 가속기에서 20억~60억 eV의 에너지를 가질 때까지 가속된 후 충돌하여, 전자의 질량보다 2천 배 이상 무거운 입자가 생겨났다. 전자와 양전자가 충돌하면 중성미자와 광자로 붕괴되며 사라지는데, 그 가속기에서는 전자의 질량보다 무려 2천 배 이상이나 무거운 입자가 생겨난 것이다. 즉, 진공을 이루는 원

입자들이 결합하여 그 질량을 가진 인공입자로 나타난 것이다.

이를 물리적 증거로 반론할 수 있는가?

⑨ 힉스입자를 생성한 입자가속기에서 빔 한 개에는 320조 개의 양성자가 들어 있는데, 총에너지는 무려 320MJ(메가줄 : 1메가줄은 1톤 무게의 물체를 시속 160㎞의 속도로 발사하는 힘을 나타낸다)에 달한다. 그러니 이 정도의 에너지면 320톤의 무게를 가진 물체를 시속 160㎞로 발사할 수 있고, 500㎏의 구리도 녹일 수 있다.

그 양성자는 27㎞ 둘레의 가속기를 1초당 11,000번 회전한다. 그리고는 반대 방향으로 양성자 빔을 쏘아서 충돌시킨다. 이처럼 거대한 에너지를 입자가속기의 진공에 제공하여 거기서 힉스입자를 생성한 것이다.

그 인공입자에게 질량을 제공한 것은 원입자이다. 그 인공입자들은 에너지를 잃는 순간 도로 해체되어 진공을 이루는 원입자로 돌아간다. 이처럼 인공입자들의 질량은 원입자들이 결합하며 더하여진 것이다. 그런즉, 원입자가 존재하지 않는다면 그 인공입자도 생겨날 수 없다.

이를 물리적 증거로 반론할 수 있는가?

⑩ 힉스입자를 생성한 입자가속기에서 양성자와 반양성자는 7TeV(1TeV는 1조 전자볼트)의 에너지까지 가속되며, 따라서 두 개의 양성자가 부딪힐 때의 충돌 에너지는 14TeV가 된다. 즉, 양성자와 반양성자의 충돌 에너지가 2배로 커지는 것이다.

이어 양성자들은 쌍으로 붕괴되는데, 몇 개의 π중간자(쿼크와 반쿼크로 이루어진 보존)로 붕괴했다가, 그 μ중간자가 전자·양전자와 중성미자·반중성미자로 붕괴하는 단계를 거쳐 광자로 붕괴된다. 그리고 광자는 원입자로 해체되며, 양성자와 반양성자의 모습은 완전히 사라진다.

이는 마치 핵폭탄이 터진 것과 같다. 양성자가 붕괴되며 여러 π중간자 파편으로 폭발하고, 또 그 여러 π중간자 파편은 1,000개 이상의 전자 파편으로 연쇄폭발하고, 또 그 전자 파편들은 1조 이상의 중성미자 파편들로 연쇄폭발하고, 또 그 중성미자 파편들은 수조 이상의 광자들로 연쇄폭발하기 때문이다.

그리고 그 에너지는 진공 속에서 새로운 입자들을 생성한다. 진공을 이루고 있는 원입자에 그 에너지가 제공되고, 원입자들이 그 에너지로 결합하며 광자가 되고, 또 그 광자들이 결합하여 중성미자가 되고, 또 그 중성미자들이 결합하여 전자가 되고, 또 그 전자들이 결합하여 쿼크(중간자)가 되고, 또 그 쿼크들이 결합하여 양성자의 질량보다 134배나 더 무거운 입자가 되어 생겨난 것이다.

바로 이 입자를 힉스입자라고 한다. 그런데 힉스입자는 생겨나자마자 바로 사라졌다. 쿼크(중간자)들로 붕괴되고, 그 쿼크들은 전자로 붕괴되고, 또 그 전자들은 중성미자로 붕괴되고, 또 그 중성미자들은 광자로 붕괴되고, 또 그 광자들은 원입자로 해체되며 사라졌다. 힉스입자의 특징이 질량을 나누어주는 것이라고 했는데, 양성자보다 무려 100배 이상의 질량을 가지고 나타났다가 그 질량을 아무한테도 주지 않고 그냥 사라진 것이다. 그런즉, 힉스입자에게 질량을 제공한 것은 원입자이다.

이를 물리적 증거로 반론할 수 있는가?

⑪ 입자가속기의 진공에서 입자충돌로 발생하는 에너지에 의해 새로운 입자들이 생겨나듯이, 우주에서 날아오는 입자들이 지구의 상층 대기에 존재하는 산소, 질소 원자들과 충돌하면 그 충돌에너지를 얻은 원입자들이 결합하여 새로운 입자가 되어 나타난다.

지금 이 순간에도 지구 대기권으로 끊임없이 쏟아지는 우주입자들은 산소, 질소 원자들과 충돌하고, 그 충돌 에너지를 얻은 원입자들이 결합하여 새로운 입자로 나타난다. 그리고 그 에너지를 잃는 동시에 해체되어 원입자로 돌아간다. 순식간에 나타났다가 사라지는 것이다.

이를 물리적 증거로 반론할 수 있는가?

⑫ 하나에 하나를 더하면 둘이 되지만, 아무것도 없는 0은 수천억을 더해도 아무것도 없는 0일 뿐이다. 즉, 그 하나가 되는 원입자가 존재하지 않는다면 그 인공입자들의 질량도 생겨날 수 없다는 것이다.

이를 물리적 증거로 반론할 수 있는가?

⑬ 입자가속기의 진공에 에너지를 제공하면 입자들이 생겨나듯이, 우주환경에서도 진공을 이루는 원입자들이 에너지를 얻으면 수소 원자가 생성된다. 그리하여 우주질량은 초기우주에 비해 수천억의 수천억 배 이상으로 많아질 수 있었다. 현재도 태양계가 존재하는 우리은하의 끝자락에서는 수소가 계속 생성되며 빠른 속도로 확장되고 있다.

이를 물리적 증거로 반론할 수 있는가?

⑭ 우주환경에서 원입자들이 결합하여 수소를 생성하고, 그 수소는 별을 생성하고, 그 별에서는 탄소, 질소, 산소, 플루오르, 네온, 나트륨, 마그네슘, 알루미늄, 규소, 인, 황, 염소, 아르곤, 칼륨, 칼슘, 스칸듐, 티탄, 바나듐, 크롬, 망간, 철 등의 물질들을 만들어낸다. 그런즉, 지금 우리가 보고 있는 이 세상 만물은 원입자들이 결합하고 더해지며 진화된 것들이다.

이를 물리적 증거로 반론할 수 있는가?

이외에도 윈입자에 대한 물리적 증거들은 여러 권의 책에 기록될 정도로 워낙 방대하기 때문에, 뒤에서 따로 구체적으로 밝히겠다. 이처럼 힉스입자에 대한 물리적 증거는 단 하나도 존재하지 않지만, 윈입자에 대한 물리적 증거는 방대할 정도로 많은 것이다.

23.

빅뱅론을 거부하는 우주의 진실들

우주의 많은 진실들이 빅뱅론을 거부하고 있다. 아래의 질문사항
들을 통해 그 진실들을 알아보자.

우주 진실을 밝히기 위한 질문사항

① 한때 아인슈타인을 비롯하여 대부분의 과학자들은 우주의 팽창 속도가
점점 느려진다고 생각했다. 빅뱅론을 창시한 가모브의 주장대로 우주가
빅뱅 대폭발에너지에 의해 팽창한다면 그 팽창속도가 점점 느려져야 했
기 때문이었다.

하지만 그 반대로 우주는 계속 가속팽창을 해왔다. 진정 빅뱅론의 주장
대로 우주가 팽창한다면, 멀리 떨어진 은하일수록 팽창속도가 더 느려
져야 한다. 그런데 그 반대로 지구로부터 멀리 떨어진 천체일수록 팽창
속도가 더 빠르다.

위 이미지에서 보는 것처럼 지구에서 멀리 떨어진 은하일수록 더 빨리 달아나며 우주 규모를 팽창시킨다. 그리고 그 진실을 붉은 빛으로 전해 오고 있다. 즉, 적색편이 현상을 나타내는 것이다. 적색편이 현상으로 빅뱅론을 주장하는데, 사실 적색편이 현상은 빅뱅론을 부정하고 있는 것이다.

이를 물리적 증거로 반론할 수 있는가?

② 현대 우주론대로라면 블랙홀은 빅뱅 때 단 한 번 생성되었다는 우주물질을 포식하는 괴물이다. 그 속에서는 빛조차 빠져나오지 못한다고 하니 말이다.

우주에는 그런 포식자(블랙홀)들이 수천조 개 이상이나 된다. 그 포식자(블랙홀)들이 130억 년이 넘는 장구한 세월 동안 우주물질을 포식해 왔으니 당연히 은하들은 계속 줄어들어야 할 것이다. 특히 은하 안에 많은 블랙홀들을 갖고 있다면, 그런 은하일수록 더 작아져야 할 것이다. 블랙홀의 밀도가 1㎤당 180억 톤 이상이 된다고 하니, 그 밀도와 질량만으로도 은하가 줄어들어야 하는 것이 마땅할 것이다.

지구처럼 밀도가 높은 행성도 블랙홀의 밀도로 압축시키면 시골동네 규모보다 작아진다. 인간을 비롯한 모든 생명체를 포함하여 땅과 물을 블랙홀의 밀도로 압축시키면 그 정도로 작아지는 것이다. 그러니 밀도가 엉성한 은하의 규모는 더 작게 축소된다.

활동은하의 중심핵 블랙홀은 1,000만 년에서 1억 년까지 에너지와 물질을 방출할 수 있다고 한다. 해마다 수천 개의 태양을 만들어낼 수 있는 물질을 방출해 내는 블랙홀이 관측되기도 한다. 그렇게 은하 중심 핵에 있는 블랙홀은 수십만 년 동안에 태양 질량의 수백만 배에 달하는 에너지와 물질을 방출하기도 한다. 즉, 수백만 개의 태양을 생성할 수 있는 물질을 수십만 년 동안에 방출하는 것이다. 그러니 1,000만 년에서 1억 년까지 에너지와 물질을 방출한다면, 그 질량은 실로 엄청날 것이다.

위 사진(나사 제공)은 켄타우루스A 은하 중심부 블랙홀에서 우주 진공을 향해 물질을 내뿜고 있는 모습이다. 이 은하의 중심부에는 태양질량보다 5,500만 배 더 큰 질량을 가진 블랙홀이 존재하는 것으로 추정된다.

위 사진(나사 제공)의 헤라클레스A로 알려진 활동은하 중심 핵의 블랙홀이 엄청난 양의 물질을 내뿜고 있다. 이처럼 활동은하의 중심핵 블랙홀은 해마다 수천 개의 태양을 만들어 낼 수 있는 물질을 방출하기도 하는데, 그 질량만으로도 은하가 줄어들어야 할 것이다.

은하에서 별들이 생성되며 수백억 배 이하로 수축되고, 또 은하 핵의 블랙홀이 그처럼 엄청난 양의 물질을 방출한다면, 은하의 전체 규모가 작아지며 질량도 줄어들어야 하는 것은 당연한 일일 것이다.

하지만 은하는 줄어든 것이 아니라, 계속 확산되어 왔고 또 지금도 계속 확산되고 있다. 아울러 질량도 계속 확장되고 있다. 빅뱅론대로라면 우주질량이 더 이상 확장될 수 없는데 계속 확장되는 것이다. 그런즉, 이역시 빅뱅론을 거부하는 우주의 진실이다.

현대우주과학기술로 명명백백히 밝혀진 이 진실을 물리적 증거로 반론할 수 있는가?

③ 빅뱅론은 바늘구멍보다 작았다는 특이점 진공으로 지구도 만들고, 태양도 만들고, 우주에 존재하는 모든 별과 행성을 비롯한 1천억 개 이상의

은하들을 만들었다고 주장한다. 원자핵보다도 작았다는 그 특이점 안에 힉스입자라고 하는 조상이 계셨는데, 그 조상한테 물려받은 질량으로 지금의 우주가 만들어졌다는 것이다.

빅뱅론대로라면 지금의 우주에서 원자로 이루어진 일반물질의 질량이 처음과 같아야 하지만, 수천억의 수천억 배 이상의 엄청난 차이가 있다. 이 역시 빅뱅론의 허구를 낱낱이 증명하고 있다.

현대우주과학기술로 명명백백히 밝혀진 이 진실을 물리적 증거로 반론할 수 있는가?

④ 미국과 러시아 등의 국제연구진은 최첨단 과학기술 위성을 통해, 블랙홀에서 방출되는 물질의 온도가 99조9,999억℃ 정도 되는 것으로 확인했다. 이는 빅뱅 온도를 훨씬 능가하는 온도이다. 빅뱅론에 의하면 빅뱅 특이점이 폭발하고 1초 후의 온도가 1백억℃, 3분 후의 온도가 10억℃이다. 그러니 블랙홀에서 방출되는 물질의 온도는 빅뱅 특이점이 폭발할 당시 온도의 무려 수만 배 이상이나 된다.

당연한 일이다. 빅뱅 특이점은 바늘구멍보다 작은 반면에, 블랙홀의 규모는 그 빅뱅 특이점에 비할 수 없이 엄청나게 크기 때문이다. 별을 비롯한 천체들에서 온도는 곧 밀도이며, 그 밀도는 곧 질량이다. 빅뱅 특이점 폭발 당시의 온도가 블랙홀에서 방출되는 물질의 온도보다 수만 배이하로 작았다는 것은 곧 밀도 질량도 그만큼 작았다는 것이다. 이 역시 빅뱅론을 거부하는 우주의 진실이다.

현대우주과학기술로 명명백백히 밝혀진 이 진실을 물리적 증거로 반론할 수 있는가?

⑤ 빅뱅론에서는 최초의 3분 동안 모든 수소가 생성되었다고 한다. 그 주장

대로라면 우주에서 수소가 더 이상 생성될 수 없다. 하지만 지금도 우주에서는 수소가 폭발적으로 많이 생성되고 있다.

위 사진(나사 제공)에서 볼 수 있듯이 별이 탄생하는 은하들의 주변에서 수소가 계속 생성되며 은하를 성장시키고 있다. 이처럼 138억 년 동안 계속 수소가 생성되며 지금의 우주질량은 초기우주에 비해 수천억의 수천억 배 이상으로 많아졌다.

현대우주과학기술로 명명백백히 밝혀진 이 진실을 물리적 증거로 반론할 수 있는가?

⑥ 빅뱅론대로라면 빅뱅 이후 은하들이 거의 동시다발적으로 생성되어, 138억 년이 훨씬 지난 현재에는 대부분 늙은 은하들만 존재해야 할 것

이다. 수소와 헬륨이 한꺼번에 생성되어 성운을 형성했다면 그래야하는 것이 마땅하다.

그 수소와 헬륨으로 이루어진 성운들에서 중력이 집중되는 곳마다 고밀도의 에너지덩어리가 생길 것이고, 그 에너지덩어리는 별의 씨앗이 되어 탄생할 것이기 때문이다.

하지만 은하들의 나이는 수십억 년에서 100억 년 이상의 차이가 있으며, 현재도 우주에서는 계속 새로운 은하들이 생성되고 있다. 이 역시 빅뱅론을 거부하는 우주의 진실이다.

현대우주과학기술로 명명백백히 밝혀진 이 진실을 물리적 증거로 반론할 수 있는가?

⑦ 초기우주에서 생성된 수소 원자는 분자로 그룹을 이루며 성운을 형성했을 것이고, 항성(별)을 탄생시키려면 밀도를 수백억 배 이상으로 높이고 부피는 수백억 배 이하로 줄어들어야 할 것이다. 따라서 별이 많을수록 은하는 작아져야 한다. 별이 많다는 것은, 그만큼 많이 수축되었다는 것을 의미하기 때문이다.

우리은하에는 약 3천억 개의 별들이 있고, 왜소 은하들에는 수십억 개의 별들이 있다.

왜소 은하들에 비해 우리은하는 100배 정도로 더 수축된 것이다. 그러니 우리은하는 그만큼 더 작아야 할 것이다. 그런데 오히려 우리은하는 그 왜소 은하들에 비해 훨씬 더 크다. 빅뱅론대로라면 별이 많은 만큼 은하가 줄어들어야 하는데, 우리가 보고 있는 우주의 현실은 그 반대인 것이다.

이 역시 빅뱅론을 거부하는 우주의 진실이다. 이를 물리적 증거로 반론할 수 있는가?

⑧ 빅뱅론의 주장대로라면 지금의 우주에 별이 없는 은하가 존재할 수 없다. 빅뱅 최초의 3분 동안 오늘의 우주에 존재하는 모든 수소와 헬륨이 만들어지고, 그 수소와 헬륨이 성운을 이루어 별들을 생성하며 은하를 형성했다고 주장하기 때문이다.

하지만 우주에는 아직 별이 탄생하지 않은 은하도 존재한다. 그 은하는 수소입자덩어리로 확인되었다. 이는 그 은하를 이루고 있는 수소가 빅뱅 최초의 3분 동안에 만들어진 것이 아니라, 빅뱅 후 100억 년이 훨씬 지나서 생성되었다는 증거이다. 아울러 그 은하의 중력이 집중되는 곳들에서는 지금도 수많은 별들이 생성되고 있을 것이다. 이 역시 빅뱅론을 거부하는 우주의 진실이다.

현대우주과학기술로 명명백백히 밝혀진 이 진실을 물리적 증거로 반론할 수 있는가?

⑨ 빅뱅론은 대폭발 이후 우주가 100만 년 동안 계속 식었다고 주장한다.

빅뱅론에 의하면 우주의 온도는 탄생(빅뱅) 1초 후 1백억℃, 3분 후 10억℃, 1백만 년이 됐을 때는 3천℃로 식었다고 한다. 그러니 빅뱅 후 38만 년이 된 초기우주 온도는 3천만℃ 이상이 되어야 할 것이다. 즉, 태양보다 뜨거운 불덩이에서 식어가는 과정의 모습이어야 할 것이다.

그런데 유럽우주국이 공개한 빅뱅 38만 년 후의 초기우주 온도는 약 2,700℃이며, 온도가 상승하고 있는 모습이다. 빅뱅론대로라면 태양보다 뜨거운 불덩이에서 식어가는 모습이어야 하는데, 그 반대로 온도가 상승하는 것이다. 또한 빅뱅론대로라면 그 초기우주의 온도가 3천만℃ 이상은 되어야 할 것이지만 그에 훨씬 못 미치는 약 2,700℃에 불과하다. 유럽우주국이 성명을 발표하면서 우주에 대해 알고 있는 것들이 결코 완전하지 않음을 드러냈다고 고백한 것도 바로 이 때문이다. 물론 우주에서 새로운 사실들이 발견될 때마다 거기에 꿰맞추려고 새로운 변명(가설)들이 계속 추가되는 것도 사실이다. 하지만 분명한 건 거짓말은 계속 거짓말을 낳는다는 것이다.

빅뱅론은 우주배경복사를 증거로 내세우는데, 실제로 나타난 우주배경복사 모습은 빅뱅론의 허구를 낱낱이 밝히고 있다.

현대우주과학기술로 명명백백히 밝혀진 이 진실을 물리적 증거로 반론할 수 있는가?

⑩ 빅뱅론에서 우주의 온도가 100만 년 동안 계속 식었다고 하는 것은, 그 초기우주를 이루고 있는 입자들의 밀도가 대폭발에너지에 의해 계속 흩어지며 낮아졌다는 것을 의미한다. 하지만 그 반대로 미국 나사와 유럽우주국에 의해 밝혀진 초기우주의 밀도는 중력이 집중되는 곳들에서 계속 상승하고 있었다.

현대우주과학기술로 명명백백히 밝혀진 이 진실을 물리적 증거로 반론할 수 있는가?

⑪ 유럽우주국에서 밝힌 바와 같이, 초기우주에서 중력에 의해 밀도가 상승하는 지역들의 온도는 2,700℃ 정도이다. 이는 그 밀도와 온도가 상승하기 이전의 초기우주가 있었다는 증거이다. 이 역시 빅뱅론을 거부하는 우주의 진실이다.

현대우주과학기술로 명명백백히 밝혀진 이 진실을 물리적 증거로 반론할 수 있는가?

⑫ 우주가 138억 년 넘게 팽창해왔다는 것은 그렇게 팽창할 수 있는 공간이 있었다는 것이며, 지금도 계속 팽창할 수 있다는 것은 역시 그렇

게 계속 팽창할 수 있는 무한공간이 있다는 것이다. 그런데 빅뱅론에는 우주 바깥이 존재하지 않는다. 특이점이라고 하는 바늘구멍보다 작은 공간이 전부인 것이다. 하지만 우주 밖에는 무한공간이 존재한다. 많은 은하들이 그 어디에도 부딪히지 않고 끝없이 멀어져가며 우주를 팽창·확장시키는 것이 그 증거이다. 이 역시 빅뱅론을 거부하는 우주의 진실이다.

현대우주과학기술로 명명백백히 밝혀진 이 진실을 물리적 증거로 반론할 수 있는가?

⑬ 밀폐된 유리용기 속에 고무풍선을 넣고 진공상태로 만들면 고무풍선이 팽창하는 것을 확인할 수 있다. 고무풍선 안의 공기분자를 이루고 있는 원소들이 진공인력에 끌리며 팽창하는 것이다.

우주비행사가 우주복을 입지 않고 진공 속에 나가면 온몸이 팽창하며 터져버릴 수 있다. 진공에너지가 인체를 이루고 있는 원소들을 끌어당기며 팽창시키기 때문이다. 진공은 현대천문학의 주장대로 척력이 아니라 물체를 끌어당기며 팽창시키는 강력한 에너지인 것이다.

이를 물리적 증거로 반론할 수 있는가?

⑭ 우주의 은하들은 인체와 같이 원소들로 이루어진 천체이다. 아울러 은하들은 진공 속에서 고무풍선이 팽창하듯이, 무한공간의 진공인력에 끌려가며 우주를 팽창시킨다.

지구로부터 멀리 떨어진 천체일수록 더 빠른 속도로 멀어지는 것은 우주 밖에 있는 무한공간의 그 진공에너지와 더 가까이 있기 때문이다. 하지만 빅뱅론으로는 이와 같은 우주팽창의 실제 진실을 설명할 수가 없다. 이 역시 빅뱅론을 거부하는 우주의 진실이다.

현대우주과학기술로 명명백백히 밝혀진 이 진실을 물리적 증거로 반론할 수 있는가?

⑮ 빅뱅론에서는 우주탄생과 함께 중력이 한꺼번에 생겨났다고 주장한다. 그 주장대로라면 우주에서 중력이 더 이상 생겨날 수 없다.

하지만 지금의 우주에 존재하는 중력은 초기우주에 비해 수천억의 수천억 배 이상으로 많아졌다. 우주질량의 증가와 함께 중력도 확장된 것이다. 이처럼 우주중력은 138억 년 동안 계속 확장되어 왔으며, 지금도 계속 확장되고 있다. 이 역시 빅뱅론을 거부하는 우주 진실이다.

현대우주과학기술로 명명백백히 밝혀진 이 진실을 물리적 증거로 반론할 수 있는가?

⑯ 빅뱅론에 세뇌된 천문학자들은 인플레이션 급팽창 과정에서 중력이 한꺼번에 생겨났다고 주장하기도 한다. 중력은 질량에 비례한다. 그런즉, 빅뱅론의 주장대로라면 신생우주가 우리은하 하나의 규모(지름 10만 광년) 정도로 팽창했을 때의 중력은 우리은하의 1조 배 정도가 되는데, 그 엄청난 중력 속에서 우주는 팽창할 수 없을 뿐만 아니라 극단적으로 수축되며 거대한 블랙홀이 되고 만다.

빅뱅론의 주장대로 인플레이션 급팽창 과정에서 중력이 한꺼번에 생겨났다면 그 중력이 생겨나자마자 우주는 즉시 팽창을 멈추고 극단적으로 수축되며 종말을 맞게 되는 것이다.

하지만 우주는 138억 년 동안 가속팽창을 해왔으며 종말을 맞지도 않았다. 그런즉, 우주팽창은 빅뱅론의 허구를 명명백백히 증명하는 물리적 증거이다.

밤하늘을 아름답게 밝히는 찬란한 별들과 은하의 세계 역시 빅뱅론의 허구를 명명백백히 증명하는 물리적 증거이다. 이 땅에 살아 숨쉬는 모든 생명체들까지도 역시 빅뱅론의 허구를 명명백백히 증명하는 물리적 증거이다.

현대우주과학기술로 명백히 밝혀진 이 진실을 물리적 증거로 반론할 수 있는가?

⑰ 빅뱅론에서는 전자기력이 빅뱅 초기에 생겨났다고 주장한다. 하지만 전자기력은 우주에서 새로운 은하들이 생겨날 때마다 동시에 생겨나며, 그 은하의 질량이 확장되면 함께 확장된다. 진공 속에서도 전기를 흘려보내면 전자기장이 생긴다. 진공을 이루고 있던 원입자들이 결합하며 전자기장으로 변환되는 것이다. 그리고 전기를 흘려보내지 않으면 도로 해체되어 원입자로 돌아간다. 이 같은 현상은 전기선 주변에서도 항시적으로 일어나고 있다. 그런즉, 이 전자기 현상도 빅뱅론의 허구를 낱낱이 증명하고 있다.

현대우주과학기술로 명명백백히 밝혀진 이 진실을 물리적 증거로 반론할 수 있는가?

⑱ 우주에서 진공이 압축될 수 있는 한계는 1㎤당 180억 톤 정도이다. 그 증거는 바로 블랙홀이다. 블랙홀은 질량이 큰 별의 중력-밀도-초고온-폭발에너지 등의 메커니즘에 의해 원자들이 산산이 붕괴되어 진공으로 압축된 공간이다. 그 공간에서는 광자까지 붕괴되어 진공으로 압축되었기에 빛도 존재하지 않는다.

그 블랙홀의 질량은 은하나 천체에 따라 다르지만, 모든 블랙홀의 밀도는 1㎤당 180억 톤 정도로 동일하다. 이 같은 우주 진실은 진공이 압축될 수 있는 한계를 증명하고 있다.

빅뱅론에서 우주공간은 바늘구멍보다도 지극히 작은 공간이 전부이다. 원자핵보다도 작았다는 그 공간이 전부인 것이다. 이는 원자 공간의 지름에 비해 10만 배 이하로 작았다는 의미와 같다. 원자는 대부분 빈 공간인데, 그 공간의 지름에서 원자핵이 차지하는 공간은 10만분의 1정도밖에 되지 않는 것이다. 그렇다면 그 특이점 진공의 질량은 몇 킬로그램 정도나 될까?

우주에서 실제로 진공이 압축될 수 있는 한계가 1㎝당 180억 톤 정도이니, 그 한계를 기준으로 계산한다면 특이점 진공의 질량은 겨우 몇 그램 정도에 불과하다. 그 몇 그램짜리 진공으로 지구도 만들고, 태양도 만들고, 우주에 존재하는 1천억 개 이상의 은하들을 모두 만들었다고 허황된 주장을 하는 것이다. 그런즉, 빅뱅 특이점의 질량이 지금의 우주질량과 같다고 하는 것은 물리적 증거가 전혀 없는 허구일 뿐이다.

현대우주과학기술로 명명백백히 밝혀진 이 진실을 물리적 증거로 반론할 수 있는가?

⑲ 블랙홀은 압축된 진공이다. 즉, 모든 물질이 붕괴되어 압축된 진공이다. 빅뱅론은 우주의 총질량이 압축된 진공이 폭발했다고 하는데, 그 주장대로라면 역시 압축된 진공인 블랙홀도 폭발해야 한다. 우리은하에는 1억 개 정도의 블랙홀들이 존재하는데, 그 블랙홀들도 폭발해야 한다는 것이다. 그 경우 태양도, 지구도 은하 밖으로 튕겨나게 된다.

하지만 블랙홀은 빅뱅을 일으키지 않는다. 이처럼 우주의 블랙홀들도 빅뱅론의 허구를 낱낱이 증명하고 있다.

현대우주과학기술로 명명백백히 밝혀진 이 진실을 물리적 증거로 반론할 수 있는가?

⑳ 빅뱅론대로라면 빅뱅 대폭발 이후 최초로 생성된 별들은 수소와 헬륨으로만 이루어져야 한다. 특히 빅뱅 이후 탄생하여 현재까지 진화를 겪지 않고 본모습을 그대로 간직하고 있는 적색왜성 중에 수소와 헬륨으로만 이루어진 별들이 있어야 한다. 하지만 모든 적색왜성은 금속물질을 포함하고 있다. 즉, 빅뱅론의 주장을 증명할 수 있는 적색왜성은 존재하지 않는다.

현대우주과학기술로 명명백백히 밝혀진 이 진실을 물리적 증거로 반론할 수 있는가?

㉑ 1987년 2월 23일 지구로부터 17만 광년 떨어진 초신성의 폭발이 있었다. 그때 불과 수 초 만에 엄청난 양의 중성미자가 지구로 쏟아졌다. 그 중 1경 개에 달하는 중성미자가 고시바 마사토시(일본 천체물리학자이며 노벨 물리학상 수상자)의 지하물탱크에 도달하였다. 이처럼 중성미자는 초신성이 폭발하면 순식간에 태양계를 뚫고 들어와 우리 인체와 지구를 그냥 통과해 버린다. 하지만 그보다 질량이 무거운 입자들로 구성된 우주선 입자들은 지구대기층과 충돌한다.

빅뱅의 재현이라 할 수 있는 초신성 폭발에서 나타나는 현상은 빅뱅론이 설정한 환경에서는 서로 다른 질량을 가진 입자들이 질량의 무게에 따라 뿔뿔이 흩어지게 되므로 절대 결합할 수 없다는 것을 보여주고 있다.

1조 분의 1㎜ 상태로 완전히 압착된 상태에서만 작용할 수 있는 강핵력도, 빅뱅론이 설정한 환경에서는 질량에 따라 흩어지는 입자들이 절대 결합할 수 없음을 증명하고 있다.

입자가 결합할 수 없다는 것은 원자가 생성될 수 없다는 것이며, 원자가 생겨날 수 없다는 것은 곧 우주가 탄생할 수 없다는 것이다. 그런즉, 빅뱅론이 설정한 환경에서는 우주가 탄생할 수 없다.

현대우주과학기술로 명명백백히 밝혀진 이 진실을 물리적 증거로 반론할 수 있는가?

㉒ 현대천문학에서는 원시우주에서 암흑물질이 모두 한꺼번에 생성되었다고 한다. 그 주장대로라면, 신생우주가 우리은하 하나 정도의 규모로 팽창했을 때의 암흑물질 질량은 우리은하의 수조 배 이상이 되는데, 그 엄청난 질량의 중력 속에서 우주는 팽창할 수 없게 된다. 뿐만 아니라 극단적으로 압축된 원자들은 산산이 붕괴되고 해체되며 사라진다. 하나의 거대한 블랙홀이 되고 마는 것이다.

현대천문학 이론의 주장대로라면 암흑물질이 생겨나자마자 우주는 즉시 팽창을 멈추고 극단적으로 수축되며 종말을 맞게 되는 것이다. 하지만 우주는 138억 년 동안 가속팽창을 해왔으며 종말을 맞지도 않았다. 그런즉, 우주팽창은 현대천문학 이론의 허구를 명명백백히 증명하는 물리적 증거이다.

밤하늘을 아름답게 밝히는 찬란한 별들과 은하의 세계 역시 현대천문학 이론의 허구를 명명백백히 증명하는 물리적 증거이다. 이 땅에 살아 숨쉬는 모든 생명체들까지도 역시 현대천문학 이론의 허구를 명명백백히 증명하는 물리적 증거이다.

현대우주과학기술로 명명백백히 밝혀진 이 진실을 물리적 증거로 반론할 수 있는가?

㉓ 현대천문학 이론의 주장대로라면 암흑물질은 빅뱅 초기에 모두 생성되어 계속 소멸되며 그 질량이 줄어들어야 한다. 하지만 그 반대로 지금의 암흑물질은 초기우주에 비해 수천억의 수천억 배 이상으로 많아졌다.

이 역시 현대천문학 이론의 허구를 낱낱이 증명하고 있다.

현대우주과학기술로 명명백백히 밝혀진 이 진실을 물리적 증거로 반론할 수 있는가?

24.
빅뱅론의 허구에 대하여

빅뱅론이 허구임을 증명하는 아래의 질문사항들을 통해 그 진실들을 알아보자.

우주 진실을 밝히기 위한 질문사항

① 빅뱅론의 핵심은 바늘구멍보다도 지극히 작은 특이점 진공으로 지구도 만들고, 태양도 만들고, 우주에 존재하는 모든 별과 행성을 비롯한 1천억 개 이상의 은하들을 만들었다는 것이다. 아울러 그 특이점이 오늘의 우주에 존재하는 총질량을 갖고 있었다고 한다.

그토록 작은 특이점이 우주의 총질량을 갖고 있었다는 것을 물리적으로 증명할 수 있는가?

② 그 특이점이 오늘의 우주에 존재하는 총질량을 갖고 있었다면, 그 엄청난 질량을 원자핵보다 작은 특이점으로 압축시킨 거대한 에너지가 있어야 한다.

그 에너지에 대해 물리적으로 증명할 수 있는가?

③ 태양보다 10배 이상 무거운 질량을 가진 별의 중력은 원자들을 해체시켜 중성자별을 만들고, 그보다 더 무거운 질량을 가진 별의 중력은 그 중성자마저 해체시켜 블랙홀을 만들 수 있다. 그런즉, 오늘의 우주에 존재하는 총질량을 원자핵보다 작은 특이점으로 압축시킨 에너지가 있었다는 것은 곧 그 질량에 해당하는 중력이 있었다는 것이다.

이를 물리적 증거로 반론할 수 있는가?

④ 블랙홀의 중력은 광자까지도 해체시키기 때문에 그 속에서는 빛조차 빠져나올 수가 없다. 그렇다면 오늘의 우주에 존재하는 총질량을 원자핵보다 작은 특이점으로 압축시킨 엄청난 에너지 가운데서 힉스입자가 존재할 수 있는가?

⑤ 힉스입자의 질량은 원자핵 양성자보다 134배나 무겁다. 그런데 빅뱅론에서는 그 힉스입자가 원자핵보다 작은 특이점 안에 있었고, 그 힉스입자의 질량을 가지고 지구도 만들고, 태양도 만들고, 우주에 존재하는 모든 별과 행성들을 비롯한 1천억 개 이상의 은하들을 만들었다고 한다. 이 동화 같은 이야기를 과학이론이라고 주장한다. 힉스입자이론은 물리적 증거가 전혀 없는 허구이다.

이를 물리적 증거로 반론할 수 있는가?

⑥ 우주가 지금까지 138억 년 동안 팽창해왔다는 것은 그렇게 팽창할 수 있는 공간이 있었기 때문이며, 지금도 무한팽창을 할 수 있다는 것 역시 그렇게 무한팽창을 할 수 있는 공간이 있기에 가능하다.

그 무한공간에서 어떻게 빅뱅 특이점이 생겨났는가?

⑦ 오늘의 우주에 존재하는 총질량을 원자핵보다 작은 특이점으로 압축시킨 에너지라면, 오늘의 우주에 존재하는 블랙홀들을 모두 합한 것보다 더 엄청난 에너지이다. 우주에는 1천억 개 이상에 이르는 은하들이 존재하는데, 그 중 하나인 우리은하에도 약 1억 개의 블랙홀들이 있을 것으로 추정된다. 구상성단의 중심에는 태양 질량의 1천 배에 해당하는 블랙홀이 있고, 은하계 중심에는 태양 질량의 460만 배 정도 되는 거대질량의 블랙홀이 있다. 천체의 질량이 클수록 블랙홀의 질량이 크다. 아울러 은하의 중심에 있는 블랙홀의 질량은 은하의 질량과 비례한다.

그런즉, 1천억 개 이상의 은하들이 가진 총질량을 원자핵보다 작은 특이점으로 압축시킨 에너지가 있었다면, 빅뱅 대폭발 후에도 그 에너지가 존재해야 한다.

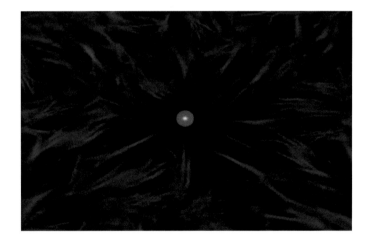

위 이미지는 빅뱅 특이점을 압축시킨 에너지를 상징적으로 보여주고 있다. 빅뱅 특이점과 함께 광자, 중성미자, 전자, 쿼크라고 불리는 기본입자들이 나타난다. 즉, 특이점을 압축시킨 거대한 에너지 속에서 그 입자들이 나타난 것이다.

우리은하 가운데 있는 블랙홀에도 그런 입자들이 존재할 수 없다. 그런데 그 블랙홀에 비할 수 없이 거대한 압축에너지 속에서 광자, 중성미자, 전자, 쿼크들이 나타났다고 주장하는 것이다. 참으로 황당한 주장이 아닐 수 없다.

과연 이것이 과학적으로 가능한 일인가?

⑧ 빅뱅 특이점과 함께 힉스입자가 등장한다. 즉, 특이점을 압축시킨 거대한 에너지 가운데 오늘의 우주에 존재하는 총질량을 가진 힉스입자가 존재했다는 것이다.

블랙홀에서는 광자까지 해체된다. 그런데 블랙홀에 비할 수 없이 무한했다는 그 압축에너지 속에서 어떻게 힉스입자가 존재할 수 있었는가?

이를 물리적으로 증명할 수 있는가?

⑨ 바늘구멍보다 더 작았다는 빅뱅 특이점 안에 힉스입자가 몇 개나 들어가 있어야 오늘의 우주 질량무게에 해당하는 질량을 갖고 있을 수 있는가? 어찌 보면 참으로 유치한 질문이다. 빅뱅론 및 힉스입자이론이 유치한 주장을 하는 만큼 유치한 질문으로 따져 물을 수밖에 없다.

이를 물리적으로 증명할 수 있는가?

⑩ 빅뱅 특이점과 함께 등장한 힉스입자가 광자, 중성미자, 전자, 쿼크 등의 기본입자들에게 우주를 만들 수 있는 질량을 나누어 주었다고 한다.

특이점을 압축시킨 거대한 에너지 속에서도 이런 일이 가능하다는 것은 블랙홀 가운데서 토끼가 풀을 뜯고 있다는 것과 같이 황당한 일이다.

과연 이것이 과학적으로 가능한 일인가?

⑪ 빅뱅론은 원자핵보다 작은 진공이 불안정한 상태에서 무너지면서 우주가 갑자기 빠른 팽창을 했다고 주장한다. 원자핵보다 작은 진공이 우주의 전부인 것이다. 이는 우주의 진실을 완전히 왜곡하는 가설에 불과하다.

태초에도 그랬고, 지금도 우주 밖에는 무한대한 진공이 있다. 우주가 태초에도 그랬고, 현재도 무한팽창을 할 수 있다는 것은 곧 그렇게 무한팽창을 할 수 있는 무한공간이 있기 때문이다. 그런데 빅뱅론에서는 먼지 하나에도 비할 수 없이 작은 진공이, 불안정한 상태에서 무너지면서 우주는 갑자기 빠른 팽창을 했다고 주장한다.

원자핵보다 작은 진공이 무너지면서 우주가 생겨났다는 것은 물리적으로 절대 증명할 수 없는 허구일 뿐이다.

이를 물리적 증거로 반론할 수 있는가?

⑫ 빅뱅론은 우주가 무한밀도로 압축된 상태의 특이점에서 폭발해 지금까지 계속 팽창해왔다는 가설을 전제로 하고 있다. 이 가설에는 특이점을 압축한 에너지와, 빅뱅 대폭발에너지가 존재한다. 특이점을 압축한 에너지 속에서도 빅뱅 대폭발이 가능했던 원인을 물리적 증거를 가지고 증명할 수 있는가?

⑬ 빅뱅론의 주장처럼 무한밀도로 압축된 특이점이 대폭발을 일으켰다면, 역시 극단적으로 압축된 블랙홀도 폭발을 일으킬 수 있다. 그래서 은하의 중심에 있는 블랙홀이 빅뱅 대폭발을 일으켜 지구와 태양을 비롯한 천체들을 한순간에 날려버릴 수도 있다. 즉, 우주의 여기저기에서 은하들이 폭발해버리는 현상이 일어날 수도 있다.

하지만 이는 과학적으로 불가능한 일이다. 이를 인정하는가?

⑭ 한국 천문연구원과 고등과학원은 중력의 기원에 대한 공동반론에서 '빅뱅 이후 인플레이션이라는 과정을 통해서 주변보다 더 밀도가 큰 지역과 작은 지역이 발생되는데, 태초의 균일성이 이 양자요동 현상에 의해 깨지게 되면서 중력이 생겼다'고 주장했다.

이와 같은 착각은 빅뱅가설에 대한 냉철한 고찰이 부족한 데서 비롯한다.[4]

빅뱅론은 우주가 무한밀도로 압축된 상태의 특이점에서 폭발해, 지금까지 계속 팽창해왔다고 주장한다. 이 가설에는 오늘의 우주에 존재하는 총질량을 특이점으로 압축시킨 에너지가 등장한다. 중력의 한가운데에서 물질이 압축된다는 것은 우주의 보편적 상식이다. 그런데 천문연구원과 고등과학원은 특이점을 압축시킨 그 에너지와 중력을 구분하여 따로 설명하고 있다.

중력이란 무엇인가?

은하의 중심에 있는 블랙홀은 그 중력에 의해 생긴 것이다. 마찬가지로 빅뱅 특이점을 압축시킨 에너지가 있었다면 그 에너지 역시 중력이다.

블랙홀이 자기 질량이 있듯이, 특이점도 자기 질량이 있어야 한다. 아울러 블랙홀이 자기 질량의 중력이 있듯이, 특이점도 자기 질량의 중력이 있어야 한다. 빅뱅론이 아무리 허황된 가설이라 해도, 이와 같은 우주의 보편적 상식에서 벗어날 수는 없다.

빅뱅론은 한 세기 전의 사상에서 비롯된 가설이다. 그런데 아직도 그 사상에 세뇌된 지식으로 사물을 판단한다는 것은 과학자의 참된 모습이 아니다. 과학자는 냉철한 고찰과 이성을 신념으로 하기 때문이다. 그러므로 이제는 한 세기 전의 낡은 사상에 세뇌된 지식에서 벗어나, 21세기에 사는 자신의 뇌와 이성을 가지고 사물을 판단해야 한다.

---

4) 편집자 주 - 저자 개인의 의견이며 출판사의 입장과는 무관함

정말 특이점과 더불어 이런 에너지가 존재했다면, 이 속에서는 우주가 생겨날 수 없다. 즉, 빅뱅론은 물리적 개념조차 갖추지 못한 허구이다. 이를 물리적 증거로 반론할 수 있는가?

⑮ 빅뱅은 응축된 특이점의 대폭발이라 한다. 그런데 빅뱅 특이점을 무한 밀도로 압축시킨 에너지가 있었다면 그 에너지는 무한대이다. 그 에너지 에 의해 특이점이 압축되었고, 그 압축에너지 속에서 특이점이 폭발했 다면 어떤 상황이 발생할까? 그 무한한 압축에너지 가운데에서 과연 빛 보다 빨랐다는 인플레이션 팽창이 가능할까? 우주가 138억 년 동안 가 속팽창을 할 수 있었을까?
이를 물리적 증거로 밝힐 수 있는가?

⑯ 빅뱅론은 응축된 특이점이 대폭발을 일으키며 팽창했다는 것인데, 정 말 그랬다면 빅뱅 팽창은 그 압축에너지와 부딪히게 된다. 아울러 정말 특이점이란 것이 있었고, 그 특이점을 무한밀도로 압축시킨 에너지가 있었다면 현재도 우주 밖에는 압축에너지가 존재해야 한다.

위 이미지는 특이점을 압축시킨 에너지와 빅뱅 대폭발에너지가 충돌하는 모습을 상징적으로 보여주고 있다. 특이점을 압축시킨 에너지가 현재도 우주 밖에서 응축되고 있다면, 그 에너지와 우주의 팽창에너지 충돌은 참혹한 결과를 초래하게 될 것이다. 이 우주를 다시 원자핵보다 작은 특이점으로 압축시킬 테니 말이다.

하지만 우주 밖에는 그런 에너지가 존재하지 않는다.

이 진실을 물리적 증거로 반론할 수 있는가?

⑰ 빅뱅 이후 1초 이내에 우주가 '10억의 10억 배, 또 10억의 10억 배, 또 10억의 10억 배'이상으로 커졌다고도 주장한다.

이를 물리적 증거를 가지고 증명할 수 있는가?

⑱ 빅뱅가설과 함께 등장한 기본입자들은 대폭발에너지에 떠밀려 달리기를 시작한다. 그 입자들은 다양한 질량을 가지고 있다. 그러므로 질량이 가벼운 순서대로 멀리 달아날 것은 분명하다.

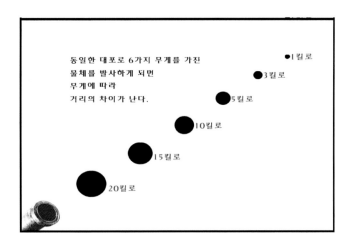

동일한 대포로 6가지 무게를 가진
물체를 발사하게 되면
무게에 따라
거리의 차이가 난다.

●1킬로
●3킬로
●5킬로
●10킬로
●15킬로
●20킬로

위 그림은 빅뱅이론의 허구에 대한 이해를 돕기 위해 가상 시뮬레이션을 한 것인데, 이처럼 빅뱅론에 등장한 기본입자들은 질량에 따라 흩어지며 그 사이의 거리가 벌어지게 된다.

즉, 질량이 가장 가벼운 입자는 가장 빨리, 그리고 가장 멀리 튕겨나가는 반면 질량이 가장 무거운 입자는 가장 늦게 튕겨나가며 질량이 가벼운 입자들의 뒤를 쫓게 된다.

이를 물리적 증거로 반론할 수 있는가?

⑲ 우주의 나이가 100분의 1초 정도 되어서 온도가 100억℃ 정도로 떨어졌을 때, 기본입자들이 모여서 양성자와 중성자들을 만들었다고 한다.

그럼 이 기본입자(광자, 중성미자, 전자, 쿼크 등)들이 어떻게 만났을까?

예를 들어 빅뱅이라는 출발선에 6명의 달리기 선수가 서 있다고 하자. 1번 선수는 1kg의 짐을 지었고, 2번 선수는 2kg, 3번 선수는 3kg, 4번 선수는 8kg, 5번 선수는 50kg, 6번 선수는 100kg의 짐을 지고 있다. 이 선수들에게 미션이 있는데, 그것은 1분 동안 전속력으로 최선을 다해 달린 지점에서 두 번째 미션을 받아 수행하는 것이다.

'탕!' 드디어 출발신호가 울리고 1분이 흐른 뒤, 1번 선수는 100m 지점에, 2번 선수는 90m 지점에, 3번 선수는 80m 지점에, 4번 선수는 60m 지점에, 5번 선수는 50m 지점에, 그리고 가장 무거운 짐을 진 6번 선수는 두 다리를 휘청거리며 겨우 10m를 갔다고 하자. 그 지점에서 떨어진 두 번째 미션은 0.1초 동안에 6명의 선수가 짐을 진채로 한군데 모여 하나로 뭉치라는 것이다. 이것이 가능한 일인가?

물론 절대 불가능한 일이다.

이와 마찬가지로 빅뱅과 함께 기본입자들이 질량의 무게에 따라 흩어지게 되므로 원자핵인 양성자와 중성자를 만들 수 없다.

이를 물리적 증거로 반론할 수 있는가?

⑳ 별에서 질량이 무거운 입자들은 중심 핵에 있고, 질량이 가벼운 순서대로 구조를 이루고 있다. 그래서 질량이 가장 가벼운 수소는 별의 맨 바깥을 둘러싸고 있다.

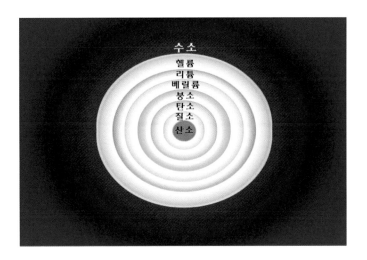

위 이미지와 같이 별의 구조는 질량이 무겁거나 가벼운 순서로 입자들이 배치되어 있다. 이와 마찬가지로 빅뱅 특이점에서도 입자들의 배치가 이루어져야 한다.

질량이 가장 가벼운 입자들이 특이점의 바깥을 차지하므로 대폭발과 함께 가장 빨리, 그리고 가장 멀리 튕겨나가게 된다. 따라서 질량이 무거운 입자들과의 결합이 절대로 이루어질 수 없다. 즉, 원자를 구성할 수 없는 것이다.

이를 물리적 증거로 반론할 수 있는가?

㉑ 빅뱅 후 10초쯤 되어 우주 온도가 섭씨 40억 도 정도로 식었을 때, 전자와 양전자가 일대일로 합해져 막대한 에너지를 내면서 결과적으로 우주에는 약간의 전자가 안정된 상태로 남게 되었는데, 이 전자들이 양성자와 어울려 원자를 만들었다고 한다.

전자와 양성자 사이에는 1,836배의 질량 차이가 있는데, 빅뱅 대폭발에 떠밀려 그 입자들의 사이는 질량의 차이만큼 멀리 벌어지게 된다. 질량이 작은 전자는 1,836배나 무거운 양성자보다 더 멀리, 더 빨리 달아나게 되는 것이다.

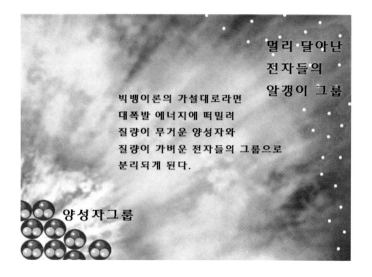

멀리 달아난 전자들의 알갱이 그룹

빅뱅이론의 가설대로라면 대폭발 에너지에 떠밀려 질량이 무거운 양성자와 질량이 가벼운 전자들의 그룹으로 분리되게 된다.

양성자그룹

이 그림은 빅뱅 대폭발에너지에 의해 질량이 무거운 양성자그룹과, 질량이 가벼운 전자그룹의 사이가 멀리 벌어진 모습을 상징적으로 보여주고 있다. 이처럼 빅뱅론이 설정한 환경에서는, 양성자와 전자가 결합하여 원자를 구성할 수가 없다. 원자를 구성할 수 없다는 것은 곧 물질이 생겨날 수 없다는 것이다. 그런즉, 빅뱅론이 설정한 환경에서는 우주가 생겨날 수 없다. 이를 물리적 증거로 반론할 수 있는가?

㉒ 중수소와 삼중수소를 핵융합하려면 우라늄원자폭탄을 터뜨리는 압력이 필요하다.

원자폭탄이 터지며 발생하는 엄청난 에너지를 가운데로 집중시켜 그 가운데에 있는 중수소와 삼중수소를 강하게 압축하여 핵융합을 시키는 것이다.

빅뱅 때 기본입자들을 결합시키는 것도 이와 같은 초강력 압력이 필요하다. 더구나 강핵력(강한 상호작용력)은 1조 분의 1mm까지 완전히 압착된 상태에서만 그 입자들을 결합할 수 있는데, 빅뱅론이 설정한 환경에서는 질량의 무게대로 뿔뿔이 흩어지는 입자들에 강핵력이 적용될 수 없다. 이를 물리적 증거로 반론할 수 있는가?

㉓ 빅뱅이 터지고 나서 약 3분쯤 되어 온도가 섭씨 10억 도 정도로 떨어졌을 때 양성자와 중성자들이 강한 핵력으로 결합해서 중수소, 삼중수소, 헬륨3을 거쳐 안정된 헬륨4의 원자핵을 만들었다고 한다. 역시 이 가설에 등장한 입자들도 빅뱅이론이 설정한 환경에서는 질량의 차이에 따라 서로 흩어져 있으므로 융합하여 헬륨을 생성할 수 없다.

헬륨을 생성하려면 우라늄원자폭탄이 터지며 발생하는 것과 같은 에너지로 압축시켜야 가능한데, 빅뱅론이 설정한 환경처럼 입자들이 뿔뿔이 흩어지는 상황에서는 절대 불가능한 것이다.

이 그림은 질량의 차이에 따라 삼중수소와 중수소의 사이가 벌어진 것

을 상징적으로 보여주고 있다. 앞에서 밝혔듯이 빅뱅 환경에서는 광자, 중성미자, 전자 등의 기본입자들도 결합할 수 없고, 양성자와 전자도 결합할 수 없다. 그런즉, 양성자와 중성자들이 강한 핵력으로 결합해서 중수소, 삼중수소, 헬륨3을 거쳐 안정된 헬륨4의 원자핵을 만든다는 것도 불가능한 일이다.

이를 물리적 증거로 반론할 수 있는가?

㉔ 빅뱅론에서는 특이점이 폭발하면서 원시우주가 탄생하고, 네 가지 힘(중력, 약핵력, 전자기력, 강핵력)이 초강력에서 떨어져 나갔다고 한다. 이는 가설로만 존재할 뿐, 실제 물리적으로는 영원히 증명할 수 없다.

이를 물리적 증거로 반론할 수 있는가?

㉕ 빅뱅 특이점이 폭발하면서 중력이 초강력에서 떨어져 나갔다고 하는 것은 곧 중력이 빅뱅 이전에 특이점과 함께 존재했다는 것이다. 만약 그렇다면 그 엄청난 중력 가운데에서 오늘의 우주는 생겨날 수 없다.

이를 물리적 증거로 반론할 수 있는가?

㉖ 빅뱅 특이점이 폭발하면서 강핵력이 떨어져 나왔다고 하는데, 빅뱅 대폭발과 함께 입자들이 질량의 무게대로 뿔뿔이 흩어지는 상황에서는 그 강핵력이 작용할 수 없다.

강핵력은 자연계에 존재하는 네 가지 힘(전자기력, 중력, 강한 핵력, 약한 핵력) 중에서 쿼크끼리 결합을 시키는 힘으로, 전자기력의 약 100배 정도이다(단, 양성자 크기 정도의 거리에서 힘을 미칠 경우에만 그렇다는 것이다).

쿼크 사이에는 전자기력도 작용하지만, 강한 핵력이 더 크게 작용하게 된다. 하지만 강한 핵력이 그 정도로 강하다고 해도, 결국은 1조 분의 1㎜

정도밖에 힘을 미치지 못한다. 1조 분의 1㎜ 사이란 것은 완전히 압착된 상태라고 할 수 있다. 이와 같은 현상은 기본입자들이 한 공간에서 완전 압착된 상태로 있을 때에만 가능하다. 빅뱅이론이 설정한 상황에서 기본입자들이 질량의 무게에 따라 뿔뿔이 흩어진 상태에서는 절대 불가능한 것이다.

이를 물리적 증거로 반론할 수 있는가?

㉗ 빅뱅 후 약 30분이 경과해서 헬륨 원자핵이 만들어지는 과정이 끝났을 때는 수소 원자핵(양성자)과 헬륨 원자핵의 비율이 약 73 대 27 정도 되었다고 한다. 그렇게 만들어진 수소와 헬륨이 오늘의 우주를 형성하고 있다는 것이다.

그럼 그 당시의 초기우주 크기는 어느 정도였을까? 그 규모를 가늠해 보자.

원자가 생성되기 전인 빅뱅 후의 10초까지 광속의 100배로 팽창했다고 하자. 특이점을 압축시킨 초강력 중력 가운데서 쿼크가 광속보다 100배 빠르다는 것은 말도 안 되지만, 가설인만큼 그 정도로 설정해 보자. 그렇다면 초기우주의 반지름은 3억㎞ 정도이다.

그 후 팽창속도는 급격히 떨어진다. 이미 인플레이션 팽창효과도 끝나고, 기본입자들이 결합하여 전자의 1,836배가 되는 원자핵이 만들어졌기 때문이다. 그런즉, 떠미는 힘도 약해지고 무게도 천 배 이상 무거워졌다. 무게가 무거워진 만큼 속도가 저하된다는 것은 보편적 상식이다. 하지만 어차피 말이 안 되는 가설인만큼, 좀 더 뻥튀기하여 계속 광속으로 팽창했다고 가정하자.

빅뱅론은 약 30분이 경과하여 만들어진 수소 원자핵(양성자)과 헬륨 원자핵의 비율이 약 73 대 27 정도가 되었다고 주장한다. 오늘의 우주를 형성하고 있는 수소와 헬륨이 모두 그때 만들어졌다는 것이다.

당시의 신생우주 반지름은 위에서 설정한 뻥튀기 가설로 계산했을 때 540억㎞ 정도이다.

위 사진(출처 : 위키백과)의 별은 스스로 방출한 두터운 가스 물질에 둘러싸여 있는데, 별의 규모는 태양 반경의 2천 배 정도이다. 세페우스자리에서 뮤 세페이와 공존하는 초거성인 VV A(VV Cephei A) 거성은 태양 직경의 1,600~1,900배로 추정되고, 밝기는 태양의 27만5천 배~57만5천 배 정도 된다고 한다. 태양 직경의 1,600배이면 23억4,300만㎞이다.

유럽우주국이 밝힌 초기우주에서 암흑에너지가 차지하고 있던 비율은 68.5%이고, 암흑물질의 비율은 26.6%이며, 별을 만들 수 있는 일반물질의 비율은 4.9% 정도이다.

그 비율로 계산하면 빅뱅 30분이 된 초기에서 별을 생산할 수 있는 일반물질이 차지하고 있던 규모는 약 21억㎞ 정도이다. 초거성 하나의 규모 정도밖에 되지 않는 것이다.

이 신생우주의 질량이 오늘의 우주에 존재하는 총질량과 같았다면, 그 질량에 해당하는 엄청난 중력에 의해 산산이 붕괴되며 블랙홀이 되고 만다. 그래서 오늘의 우주는 생겨날 수 없다.

이를 물리적 증거로 반론할 수 있는가?

㉘ 빅뱅가설에 의하면 우주의 온도는 탄생(빅뱅) 1초 후 1백억℃, 3분 후 10억℃, 1백만 년이 됐을 때는 3천℃로 식었다고 한다. 용광로 온도가 1,500℃ 정도이니, 그 두 배의 온도면 완전한 불덩이와 같다. 그리고 1백만 년이 되었을 때 3천℃로 식었다면, 그 100만 년의 절반도 안 되는 38만 년이 되었을 때는 3천만℃ 이상의 온도가 되어야 할 것이다.

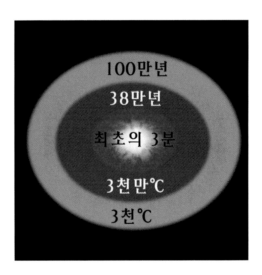

위 그림과 같이 지금의 우주론대로 빅뱅 이후 1백만 년 된 초기우주의 온도가 3천℃로 식었다면, 38만 년 되었을 때의 초기우주 온도는 3천만℃ 이상의 온도가 되어야 할 것이다.

태양의 내부 온도는 1,500만℃에 달한다. 이렇게 끓고 있는 태양의 열기도 표면으로 나오면 온도가 많이 내려가서 섭씨 5,500~6,000℃ 정도

되는데, 빅뱅 후 38만 년이 된 초기우주의 온도가 3천만℃ 이상이었다면 태양보다 더 뜨거운 불덩이였을 것이다. 빅뱅론의 창시자인 가모브가 '원시불덩이'였다고 주장했듯이 말이다.

하지만 유럽우주국이 최첨단 과학기술을 동원하여 밝혀낸 빅뱅 38만 년 후의 초기우주 모습은 완전히 다른 모습이다. 태양보다 뜨거운 불덩이로 식어가는 모습이 아니라, 그 당시 초기우주의 중력이 집중되며 밀도가 가장 높은 곳의 온도가 약 2,700℃로 온도가 상승하고 있는 모습이었던 것이다. 이는 빅뱅론의 허구를 증명하는 명명백백한 물리적 증거이다.

이를 물리적 증거로 반론할 수 있는가?

㉙ 빅뱅론에는 우주가 생겨난 바탕인 암흑에너지와 우주의 토양인 암흑물질에 대한 개념도 결여되어 있다. 우주탄생에서 가장 중요한 부분이 빠진 것이다.

이를 물리적 증거로 반론할 수 있는가?

수소폭탄과 빅뱅론

수소폭탄은 보통 폭탄들과 달리 폭약을 바깥쪽 둘레에 설치한
다. 일반 폭탄은 가운데에 폭탄을 넣고 터뜨리는데, 수소폭탄은 가
운데에 중수소와 삼중수소원료를 넣고 그 둘레를 우라늄으로 감
싼 것이다. 그리고 바깥에서부터 폭발을 일으킨다.

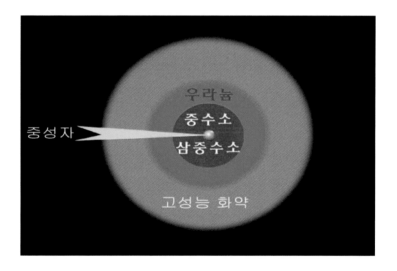

이 그림과 같이 수소원료를 우라늄이 둘러싸고 폭약이 그 바깥
을 감싸고 있다. 폭탄에는 내폭방식과 외폭방식이 있는데, 일반 폭

탄처럼 가운데에서 외부로 폭발시키는 것이 외폭방식이고, 핵폭탄처럼 가운데 넣은 원료를 둘러싸고 있는 외부에서 내부를 향해 폭발시키는 것은 내폭방식이다. 우라늄을 원료로 하는 핵폭탄도 그 원료를 둘러싸고 있는 폭약을 외부에서 먼저 폭발시키는 내폭방식이다. 그 폭발에너지를 가운데로 집중시켜 핵분열을 하기 위해서다.

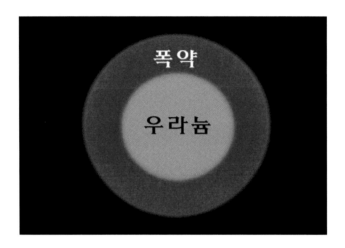

위 그림과 같이 우라늄을 폭약이 둘러싸고 있다. 그런데 수소폭탄은 그 우라늄으로 둘러싼 내폭방식인 것이다. 이것은 물론 더 강한 폭발력을 얻기 위해서다. 아울러 우라늄은 수소폭탄의 방아쇠 역할을 한다. 우라늄폭탄을 먼저 터뜨려서, 그 엄청난 에너지를 가운데로 집중시켜 수소의 핵융합을 일으키는 것이다.

수소폭탄은 원자폭탄을 방아쇠로 하는 고온·고열하가 아니면 융합반응을 일으키지 않기 때문에, 열핵무기(熱核武器) 또는 핵융합무기라고도 한다. 수소폭탄의 원료로는 중수소와 삼중수소 두 가지가 쓰이는데, 이 둘이 초고온과 압력에 의해 융합되면서 헬륨이 생성된다. 이 때 수소가 헬륨으로 변하는 과정에서 아주 극미세한 양의 질량이 소실되고, 이것이 아인슈타인의 $E=MC^2$이란 공식에 의해 에너지로 변환되면서 폭발한다.

$E=MC^2$ 방정식에서 E는 에너지, M은 물체의 질량, C는 빛의 속도인데, 빛의 속도인 시속 30만㎞를 제곱했으니 그 숫자는 어마어마해서 질량이 아무리 작다 해도 1톤 정도의 수소폭탄이 터지면 그 중 1% 정도인 10kg정도가 에너지로 변환되기 때문에 그 에너지의 양은 10×900,000,000,000J의 에너지가 생성된다는 것이다. 그런즉, $E=MC^2$라는 것은 질량이 에너지가 되고, 에너지는 질량이 될 수 있다는 뜻이다.

빅뱅론은 가운데에 폭약과 우라늄을 넣고, 그 둘레에 중수소와 삼중수소를 장치했다는 것과 같다. 엄청난 에너지로 폭발하며 3분 후에 중수소와 삼중수소가 융합하여 헬륨을 생성했다고 하니 말이다. 그런데 이와 같은 방법으로는 중수소와 삼중수소가 융합할 수 없다. 폭발과 함께 중수소와 삼중수소는 뿔뿔이 흩어지기 때문이다.

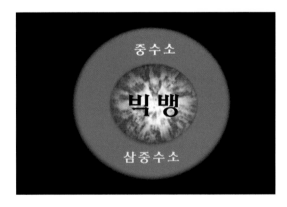

위 그림처럼 빅뱅론은 수소폭탄 원리의 반대이다. 빅뱅이라고 하

는 외폭방식으로 중수소와 삼중수소를 날려버리는 것이다. 따라서 빅뱅론이 설정한 환경에서는 중수소와 삼중수소가 융합하여 헬륨을 생성할 수 없다. 즉, 수소폭탄은 외부를 둘러싸고 있는 핵폭탄이 먼저 폭발하며 그 엄청난 에너지가 가운데로 집중되어 수소의 핵융합이 가능하지만, 빅뱅론은 그 반대인 것이다.

빅뱅론이 설정한 환경에서는 기본입자들도 질량의 무게대로 뿔뿔이 흩어지기 때문에 절대 결합할 수 없다. 기본입자들이 결합할 수 없다는 것은 원자를 구성할 수 없다는 것이며, 원자를 구성할 수 없다는 것은 곧 우주가 생겨날 수 없다는 것이다. 따라서 빅뱅론이 설정한 환경에서는 오늘의 우주가 생겨날 수 없다.

우주 진실을 밝히기 위한 질문사항

빅뱅론은 가운데에 폭약과 우라늄을 넣고 그 둘레에 중수소와 삼중수소를 장치했다는 것과 같다. 엄청난 에너지로 폭발하며 3분 후에 중수소와 삼중수소가 융합하여 헬륨을 생성했다고 하니 말이다. 그런데 이 같은 방법으로는 중수소와 삼중수소가 융합할 수 없다. 폭발과 함께 중수소와 삼중수소는 뿔뿔이 흩어지기 때문이다.

원자를 구성하는 기본입자들도 빅뱅론이 설정한 환경에서는 질량의 무게대로 뿔뿔이 흩어지기 때문에, 절대로 결합할 수가 없다. 그런즉, 빅뱅론이 설정한 환경에서는 오늘의 우주가 생겨날 수 없다.

이를 물리적 증거로 반론할 수 있는가?

천체물리학자들은 빅뱅의 순간에 우주는 기본입자들의 질량이 무형의 에너지와 구별이 안 되는 엄청난 혼돈의 상태에 있었다고 생각한다. 노벨 물리학상 수상자 스티븐 와인버그는 빅뱅이 일어난 그 최초의 3분에 대해 마치 드라마 장면처럼 다음과 같이 정리했다.

"빅뱅 직후에는 아직 양성자와 중성자는 찾아볼 수 없고, 우주는 대부분 광자, 전자, 양자, 중성미자, 반중성미자 그리고 쿼크들로 이루어져 있었다. 우주의 나이가 100분의 1초 정도 되어 온도가 100억℃ 정도로 떨어졌을 때는 쿼크들이 모여서 양자와 중성자들을 만들었다. 이 초기의 우주에서는 두 개의 광자가 충돌해서 전자와 양전자의 쌍을 만들어내기도 하고 전자와 양전자가 일대일로 합쳐져 서로의 전하를 상쇄하고 소멸하면서 빛으로 바뀌기도 하는 등, 상상을 초월하는 다이내믹한 상태이다.

우주의 나이가 10초쯤 되어 우주가 40억℃ 정도로 식었을 때, 전자와 양전자가 일대일로 합쳐져 막대한 에너지를 내면서 결과적으로 우주에는 약간의 전자가 안정된 상태로 남게 된다. 이 전자들이 후일 양성자와 어울려 원자를 만들고, 생명의 화학을 비롯해서 온갖 흥미로운 화학을 만들어낸다. 우주의 나이가 약 3분쯤 되고 온도가 10억℃ 정도로 떨어지면 양자와 중성자들이 강한 핵력으로 결합해서 중수소, 삼중수소, 헬륨3을 거쳐 안정된 헬륨4의 원자핵을 만들게 된다. 비로소 수소와 헬륨 두 가지 원자핵이 우주에 등장해서 앞으로 150억 년 동안 100여 가지의 원소들이 경이로운 물질의 세계를 전개할 서막을 장식한다.

약 30분이 더 경과해서 헬륨 원자핵이 만들어지는 과정이 끝났을 때는 수소 원자핵(양성자)과 헬륨 원자핵의 비율이 약 74 대 27 정도가 되었다. 이 비율은 아주 멀리 있는 은하계에서는 어디에서나 관찰된다. 이것은 우주의 모든 은하계는 같은 원료, 즉 빅뱅 당시에 생긴 수소와 헬륨의 3 대 1 혼합물에서 형성된 것을 말해준다."

와인버그가 설명한 이 가설에는 심각한 모순이 있다. 그럼 냉철한 이성을 가지고 와인버그의 드라마를 관찰해 보자.

📝❓ 스티븐 와인버그의 드라마에 대한 질문사항

① "빅뱅 직후에는 아직 양성자와 중성자는 찾아볼 수 없고, 우주는 대부분 광자, 전자, 양자, 중성미자, 반중성미자 그리고 쿼크들로 이루어져 있었다. 우주의 나이가 100분의 1초 정도 되어 온도가 100억℃ 정도로 떨어졌을 때는 쿼크들이 모여서 양성자와 중성자들을 만들었다."

와인버그가 설명한 이 드라마에는 물리적 증거들이 전혀 없다. 빅뱅론이 설정한 환경에서는 대폭발에너지에 떠밀려 입자들은 질량의 무게대로 뿔뿔이 흩어지게 되는데, 와인버그는 쿼크들과 전자들이 한 공간에서 머물다가 모여서 양성자와 중성자를 이룬 것처럼 말하고 있다. 빅뱅 대폭발 에너지를 배제하고 드라마를 연출한 것이다.

양성자와 중성자는 광자, 중성미자, 전자, 쿼크 등 다양한 질량을 가진 입자들로 조립되어 있다. 때문에 이 입자들은 빅뱅론이 설정한 대폭발 환경에서는 절대로 모일 수 없다, 즉, 양성자와 중성자를 만들 수가 없다. 이를 물리적 증거로 반론할 수 있는가?

② 강핵력에 대한 설명이 없다. 강핵력(강한 상호작용력)은 1조 분의 1㎜까지 완전 압착된 상태에서만 우주물질을 구성하는 기본입자들이 결합할 수 있다. 입자가 1조 분의 1㎜까지 완전 압착되는 것은 와인버그의 드라마에서는 도저히 불가능하다. 그렇게 압착되려면 입자들이 안으로 모이며 밀도를 높여야 하는데, 빅뱅론이 설정한 환경에서는 입자들이 흩어지며 밀도를 낮추기 때문이다.

그런즉, 빅뱅론의 주장처럼 질량의 무게대로 뿔뿔이 흩어지는 입자들에 강핵력이 작용될 수 없다. 강핵력이 작용될 수 없다는 것은 곧 입자들이 결합할 수 없다는 것이다. 이는 우주가 생겨날 수 없다는 말과 동일하다. 이를 물리적 증거로 반론할 수 있는가?

③ 와인버그는 두 개의 광자가 충돌해서 전자와 양전자의 쌍을 만들어냈다고 하였다. 이는 입자물리학에 대한 기본 개념을 갖추지 못한 주장이다. 광자가 합치면 중성미자가 되고, 약 10억 개의 중성미자가 합쳐져야 1개 정도의 전자를 만들 수 있는데, 와인버그의 드라마는 입자물리학에 대한 개념이 존재하지 않는다.

이를 물리적 증거로 반론할 수 있는가?

④ "우주의 나이가 10초쯤 되어 우주가 40억℃ 정도로 식었을 때, 전자와

양전자가 일대일로 합쳐져 막대한 에너지를 내면서 결과적으로 우주에는 약간의 전자가 안정된 상태로 남게 된다. 이 전자들이 후일 양성자와 어울려 원자를 만들고, 생명의 화학을 비롯해서 온갖 흥미로운 화학을 만들어낸다."

와인버그의 이 설명에도 질량과 속도 등에 관한 물리적 증거들이 존재하지 않는다. 와인버그는 드라마의 서두에서 빅뱅 후 100분의 1초 정도 되어 쿼크들이 모여 양성자와 중성자들을 만들었다고 했다. 그래서 양성자는 전자의 질량과 1,836배의 차이가 나게 되었다. 빅뱅 대폭발에너지에 떠밀려 양성자와 전자의 달리기가 시작된다.

과연 누가 더 빨리 달릴까? 두 명의 달리기 선수가 있는데, 한 선수는 맨몸이고, 다른 한 선수는 무거운 배낭을 등에 메고 달린다고 가정하면 이 중에 어느 선수가 더 빨리 달릴 수 있겠는가?

물론 무거운 배낭을 진 선수는 맨몸으로 달리는 선수를 이길 수 없다. 이와 마찬가지로 양성자와 전자의 달리기에서도 질량이 무거운 양성자는 1,836배나 가벼운 전자를 쫓아갈 수 없다. 바늘구멍보다 작았다는 특이점에서 입자들이 질량의 순서대로 튕겨날 것이기 때문이다. 그런데 와인버그는 10초 후에 양성자와 전자가 어울려 원자를 만들었다고 한다.

과연 이 입자들은 어떻게 만났을까? 앞서 달리던 전자가 도중에 잠들어버린 걸까? 거북이와 토끼의 달리기를 이야기하는 우화처럼 말이다.

이처럼 와인버그의 드라마는 물리적 증거는 전혀 없고, 그냥 재미있게 읽을 수 있는 동화에 불과하다.

이를 물리적 증거로 반론할 수 있는가?

27.

인플레이션이론의 모순에 대하여

빅뱅이론의 모순을 해결하기 위해 나온 것이 인플레이션이론인데, 이 인플레이션이론에도 많은 모순점이 있다. 이에 대한 질문사항들을 통해 우주의 진실을 알아보자.

우주 진실을 밝히기 위한 질문사항

① 앨런 구스는 빅뱅론의 뒤를 잇는 인플레이션이론을 주창했다. 그의 주장에 의하면 우주공간은 빅뱅의 순간에 10의 50제곱의 크기로 급격히 팽창하였고, 그 팽창 속도는 빛보다 빨랐다. 하지만 이 이론은 가설로만 존재할 뿐, 실제 물리적 증거를 가지고 밝힐 수 없다.
이를 물리적 증거로 반론할 수 있는가?

② 빅뱅론에 중성미자, 전자, 쿼크 등의 기본입자들이 등장한다. 이 입자들이 빛보다 빠른 속도로 팽창했다는 것이다. 그런데 아인슈타인의 상대성이론에서는, 빛보다 빠른 물질은 존재하지 않는다고 정의한다. 또 실제로 빛보다 빠른 물질은 아직 확인된 바 없다.
이를 물리적 증거로 반론할 수 있는가?

③ 빅뱅 발생 시점 10-37초에서 10-33초까지의 시간을 인플레이션 시기라 한다. 즉, 그 시기에 빛의 속도를 초과하는 우주팽창이 있었다는 것이다. 그럼 그 짧은 시간 안에 빛의 속도를 몇 배나 능가하는 속도로 팽창한다고 해야 진실을 가릴 수 있을까? 그 초기우주에 존재한 물질의 질량이 오늘의 우주에 비해 수천억의 수천억 배 이하로 훨씬 작았다는 것을 말이다.

사실 그 인플레이션 팽창속도가 빛의 속도를 1천 배, 아니 1만 배 능가했다고 해도 우주에 존재하는 수천억 개의 은하들 중에 우리은하 하나도 만들 수 없다. 그런즉, 인플레이션팽창을 아무리 부풀려도 빅뱅론이라고 하는 거짓을 가릴 수 없다.

이를 물리적 증거로 반론할 수 있는가?

④ 빅뱅론은 우주가 무한밀도로 압축된 상태의 특이점에서 폭발해 지금까지 계속 팽창해왔다고 주장한다. 이 주장에는 오늘의 우주에 존재하는 총질량을 특이점으로 압축시킨 에너지가 등장한다. 중력의 한가운데서 물질이 압축된다는 것은 우주의 보편적 상식이다. 은하의 중심에 있는 블랙홀은 그 중력에 의해 생긴 것이다.

마찬가지로 빅뱅론의 특이점을 압축시킨 에너지가 있었다면 그 에너지 역시 중력이다. 블랙홀이 자기 질량이 있듯이, 특이점도 자기 질량이 있어야 한다. 블랙홀이 자기 질량의 중력이 있듯이, 특이점도 자기 질량의 중력이 있어야 한다.

빅뱅론이 아무리 가설이라 해도, 이와 같은 우주의 보편적 상식에서 벗어날 수는 없다. 빅뱅론의 특이점은 곧 중력의 결정체이다. 그런데 빅뱅론은 특이점을 압축시킨 그 에너지와 중력을 구분하여 따로 주장하는 착오를 범하고 있다.

표준모형에 등장하는 쿼크들은 서로의 질량이 20배, 50배, 1천 배, 4천 배에서 10만 배까지의 엄청난 차이가 있다. 빅뱅 우주팽창이 빛의 속도보다 빨랐다는 것이 인플레이션이론인데, 양성자보다 170배 이상의 무거운 질량을 가진 톱쿼크가 빛보다 빠르다는 것은 물리적으로 증명할 수 없는 가설이다. 톱쿼크는 주기율표상으로 금 원자의 질량무게와 같다.

그런즉, 빅뱅 우주팽창이 빛의 속도보다 빨랐다는 인플레이션이론은 금 원자가 광속보다 더 빠를 수 있다는 것과 같다. 물리적으로 절대 증명할 수 없는 억지이다.

위 그림은 대폭발 에너지에 떠밀려 질량의 무게대로 흩어지는 입자들을 상징적으로 보여주고 있다. 그런즉, 인플레이션이론대로 우주가 팽창했다고 해도 빅뱅론이 설정한 환경에서는 입자들이 결합할 수 없으므로 오늘의 우주가 생겨날 수 없다.

이를 물리적 증거로 반론할 수 있는가?

⑤ 인플레이션 팽창 과정에서 양자요동 현상에 의해 중력이 한꺼번에 생겼다고도 한다. 이 경우 우주는 즉시 팽창을 멈추고 극단적으로 수축되며 블랙홀로 사라지게 된다. 또한 오늘의 우주에 존재하는 중력이 원시우주에서 한꺼번에 생겨났다고 주장하는 것은 질량과 중력의 메커니즘에 대한 기초적인 개념이 결여된 데서 비롯된 착각이다.
이를 물리적 증거로 반론할 수 있는가?

28.

빅뱅론이라는 사이비과학종교에 대하여

피카소의 이 황소가 바늘구멍을 통과했다면 믿겠는가?

아마 아무도 믿지 않을 것이다. 하지만 빅뱅론은 이보다 더 황당한 것을 믿으라고 한다.

이것은 사이비종교와 같다. 그럼 그 사이비적인 실체에 대해 하나하나 파헤쳐 보자.

🔍 우주 진실을 밝히기 위한 질문사항

① 사이비종교의 특징은 과학적 증거는 없으나 무조건 믿으라는 것이다. 이런 의미에서 빅뱅이론과 사이비종교는 매우 닮아 있다. 증거도 없이 그냥 믿으라고 한다. 개념도 따지지 말고 그냥 믿으라는 것이다. 이는 과학이라고 하는 탈을 쓴 또 하나의 사이비 철학인 것이다. 즉, 사이비 빅뱅 종교인 것이다.

빅뱅론 창시자 중의 한 사람인 르메트르는, 빅뱅이 어제가 없는 오늘과 같다고 했다.

즉, 원인도 없는 것이다. 그럼에도 그냥 믿으라고 한다. 사이비종교처럼 말이다.

이 진실을 물리적 증거로 반론할 수 있는가?

② 빅뱅론은 바늘구멍보다 작은 특이점 진공으로 지구도 만들고, 태양도 만들고, 우주에 존재하는 모든 별과 행성들을 비롯한 1천억 개 이상의 은하들을 만들었다고 주장한다. 즉, 오늘의 우주를 이루고 있는 모든 물질의 질량이 그 작은 특이점에 압축되어 있었다고 한다. 이는 물리적으로 절대 증명할 수 없다. 그럼에도 사이비종교와 같이 그냥 믿으라고 한다. 빅뱅이론에는 개념조차 존재하지 않는 것이다.

이 진실을 물리적 증거로 반론할 수 있는가?

③ 빅뱅 때에 힉스입자가 우주의 모든 질량을 부여했다고 한다. 하지만 빅뱅 38만 년 후의 초기우주에 존재한 질량은 지금의 우주 질량에 비해 수천억의 수천억 배 이하로 훨씬 작다. 그럼에도 사이비종교와 같이 힉스입자로부터 지금의 우주 총질량을 부여받은 것으로 그냥 믿으라고

한다.

이 진실을 물리적 증거로 반론할 수 있는가?

④ 빅뱅론은 힉스입자로부터 부여받은 질량을 짊어진 입자들이 빛보다 빠른 속도로 팽창했다고 한다. 이것은 빛보다 빠른 물체가 존재할 수 없다는 아인슈타인의 상대성이론에 어긋날 뿐만 아니라, 보편적 상식도 갖추지 못한 가설이다. 그럼에도 사이비종교와 같이 그냥 믿으라고 한다.

이를 물리적 증거로 반론할 수 있는가?

⑤ 빅뱅을 일으킨 특이점의 무게가 지금의 우주질량과 같다고 하는 것은, 어머니 모태에 있는 수정란의 무게와 어른의 몸무게가 같다고 억지를 부리는 코미디와 같다. 그럼에도 사이비종교와 같이 그냥 믿으라고 한다.

이를 물리적 증거로 반론할 수 있는가?

⑥ 빅뱅 이후 1초 이내에 우주가 '10억의 10억 배, 또 10억의 10억 배, 또 10억의 10억 배'이상으로 커졌다고도 주장하지만, 그 역시 물리적으로 절대 증명할 수가 없다. 그럼에도 사이비종교와 같이 그냥 믿으라고 한다.

이를 물리적 증거로 반론할 수 있는가?

⑦ 빅뱅론에서는 특이점이 폭발하면서 원시우주가 탄생하고 네 가지 힘(중력, 약핵력, 전자기력, 강핵력)이 초강력에서 떨어져 나갔다고 한다. 이것도 역시 물리적으로 절대 증명할 수가 없다. 그럼에도 사이비종교와 같이 그냥 믿으라고 한다.

이를 물리적 증거로 반론할 수 있는가?

⑧ 빅뱅과 함께 광자, 중성미자, 전자, 양전자, 쿼크들이 나타나는데 그 기본입자들이 어디서 어떻게 생겨났는지도 과학적으로 밝히지 못한다. 그럼에도 사이비종교와 같이 그냥 믿으라고 한다.

이 진실을 물리적 증거로 반론할 수 있는가?

⑨ 우주에서 진공이 압축될 수 있는 한계는 1㎤당 180억 톤 정도이다. 그 증거는 바로 블랙홀이다. 블랙홀은 질량이 큰 별의 중력-밀도-초고온-폭발에너지 등의 메커니즘에 의해 원자들이 산산이 붕괴되어 진공으로 압축된 공간이다. 그 공간에서는 광자까지 붕괴되어 진공으로 압축되었기에 빛도 존재하지 않는다. 그 블랙홀의 질량은 은하나 천체에 따라 다르지만, 모든 블랙홀의 밀도는 1㎤당 180억 톤 정도로 동일하다.

이와 같은 우주 진실은 진공이 압축될 수 있는 한계를 증명하고 있다. 그런데 빅뱅론은 바늘구멍보다도 지극히 작은 특이점의 진공이 지금의 우주질량과 같았다고 주장한다. 실제로 진공이 압축될 수 있는 한계는 1㎤당 180억 톤 정도인데도 그처럼 억지 주장을 하는 것이다. 아울러 빅뱅론의 주장은 물리적 증거가 전혀 없는 허구이다.

그럼에도 사이비종교와 같이 그냥 믿으라고 한다.

이 진실을 물리적 증거로 반론할 수 있는가?

⑩ 빅뱅론에서 우주공간은 바늘구멍보다 작은 공간이 전부이다. 원자핵보다도 작은 공간이 전부인 것이다. 이는 원자 공간의 지름에 비해 10만 배 이하로 작았다는 의미와 같다. 원자는 대부분 빈 공간인데, 원자핵이 차지하는 지름은 10만 분의 1정도밖에 되지 않는 것이다. 그렇다면 그 빅뱅 특이점 진공의 질량은 몇 킬로그램 정도나 되겠는가?

우주에서 실제로 진공이 압축될 수 있는 한계가 1㎤당 180억 톤 정도이니, 그 한계를 기준으로 계산한다면 빅뱅 특이점 진공의 질량은 겨우 몇 그램 정도에 불과하다.

그런즉, 빅뱅 특이점의 질량이 지금의 우주질량과 같다고 하는 것은 물리적 증거가 전혀 없는 허구일 뿐이다. 그럼에도 사이비종교처럼 빅뱅론을 그냥 믿으라고 한다.

이 진실을 물리적 증거로 반론할 수 있는가?

⑪ 블랙홀은 압축된 진공이다. 즉, 모든 물질이 붕괴되어 압축된 진공이다. 빅뱅론은 우주의 총질량이 압축된 진공이 폭발했다고 하는데, 그 주장대로라면 블랙홀도 폭발해야 한다. 그 경우 태양도, 지구도 은하 밖으로 튕겨나게 된다.

하지만 블랙홀은 빅뱅을 일으키지 않는다. 이처럼 우주의 블랙홀들도 빅뱅론의 허구를 낱낱이 증명하고 있다. 그럼에도 사이비종교처럼 빅뱅론을 그냥 믿으라고 한다.

이 진실을 물리적 증거로 반론할 수 있는가?

⑫ 한때 아인슈타인을 비롯하여 대부분의 과학자들은 우주의 팽창 속도가 점점 느려진다고 생각했다. 빅뱅론을 창시한 가모브의 주장대로 우주가 빅뱅 대폭발에너지에 의해 팽창한다면, 그 팽창속도가 점점 느려져야 했기 때문이었다.

하지만 그 반대로, 우주는 계속 가속팽창을 해왔다. 진정 빅뱅론의 주장대로 우주가 팽창한다면 가운데로부터 멀리 떨어진 은하일수록 팽창속도가 더 느려져야 한다. 그런데 그 반대로 지구로부터 멀리 떨어진 천체일수록 팽창속도가 더 빠르다. 그리고 그 진실을 붉은 빛으로 전해오고 있다. 즉, 적색편이 현상을 나타내는 것이다. 적색편이 현상으로 빅뱅론을 주장하는데 사실 적색편이 현상은 빅뱅론을 부정하고 있다.

그럼에도 사이비종교와 같이 빅뱅론을 그냥 믿으라고 한다.

이를 물리적 증거로 반론할 수 있는가?

⑬ 우주가 138억 년 넘게 팽창해 왔다는 것은 그렇게 팽창할 수 있는 공간
이 있었다는 것이며, 지금도 계속 팽창할 수 있다는 것은 역시 그렇게 계
속 팽창할 수 있는 무한공간이 있다는 것이다. 하지만 빅뱅론에는 우주
바깥이 존재하지 않는다. 특이점이라고 하는 바늘구멍보다 작은 공간이
전부인 것이다. 이 역시 빅뱅론을 거부하는 우주의 진실이다.

그럼에도 사이비종교와 같이 빅뱅론을 그냥 믿으라고 한다.

이를 물리적 증거로 반론할 수 있는가?

⑭ 밀폐된 유리용기 속에 고무풍선을 넣고 진공상태로 만들면 고무풍선이
팽창하는 것을 확인할 수 있다. 고무풍선 안의 공기분자들이 진공인력
에 끌리며 팽창하는 것이다.

지구로부터 멀리 떨어진 은하일수록 더 빠른 속도로 멀어지는 것은 우
주 밖에 있는 무한공간의 그 진공에너지와 더 가까이 있기 때문이다. 하
지만 빅뱅론으로는 이와 같은 우주팽창의 원리를 설명할 수가 없다. 이
역시 빅뱅론을 거부하는 우주의 진실이다.

그럼에도 사이비종교와 같이 빅뱅론을 그냥 믿으라고 한다.

이를 물리적 증거로 반론할 수 있는가?

⑮ 최근 미국과 러시아 등의 국제연구진은 최첨단 과학기술 위성을 통해
블랙홀에서 방출되는 물질의 온도가 99조9,999억℃ 정도 되는 것을 확
인했다. 이는 빅뱅 온도를 훨씬 능가하는 온도이다. 빅뱅론에 의하면 빅

뱅 특이점이 폭발하고 1초 후의 온도가 1백억℃, 3분 후의 온도가 10억℃이다. 그러니 블랙홀에서 방출되는 물질의 온도는 빅뱅 특이점이 폭발할 당시 온도의 수만 배 이상이 된다.

당연한 일이다. 빅뱅 특이점은 바늘구멍보다도 지극히 작은 반면에, 블랙홀의 규모는 그 빅뱅 특이점에 비할 수 없이 엄청나게 크기 때문이다.

별이나 행성을 비롯한 천체들에서 온도는 곧 밀도이며, 그 밀도는 곧 질량이다. 그런즉, 빅뱅 특이점 폭발 당시의 온도가 블랙홀에서 방출되는 물질의 온도보다 수만 배 이하로 작았다는 것은 곧, 밀도와 질량도 그만큼 작았다는 것이다. 이 역시 빅뱅론을 거부하는 우주의 진실이다.

그럼에도 사이비종교와 같이 빅뱅론을 그냥 믿으라고 한다.

이를 물리적 증거로 반론할 수 있는가?

⑯ 중력은 질량에 비례한다. 빅뱅론의 주장대로라면 신생우주가 우리은하 하나 규모(지름 10만 광년)로 팽창했을 때의 질량은 우리은하의 1조 배 정도가 되는데, 그 엄청난 질량의 중력 속에서 원자들은 산산이 붕괴되고 해체되며 사라진다. 하나의 거대한 블랙홀이 되고 마는 것이다. 빅뱅론대로라면 오늘의 우주는 생겨날 수 없었던 것이다.

이처럼 중력과 질량의 메커니즘은 빅뱅론의 허구를 명백히 밝히고 있다. 이외에도 우주에서 나타나는 모든 진실은 빅뱅론을 100% 부정하고 있다.

그럼에도 사이비종교와 같이 빅뱅론을 그냥 믿으라고 한다.

이를 물리적 증거로 반론할 수 있는가?

⑰ 입자가속기를 이용해 인공입자를 만들어 놓고, 신의 입자라고 거짓말을 한다. 분명 그 입자는 방금 전에 입자가속기에서 인공적으로 만들

어졌는데, 138억 년 전에 있던 것이라며 사이비종교처럼 그냥 믿으라고 한다.

이 진실을 물리적 증거로 반론할 수 있는가?

⑱ 입자가속기에서 톱쿼크를 비롯한 여러 종류의 인공입자들을 만들어 놓고, 모든 물질을 이루는 표준모형이라고 한다. 그런데 이 세상에는 그 입자들로 이루어진 물질이 존재하지 않는다. 그리고 그 입자들도 방금 전에 입자가속기에서 만들어졌는데, 138억 년 전에 있던 것이라고 우긴다. 그러면서 사이비종교처럼 그냥 믿으라고 한다.

이 진실을 물리적 증거로 반론할 수 있는가?

⑲ 빅뱅이론은 인류 역사상 가장 많은 신도를 거느린 사이비 과학종교로 급성장했다. 그 비결은 과학이라는 탈을 쓰고 인류의 이성을 마비시킨 데 있다. 그래서 '빅뱅종교'의 신도들은 냉철한 이성과 고찰을 기반으로 하는 과학적 개념을 상실한 채, 무조건 빅뱅론을 추앙하고 있다. 이런 모습은 마치 사이비 교주를 맹신하는 신도들의 모습을 연상케 한다.

이 진실을 물리적 증거로 반론할 수 있는가?

⑳ 과학자들은 빅뱅 이후 최초의 3분에 모든 물질이 만들어졌다고 생각한다. 그래서 현실세계를 제대로 바라볼 수 있는 이성을 상실하고 말았다. 과학자들의 의식이 그 최초의 3분에 갇혀서 더 이상 진보할 수 없게 된 것이다. 이는 정신연령이 유아기에 멈추어버린, 정신지체 환자의 증상과 똑같은 현상이라고 할 수 있다. 따라서 그들의 입만 바라보며 순종하는 인류도 정신지체에 걸리고 말았다. 그들을 자신보다 나은 고등한 두뇌라고만 여기다보니 그런 덫에 걸리고 만 것이다.

이 진실을 물리적 증거로 반론할 수 있는가?

㉑ 빅뱅론은 사이비종교보다 훨씬 더 무서운 사상이다. 일반적으로 사이비종교들은 소수의 인구만을 세뇌시키지만, 빅뱅론은 전 세계 인류의 의식을 바늘구멍보다도 지극히 작은 한 점 안에 가두어 놓았다. 소름끼치도록 두려운 존재가 아닐 수 없다.

이 진실을 물리적 증거로 반론할 수 있는가?

㉒ 현대우주과학은 이미 우주의 100%를 관측하고 100% 진실을 밝힐 수 있는 경지에 와 있다. 하지만 빅뱅론에 세뇌된 학자들은 우주의 4%만 알 수 있다고 주장하며 그 4%마저도 왜곡하고 있다. 우물 안의 개구리에게 우주란 동전만한 하늘이 전부이듯이, 바늘구멍보다 작은 특이점 안에 갇힌 천체물리학자들은 우주의 4%조차도 제대로 볼 수 없게 된 것이다. 그런즉, 빅뱅론의 깊은 우물에서 나와야 우주의 진실을 제대로 바라볼 수 있다.

이 진실을 물리적 증거로 반론할 수 있는가?

초기우주에는 별이 하나도 없었지만 지금의 우주에는 수천억 개의 별들을 거느린 은하가 또 1천억 개 이상 존재한다. 그리고 그 초기우주에 비해 1천억 개 이상의 은하들을 생성한 물질의 질량은 수천억의 수천억 배 이상으로 많아졌다. 암흑물질도 역시 수천억의 수천억 배 이상으로 많아졌고, 암흑에너지도 수십만 배 이상으로 많아졌다.

그렇다면 지금의 우주와 그 초기우주 중에 어느 것이 더 무거울까?

위 그림은 지금의 우주와 초기우주의 질량 차이를 상징적으로 보

여주고 있다. 우주에서 별과 행성이 포함된 1천억 개 이상의 은하들을 이루는 물질의 비율은 0.4%이고, 그 밖에 대부분이 수소와 헬륨으로 이루어진 성간물질은 3.6% 정도가 된다. 이를 합치면 4%가 된다. 이 비율은 초기우주를 차지한 일반물질(원자로 이루어진 물질)보다 0.9% 작다.

하지만 138억 년이나 팽창하며 수십만 배 이상으로 커진 거대한 우주의 4%는 초기우주의 4.9%에 비해 수천억의 수천억 배 이상으로 많아진 양이다.

예를 들어 작은 술잔의 4.9%와 1만 톤 탱크의 4% 중에 어느 것이 더 많고 무겁겠는가?

당연히 1만 톤 탱크의 4%가 더 많고 무겁다.

이와 마찬가지로 초기우주의 4.9%와 138억 년 가속팽창하며 수십만 배 이상으로 커진 우주의 4% 중에 어느 것이 더 무겁겠는가?

138억 년 팽창한 우주의 4%는 초기우주의 4.9%에 비해 수천억의 수천억 배 이상으로 많아진 양이다.

위 이미지는 초기우주와 138억 년 가속팽창하며 수십만 배 이상
으로 커진 우주의 비율을 상징적으로 보여주고 있다. 지금의 우주
에서 별과 행성과 성운 등을 이루고 있는 일반물질의 비율은 초기
우주에 비해 0.9% 작지만, 1천억 개 이상의 은하들을 이루고 있는
별과 행성과 블랙홀 등을 생성하며 수천억의 수천억 배 이상으로
압축되며 밀도가 높아진 것이다. 부피만 커진 것이 아니라 밀도도
수천억의 수천억 배 이상으로 높아진 것이다.

위 이미지도 초기우주와 138억 년 가속팽창하며 확장된 우주의

비율을 상징적으로 비교하여 보여주고 있다. 이미지에서 보는 바와
같이 지금의 우주를 차지하고 있는 암흑에너지의 비율은 초기우주
에 비해 5.5% 커졌지만, 암흑물질의 비율은 초기우주에 비해 3.6%
작아졌다. 그럼에도 138억 년 가속팽창하며 확장된 우주의 암흑물
질 23%는 초기우주의 26.6%에 비해 수천억의 수천억 배 이상으로
많아진 양이다. 분명한 것은 가속팽창을 하는 우주의 확장과 함께
암흑물질의 양도 확장되며 수천억의 수천억 배 이상으로 많아졌다
는 것이다.

　1천억 개 이상의 은하들을 형성하고 있는 일반물질의 질량은 수
천억의 수천억 배 이상으로 많아졌을 뿐만 아니라 밀도도 수천억
의 수천억 배 이상으로 높아졌다.

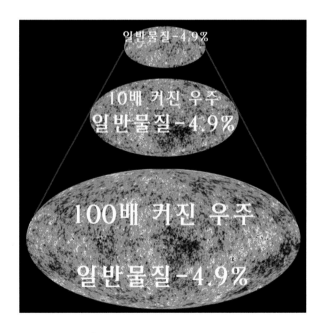

위 그림은 10배~100배로 커진 초기우주를 상징적으로 보여주는

데, 맨 위의 초기우주를 차지하고 있는 일반물질도 4.9%이고, 10배로 커진 초기우주를 차지하고 있는 일반물질도 4.9%이며, 100배로 커진 초기우주를 차지하고 있는 일반물질도 4.9%이다.

이처럼 일반물질의 비율은 10배~100배로 팽창하는 초기우주와 함께 확장되며, 동일한 4.9%를 유지하고 있다. 하지만 그 질량은 동일하지 않다. 100배로 커진 초기우주 4.9%의 질량무게와, 100배나 작은 초기우주 4.9%의 질량무게는 당연히 100배 이상의 차이가 난다.

이와 마찬가지로 암흑물질의 비율도 10배~100배로 팽창하는 초기우주와 함께 확장되며 동일한 26.6%를 유지했다. 하지만 그 역시 질량은 동일하지 않다. 100배로 커진 초기우주의 26.6% 암흑물질 질량무게와, 100배나 작은 초기우주의 26.6% 암흑물질 질량무게는 당연히 100배 이상의 차이가 나는 것이다. 이는 하나에 하나를 더하면 둘이 된다는 것을 알 수 있는 지각만 있으면, 누구나 쉽게 깨달을 수 있는 보편적 상식이다.

위 이미지는 우주가 성장해온 역사의 과정을 상징적으로 보여주고 있다. 138억 년 전의 초기우주에서 붉은 색이 나타난 곳은 중력에 의해 밀도가 올라가며 고온이 발생하는 지역이다. 현대우주과학기술에 의해 밝혀진 바에 의하면 그 곳의 온도는 2,700℃ 정도이다.

이는 태양 표면온도에 비해 절반 이하로 낮은 온도이다. 별이 탄생하는 천체에서 온도가 높은 만큼 밀도가 높고, 또 온도가 낮은 만큼 밀도가 낮다.

태양 중심 핵의 온도는 섭씨 1,500만 도로, 표면온도에 비해 훨씬 높을 뿐만 아니라 밀도도 표면에 비해 수십억 배 이상으로 아주 높다. 즉, 태양 중심 핵의 밀도는 금보다 10배 정도 더 무거운데, 표면 밀도에 비해 수십억 배 이상으로 아주 높다. 때문에 초기우주에서 우리 태양과 같은 별을 생성히려면 수백억 배 이상으로 수축되며 밀도를 높여야 한다.

　이미지에서 100억 년 전의 우주는 그 초기우주에서 탄생한 은하의 세계를 상징적으로 보여주고 있다. 현재도 우주에서는 새로운 신생은하들이 계속 생겨나고 있는 바, 100억 년 전의 우주에는 100억 개의 은하도 생기지 못했을 것이다. 초기우주의 고전적인 비율에서 4.9% 정도를 차지하는 물질로는 100억 개 이상의 은하들을 만들기에는 역부족이었기 때문이다.

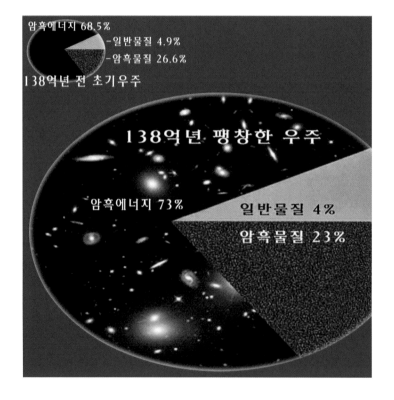

이 이미지는 현재우주와 초기우주의 비율을 비교하여 상징적으

로 보여주고 있다. 이미지에서 보는 것처럼 초기우주에는 별 하나도 없었지만, 지금의 우주에는 수천억 개 정도의 별들을 거느린 은하가 1천억 개 이상 존재한다.

초기우주와 지금의 우주 비율은 큰 차이가 없다. 하지만 그 질량 차이는 수천억의 수천억 배 이상으로 차이가 나는 것이다.

🔍 우주 진실을 밝히기 위한 질문사항

① 우주에서 별과 행성들이 포함된 1천억 개 이상의 은하를 이루는 물질의 비율은 0.4%이고, 그 밖에 대부분이 수소와 헬륨으로 이루어진 성간물질은 3.6% 정도가 된다. 이를 합치면 4%가 된다. 이 비율은 초기우주를 차지한 일반물질(원자로 이루어진 물질)보다 0.9% 작다. 하지만 138억 년이나 가속팽창하며 확장된 거대한 우주의 4%는 초기우주의 4.9%에 비해 수천억의 수천억 배 이상으로 많아진 양이다.

예를 들어 작은 술잔의 4.9%와, 1만 톤 탱크의 4% 중에 어느 것이 더 많고 무겁겠는가?

당연히 1만 톤 탱크의 4%가 더 많고 무겁다. 이와 마찬가지로 초기우주의 4.9%와 138억 년 가속팽창하며 확장된 우주의 4% 중에, 어느 것이 더 무겁겠는가?

138억 년 가속팽창하며 확장된 우주의 4%는 초기우주의 4.9%에 비해 수천억의 수천억 배 이상으로 많아진 양이다.

이 진실을 물리적 증거로 반론할 수 있는가?

② 초기우주 4.9%를 차지한 일반물질 비율의 규모가 작은 만큼 밀도기 높았고, 또 그 밀도가 높은 만큼 질량이 컸다고 반론할 수도 있을 것이다. 바늘구멍보다 작았다는 빅뱅 특이점의 질량이 지금의 우주 질량무게와 같았다고 하듯이 말이다. 그 주장대로라면 초기우주가 우리은하 하나의 규모(지름 10만 광년)만큼 팽창했을 때의 질량은 우리은하 질량의 1조 배 이상이 된다. 그 경우 그 엄청난 질량의 중력에 의해 우주는 팽창할 수 없을 뿐만 아니라, 우주는 극단적으로 수축되며 거대한 블랙홀이 되고 만다.

이 진실을 물리적 증거로 반론할 수 있는가?

③ 초기우주에서 암흑에너지의 비율은 68.5%, 암흑물질의 비율은 26.6%이다. 그리고 지금의 우주에서 암흑에너지의 비율은 73%, 암흑물질은 23%이다.

지금의 우주를 차지하고 있는 암흑에너지의 비율은 초기우주에 비해 5.5% 커졌지만, 암흑물질의 비율은 초기우주에 비해 3.6% 작아졌다. 그럼에도 138억 년 가속팽창하며 확장된 우주의 23%는 초기우주의 26.6%에 비해 수천억의 수천억 배 이상으로 많아진 양이다.

분명한 것은 가속팽창을 하는 우주의 확장과 함께 암흑물질의 양도 확장되며, 수천억의 수천억 배 이상으로 많아졌다는 것이다.

이 진실을 물리적 증거로 반론할 수 있는가?

④ 초기우주 26.6%를 차지한 암흑물질 비율의 규모가 작은 만큼 밀도가 높았고, 또 그 밀도가 높은 만큼 질량이 컸다고 반론할 수도 있을 것이다. 지금의 우주 23%를 차지하는 암흑물질이 원시우주에서 한꺼번에 생겨났다고 주장하듯이 말이다. 그 주장대로라면 초기우주가 우리은하 하

나의 규모(지름 10만 광년)만큼 팽창했을 때의 암흑물질 질량은 우리은하 질량의 10조 배 이상이 된다. 그 경우 그 엄청난 질량의 중력에 의해 우주는 팽창할 수 없을 뿐만 아니라, 우주는 극단적으로 수축되며 거대한 블랙홀이 되고 만다.

이 진실을 물리적 증거로 반론할 수 있는가?

⑤ 초기우주를 차지하고 있는 일반물질도 4.9%이고, 10배로 커진 초기우주를 차지하고 있는 일반물질도 4.9%이며, 100배로 커진 초기우주를 차지하고 있는 일반물질도 4.9%이다.

이처럼 일반물질의 비율은 10배~100배로 팽창하는 초기우주와 함께 확장되며 동일한 4.9%를 유지하고 있다. 하지만 그 질량은 동일하지 않다. 100배로 커진 초기우주의 4.9% 질량무게와, 100배나 작은 초기우주의 4.9%의 질량무게는 당연히 100배 이상의 차이가 난다.

이와 마찬가지로 암흑물질의 비율도 10배~100배로 팽창하는 초기우주와 함께 확장되며, 동일한 26.6%를 유지했다. 하지만 그 역시 질량은 동일하지 않다. 100배로 커진 초기우주의 26.6% 암흑물질 질량무게와, 100배나 작은 초기우주의 26.6% 암흑물질 질량무게는 당연히 100배 이상의 차이가 나는 것이다.

이 진실을 물리적 증거로 반론할 수 있는가?

우주의 과거 추적과 초기우주

지금의 우주에는 늙은 별이 있고, 젊은 별도 있고, 방금 탄생한 신생아 별도 있고, 이제 막 잉태되기 시작하는 별도 있다. 마찬가지로 우주에는 늙은 은하가 있고, 별들을 왕성하게 생성하는 젊은 은하가 있고, 이제 막 별들이 탄생하기 시작하는 신생은하도 있고, 아직 별들이 탄생하지 않은 은하도 있다. 그런즉, 현재도 우주에서는 새로운 신생은하들이 계속 생겨나고 있다.

2004년 12월 미 항공우주국 나사는 은하계 연구탐사선이 새로 생성되고 있는 신생은하를 약 36개 정도 발견했다고 발표했다. 그리하여 그동안 은하계가 노화하면서 점점 생성이 둔화한다는 기존의 학설을 완전히 뒤집었다.

이처럼 계속 생겨나는 은하의 역사를 추적하면 1천억 개 이상의 은하가 있기 전에 수백억 개의 은하가 있었고, 그 수백억 개의 은하가 있기 전에 수십억 개의 은하가 있었고, 그 수십억 개의 은하가 있기 전에 수억 개의 은하가 있었고, 그 수억 개의 은하가 있기 전에 수천만 개의 은하가 있었고, 그 수천만 개의 은하가 있기 전에 수백만 개의 은하가 있었고, 그 수백만 개의 은하가 있기 전에 수십만 개의 은하가 있었다는 것을 알 수 있다. 그리고 그 은하들이 형성되기 전에 대부분이 수소와 헬륨으로 이루어진 초기우주가 있었다. 즉, 미국 나사와 유럽우주국이 최첨단 과학기술을 동원하여 밝혀낸 138억 년 전의 초기우주가 있었다.

위 이미지는 초기우주에서 별이 탄생하고 그 별들로 이루어진 은하가 형성되며 1천억 개 이상의 은하가 존재하는 오늘의 우주로 확장된 과정을 상징적으로 보여주고 있다.

우주가 138억 년 동안 팽창해왔다는 것은 그렇게 팽창할 수 있는 공간이 있었기 때문이며, 지금도 우주가 계속 무한하게 팽창할 수 있다는 것도 역시 무한하게 팽창할 수 있는 무한공간이 있기 때문이다. 그 무한공간은 아무것도 존재하지 않는 진공상태이다.

고무풍선이나 초코파이가 진공상태에서 팽창하는 것을 확인할 수 있듯이, 우주는 그 무한공간의 진공 인력에 의해 팽창힌다. 수 많은 은하들이 그 어디에도 부딪히지 않고 그 무한공간으로 달려 가며 우주를 가속팽창시키는 것도 그 증거이다.

우주가 그 무한공간으로 팽창하며 정복한 공간은 곧 우주 영역이 된다. 그렇게 우주 진공 암흑에너지는 원시우주에 비해 수천억의 수천억 배 이상으로 확장되었고, 지금도 계속 확장되고 있다.

우주의 모든 별과 행성들을 비롯한 1천억 개 이상의 은하들을 이루고 있는 일반물질과 은하들의 주변을 감싸고 있는 암흑물질도 초기우주에 비해 수천억의 수천억 배 이상으로 많아졌다. 하지만 일반물질과 암흑물질은 무한공간에서 유입되지 않았고, 우주 안에서 생겨나며 많아졌다. 우주 진공 암흑에너지에서 암흑물질이 생겨나고, 그 암흑물질에서 수소가 생성되고, 또 대부분이 그 수소로 이루어진 구름 성운에서 별과 행성들이 생성되며 지금의 우주질량은 초기우주에 비해 수천억의 수천억 배 이상으로 많아진 것이다.

🔍 우주 진실을 밝히기 위한 질문사항

① 지금의 우주에는 늙은 별이 있고, 젊은 별도 있고, 방금 탄생한 신생아 별도 있고, 이제 막 잉태되기 시작하는 별도 있다. 마찬가지로 우주에는 늙은 은하가 있고, 별들을 왕성하게 생성하는 젊은 은하가 있고, 이제 막 별들이 탄생하기 시작하는 신생은하도 있고, 아직 별들이 탄생하지 않은 은하도 있다. 그런즉, 현재도 우주에서는 새로운 신생은하들이 계속 생겨나고 있다.

이 진실을 물리적 증거로 반론할 수 있는가?

② 은하의 역사를 역추적하면 1천억 개 이상의 은하가 있기 전에 수백억 개의 은하가 있었고, 그 수백억 개의 은하가 있기 전에 수십억 개의 은하가 있었고, 그 수십억 개의 은하가 있기 전에 수억 개의 은하가 있었고, 그 수억 개의 은하가 있기 전에 수천만 개의 은하가 있었고, 그 수천만 개의 은하가 있기 전에 수백만 개의 은하가 있었고, 그 수백만 개의 은하가 있기 전에 수십만 개의 은하가 있었다는 것을 알 수 있다. 그리고 그 은하들이 형성되기 전에 대부분이 수소와 헬륨으로 이루어진 초기우주가 있었다. 즉, 미국 나사와 유럽우주국이 최첨단 과학기술을 동원하여 밝혀낸 138억 년 전의 초기우주가 있었다.

이 진실을 물리적 증거로 반론할 수 있는가?

③ 우주가 138억 년 동안 팽창해왔다는 것은 그렇게 팽창할 수 있는 공간이 있었기 때문이며, 지금도 우주가 계속 무한하게 팽창할 수 있다는 것도 역시 무한하게 팽창할 수 있는 무한공간이 있기 때문이다. 그 무한공간은 아무것도 존재하지 않는 진공상태이다.

우주가 그 무한공간으로 팽창하며 정복한 공간은 곧 우주 영역이 된다. 그렇게 우주 진공 암흑에너지는 원시우주에 비해 수천억의 수천억 배 이상으로 확장되었고, 지금도 계속 확장되고 있다. 하지만 일반물질과 암흑물질은 무한공간에서 유입되지 않았고, 우주 안에서 생겨나며 많아졌다. 우주 진공 암흑에너지에서 암흑물질이 생겨나고, 그 암흑물질에서 수소가 생성되고, 또 대부분이 그 수소로 이루어진 구름 성운에서 별과 행성들이 생성되며 지금의 우주질량은 초기우주에 비해 수천억의 수천억 이상으로 많아진 것이다.

이 진실을 물리적 증거로 반론할 수 있는가?

아래의 질문사항들을 통해 초기우주의 진실에 대해 알아보자.

우주 진실을 밝히기 위한 질문사항

① 첫 번째 증거로 초기우주의 4.9%를 차지했던 일반물질(원자로 이루어진 물질)의 밀도가 지금의 우주에 비해 수천억의 수천억 배 이하로 매우 낮았다는 것을 과학적으로 낱낱이 밝혔다.

이를 물리적 증거로 반론할 수 있는가?

② 두 번째 증거로 원시우주의 부피는 138억 년 팽창하며 확장된 지금의 우주에 비해 지극히 작았을 뿐만 아니라, 그 초기우주의 밀도도 매우 낮았음을 과학적으로 밝혔다.

이를 물리적 증거로 반론할 수 있는가?

③ 세 번째 증거로 초기우주의 중력이 집중되는 곳들에서 온도가 상승하는 것은 그 온도가 상승하기 이전의 초기우주가 있었다는 것을 의미하는 바, 이는 빅뱅론의 허구를 밝히는 증거임을 과학적으로 밝혔다.

이를 물리적 증거로 반론할 수 있는가?

④ 네 번째 증거로 중력의 정체성에 대해 과학적으로 밝혔다. 이 진실에 대해 천문연구원과 고등과학원은 공동답변에서 인플레이션 팽창과정에서 중력이 생겼다고 반론하였다. 그래서 그 반론의 허구를 과학적으로 밝히며, 빅뱅 특이점을 압축시킨 에너지는 무엇이냐고 질문하며 재반론을 요구하자 더 이상 반론하지 못했다.
이를 부인할 수 있는가?

⑤ 다섯 번째 증거로 우주질량-중력-밀도-온도의 메커니즘 가운데 우주가 생겨나고 진화한다는 사실을 과학적으로 밝혔다.
이를 물리적 증거로 반론할 수 있는가?

⑥ 여섯 번째 증거로 우주질량-중력-밀도-온도의 메커니즘으로 우주의 부피와 비율을 추적하며 우주질량의 실제 진실을 과학적으로 밝혔다.
이를 물리적 증거로 반론할 수 있는가?

⑦ 일곱 번째 증거로 초기우주와 지금의 우주에 존재하는 일반물질의 비율을 비교할 때, 지금의 우주에 존재하는 일반물질의 질량이 초기우주에 비해 수천억의 수천억 배 이상으로 많아졌다는 것을 과학적으로 낱낱이 밝혔다.
이를 물리적 증거로 반론할 수 있는가?

⑧ 여덟 번째 증거로 초기우주와 지금의 우주에 존재하는 암흑물질의 비율을 비교할 때, 지금의 우주에 존재하는 암흑물질의 질량이 초기우주

에 비해 수천억의 수천억 배 이상으로 많아졌다는 것을 과학적으로 낱낱이 밝혔다.

이를 물리적 증거로 반론할 수 있는가?

⑨ 아홉 번째 증거로 초기우주와 현재 우주에 존재하는 암흑에너지 비율을 비교할 때, 지금의 우주 73%를 차지하고 있는 암흑에너지가 초기우주에 비해 138억 년 팽창한 만큼 확장되었다는 사실을 과학적으로 밝혔다.

이를 물리적 증거로 반론할 수 있는가?

⑩ 열 번째 증거로 우주가 팽창해온 공간의 진실을 과학적으로 낱낱이 밝혔다.

이를 물리적 증거로 반론할 수 있는가?

⑪ 열한 번째 증거로 현재 우주가 팽창해가고 있는 우주 밖의 무한공간과 우주팽창의 실제 진실을 과학적으로 낱낱이 밝혔다.

이를 물리적 증거로 반론할 수 있는가?

⑫ 열두 번째 증거로 우주에서 진공이 압축될 수 있는 마지막 한계가 1㎤당 180억 톤 정도임을 과학적으로 밝히고, 빅뱅론의 허구와 함께 초기우주 질량의 진실도 과학적으로 밝혔다.

이를 물리적 증거로 반론할 수 있는가?

⑬ 열세 번째 증거로 우주 비밀의 열쇠인 원입자의 진실로 초기우주의 실제 질량에 대해 과학적으로 밝혔다.

이를 물리적 증거로 반론할 수 있는가?

⑭ 수소생성의 진실로 **초**기우주의 실제 질량에 대해 과학적으로 밝혔다.
이를 물리적 증거로 반론할 수 있는가?

⑮ 초기우주에서 중력에 의해 밀도가 올라가며 고온이 발생하는 상태를
부정한다면, 이는 곧 은하의 기원을 부정하는 것이 된다.
이를 물리적 증거로 반론할 수 있는가?

⑯ 그 초기우주에서 우리 태양과 같은 별을 생성하려면 수백억 배 이상으
로 압축되며 밀도를 높여야 하고, 블랙홀이나 중성자별을 생성하려면
수천 조의 수천 조 배 이상으로 밀도를 높여야 한다는 것을 부정한다면
이 또한 은하의 기원을 부정하는 것이 된다.
이를 물리적 증거로 반론할 수 있는가?

⑰ 그 초기우주의 밀도가 지금의 우주에 비해 매우 낮다는 것을 부정한다
면, 이 또한 은하의 기원을 부정하는 것이 된다.
이를 물리적 증거로 반론할 수 있는가?

⑱ 그 초기우주의 밀도가 낮다는 것은 곧 질량무게가 작다는 것이므로, 이
를 부인한다면 역시 은하의 기원을 부정하는 것이 된다.
이를 물리적 증거로 반론할 수 있는가?

⑲ 그 초기우주의 부피, 밀도, 질량이 지금의 우주에 비해 매우 작다는 것
을 부정한다면, 미국 나사와 유럽우주국이 최첨단 과학기술을 동원하여

밝혀낸 초기우주의 진실 자체를 부정하는 것이 된다. 즉, 현대우주과학기술의 성과들을 모두 부정하게 된다.

이를 물리적 증거로 반론할 수 있는가?

⑳ 138억 년 전 초기우주의 4.9%를 차지했던 일반물질(대부분 수소)의 질량무게가, 138억 년 가속팽창하며 엄청난 규모로 확장된 현재 우주의 4%를 차지한 일반물질(별, 행성, 블랙홀, 은하와 성간물질 등을 이루고 있는 물질)의 질량과 수천억의 수천억 배 이상으로 차이난다는 것을 부정한다면, 팽창우주의 구조비율에 관한 개념 자체를 부정하는 것이 된다.

이를 물리적 증거로 반론할 수 있는가?

㉑ 그 초기우주의 26.6%를 차지했던 암흑물질의 질량무게가 138억 년 가속팽창하며 엄청난 규모로 확장된 현재 우주의 23%를 차지하고 있는 암흑물질의 질량무게에 비해 수천억의 수천억 배 이하로 매우 작다는 것을 부정한다면, 역시 팽창우주의 구조비율에 관한 개념 자체를 부정하는 것이 된다.

이를 물리적 증거로 반론할 수 있는가?

㉒ 이것으로 천체물리학의 진실게임은 사실상 끝난 것이다! 이처럼 초기우주의 일반물질 질량무게가 현재 우주에 비해 수천억의 수천억 배 이하로 작다는 것은 곧, 빅뱅론·힉스입자이론의 주장이 완전 거짓이라는 명명백백한 증거이기 때문이다.

이를 물리적 증거로 반론할 수 있는가?

초기우주의 진실에 관한 결론

현대우주과학이 최첨단 기술을 동원하여 밝혀낸 초기우주의 질량이 지금의 우주에 비해 수천억의 수천억 배 이하로 매우 작았다는 것은 많은 물리적 증거들로 명명백백히 밝혀졌다. 아울러 바늘구멍보다 작은 특이점 진공으로 지구도 만들고, 태양도 만들고, 우주에 존재하는 모든 별과 행성들을 비롯한 1천억 개 이상의 은하들을 만들었다는 빅뱅론의 주장이 완전 거짓이라는 것도 역시 많은 물리적 증거들로 명명백백히 밝혀졌다.

그럼 초기우주는 어떤 과정을 통해 나타난 것일까?

이 초기우주가 형성되기 전에, 우주에서는 도대체 어떤 사건이 일어났던 것일까?

이는 초기우주의 진신을 밝히면서 남은 미지막 질문이기도 하다. 분명 이 초기우주는 대폭발의 잔해들이다. 그런데 빅뱅론에서 주장하는 특이점의 폭발로는 그런 모습을 갖출 수가 없다.

그럼 무엇이 폭발한 것일까?

그 첫 번째 증거를 찾을 수 있는 모델이 있다. 바로 초신성 폭발이다. 별로서 수명을 다한 초신성이 폭발하면 그 잔해들은 초속 수천㎞로 팽창하며 초신성이 폭발한 잔해들로 이루어진 성운에서는 많은 별들이 생성된다.

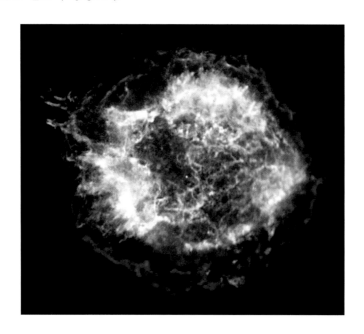

위 사진은 미 항공우주국(NASA)이 공개한 초신성(카시오페이아A)의 모습이다. 지금도 이 초신성은 초속 4,000㎞ 이상의 속도로 계속 확장되고 있다. 지구로부터 약 1만 광년 떨어진 카시오페이아A

초신성은 330여 년 전에 폭발한 것으로 예측되는데, 이 천체의 반지름은 약 10광년이다. 이 초신성이 330여 년 동안 팽창한 반지름의 거리가 약 10광년인 것이다.

초기우주가 카시오페이아A 초신성 규모에서 빅뱅 대폭발을 일으켜 38만 년에 이르면, 그 반지름이 약 1만 광년 정도가 된다. 그런데 원시우주의 질량이 카시오페이아A 초신성의 10배가 된다면 어떻게 될까?

카시오페이아A 초신성의 질량은 태양의 15배 이상으로 추정된다. 실제로 우주에서는 카시오페이아A 질량의 10배 이상인 초신성들이 관측된다.

2007년 5월 7일 미 항공우주국(NASA)은 우리은하와 비교적 가까운 2억4,000만 광년 거리의 NGC-1260 은하에서 대폭발이 일어났는데 이는 일반 초신성(supernova) 폭발 위력의 100배나 됐다고 밝혔다.

미 캘리포니아 UC버클리대 천문학자인 알렉스 필립펜코는 'NASA의 찬드라 엑스선 우주망원경과 지상 망원경을 이용하여, NGC-1260에 속한 초신성 SN-2006gy에서 오래 전에 일어난 폭발을 포착했다'고 말했다. 그는 '태양의 150배쯤 되는 질량을 가진 이 초신성이 처음 70일간 서서히 밝아지다가 폭발 절정기에는 태양 500억 개를 합친 것과 같은 빛을 내뿜었으며, 이때의 밝기가 우리은하 전체의 10배에 달했다'고 설명했다.

그리고 미국 노터데임대 천체물리학 피터 가나비치 교수 연구팀이 NASA의 케플러 망원경으로 밝혀낸 초신성의 질량은 태양의 500배에 달했다.

원시우주가 이 초신성과 비슷한 질량에서 빅뱅 대폭발을 일으켜 광속으로 38만 년 팽창했다면 그 규모의 지름은 약 80만 광년으로 서 우리은하 지름의 8배 정도가 된다. 하지만 아직 별들이 태어나 지 않았기 때문에 우리은하의 밀도에 비해 매우 낮은 상태이다.

두 번째 증거는 초기우주에서 생성된 블랙홀의 숫자에 있다. 2011년 6월 15일 찬드라 엑스레이 천문대는 빅뱅 대폭발 후 10억 년이 되기 전 우주에 적어도 3천만 개의 신생 블랙홀이 있었음을 알아냈다고 밝혔다.

케빈 쇼윈스키 예일대 교수는 '이 아기 블랙홀들이 130억 년 후에 는 10만 배나 큰 거대 블랙홀로 성장하며, 이는 오늘날 우리가 보 는 블랙홀의 크기가 될 것으로 생각한다'고 말했다. 그동안 과학자 들이 초기우주에서 젊은 블랙홀들이 생겨나는 것은 예상했지만, 이를 직접 발견한 것은 이번이 처음이라고 나사에서 밝혔다.

130억 년 전 그 초기우주에 존재한 3천만 개 정도의 아기 블랙 홀들은 우리은하에 존재하는 블랙홀의 3분의 1정도이다. 우리은하 에 약 1억 개의 블랙홀이 존재하니, 그 초기우주보다 3배 이상 많 은 것이다. 아울러 그 초기우주에서 만들어진 별들은 우리은하의 3분의 1정도가 되었을 것이다. 우리은하에 약 3천억 개의 별들이 존재한다면, 그 초기우주에서 생성된 별은 1천억 개 정도가 된다 는 것이다.

하지만 초기우주에 존재한 물질의 밀도는 매우 낮기 때문에, 3 천만 개 정도의 블랙홀들과 1천억 개 정도의 별들을 생성할 수 없 다. 그런데 찬드라 엑스레이 천문대 관측결과에 의하면 빅뱅 대폭 발 후 10억 년이 되기 전 우주에는 적어도 3천만 개의 신생 블랙홀이 있었다. 또 그 정도의 블랙홀들이 있었다면 약 1천억 개의 별들이 생성되었을 것으로 추정된다.

그럼 그 천체들을 생성하려면 어떤 과정의 우주진화가 필요할까?

그 답도 역시 초신성에 있다. 초신성은 우주의 별들 중에 가장 수명이 짧은 별이다. 질량이 큰 별일수록 수명이 짧기 때문이다. 그래서 태양과 같은 별의 수명은 100억 년 이상 되기도 하지만, 질량이 큰 초신성의 수명은 수백만 년만에 끝나기도 한다. 그런데 질량이 큰 초신성이 폭발하면 그 잔해로 이루어진 성운들에서 많은 별들이 생성된다. 초기우주의 질량이 수천억의 수천억 배 이상으로 커졌듯이, 초신성이 폭발한 잔해로 이루어진 성운들의 질량도 계속 커지며 거기서 많은 별들이 탄생하는 것이다.

위 이미지는 초신성이 폭발한 잔해로 이루어진 성운에서 많은 별

들이 탄생하는 모습을 상징적으로 보여주고 있다. 이 별들 중에 질량이 큰 초신성들이 생겨나고, 그 초신성들이 수백만 년 후에 폭발하고, 또 그 잔해로 이루어진 성운에서 질량이 큰 초신성들이 탄생하여 수백만 년 후에 폭발을 일으키면, 그 과정에서 많은 별과 함께 질량이 큰 초신성들이 연쇄적으로 계속 생성된다.

그런즉, 초신성은 자기 몸을 터뜨려 많은 별들을 새끼치기하는 것이다. 그리고 그 별들 중에 질량이 큰 초신성이 생겨나고, 또 그 초신성들은 대폭발을 일으키며 새끼치기를 마친 후 블랙홀로 진화할 수 있다. 그렇게 10억 년에 이르면 우주에 약 3천만 개의 블랙홀들이 생길 수 있다. 또 그렇게 138억 년에 이르면, 현재 우리가 보고 있는 우주를 형성할 수 있는 것이다.

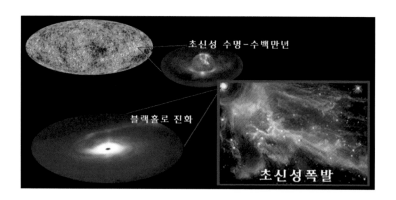

위 이미지에서 보여주는 것처럼 초기우주에서 생성된 질량이 큰 별은 초신성 폭발을 일으키고, 그 잔해로 이루어진 성운에서는 많은 별들이 생성되며, 폭발을 일으킨 초신성의 핵은 블랙홀로 진화할 수 있다.

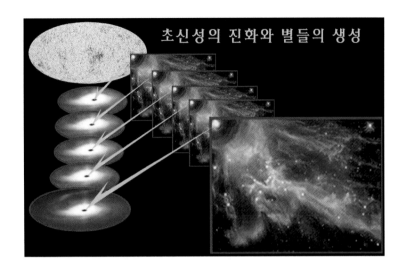

초신성의 진화와 별들의 생성

　위 이미지처럼 초기우주에서 생겨난 별들 중에 질량이 큰 초신성들이 생겨나고, 그 초신성들이 수백만 년 후에 폭발하고, 또 그 잔해로 이루어진 성운에서 생성된 많은 별들 중에 질량이 큰 초신성들이 탄생하여 수백만 년 후에 폭발을 일으키면 그 연쇄적인 진화과정에서 많은 초신성과 함께 별들이 생성된다. 그리고 그 초신성들의 핵은 블랙홀로 진화할 수 있다.

　위 이미지는 다섯 차례의 연쇄적인 진화과정에서 다섯 개의 초신성들이 폭발하고, 그 초신성들의 핵이 블랙홀로 진화한 모습을 상징적으로 보여주고 있다. 이처럼 다섯 차례의 진화과정에 걸리는 시간은 5천만 년도 되지 않는다. 초신성의 수명은 수백만 년밖에 되지 않기 때문이다. 그러므로 10억 년이면 수백 번의 연쇄적인 진화과정에 수십만 개 이상의 초신성들을 생성할 수 있고, 또 그 초신성들은 블랙홀로 진화할 수 있다. 초기우주에서 생성된 한 개의 초신성이 그 정도로 새끼치기를 할 수 있다는 것이다.

  위 이미지는 초신성이 폭발한 잔해로 이루어진 성운에서 생겨난 많은 별들 중에 질량이 큰 초신성들이 폭발하는 장면을 상징적으로 보여주고 있다. 초신성이 진화한 블랙홀은 신생은하의 핵이 되기도 한다.

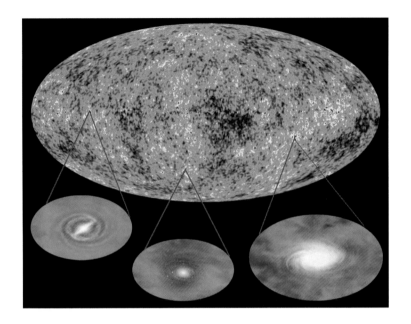

　위 이미지는 초기우주의 밀도가 높은 곳들에서 은하가 형성되는
모습을 상징적으로 보여주고 있다. 이 은하에서 많은 별과 행성들이
생성된다.

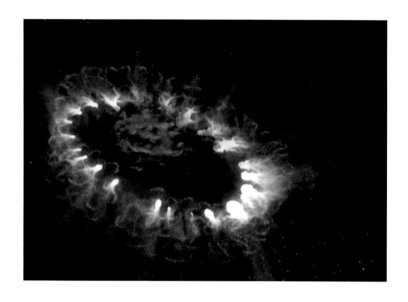

　위 사진은 칠레 아타카마 사막 타이난토르 평원에 위치한 알미전파망원경에 찍힌 초신성 폭발 장면이다. 미국 국립전파천문대의 한 천문학자는 '초신성 폭발장면으로 초기은하의 모습을 추정할 수 있다'며 '이번 초신성 폭발 잔해는 주변 환경과 혼합되지 않았기 때문에 가치가 더욱 높다'고 설명했다. 태초의 우주에서 다른 천체들의 간섭이 없이 독자적으로 탄생한 원시별이 이처럼 폭발하여 38만 년이 지나면 미국 나사와 유럽우주국이 밝힌 초기우주와 같은 규모로 확장된다. 물론 그 질량은 지금의 우주에 비해 수천억의 수천억 배 이하로 작을 것이다. 하지만 그 질량은 38만 년 동안 확장된 것으로, 폭발 당시의 질량보다는 훨씬 크다.

　그리고 그 초기우주에서 생성된 별들 중에 질량이 큰 초신성들이 생겨나고, 그 초신성들이 수백만 년 후에 폭발하고, 또 그 잔해로 이루어진 성운에서 생성된 많은 별들 중에 질량이 큰 초신성들이 수백만 년 후에 대폭발을 일으키면서 많은 별들을 생성하는 연쇄적인 진화과정을 계속 반복하게 된다. 그처럼 많은 별들을 탄생시킨 초신성은 블랙홀로 진화할 수 있다. 그렇게 10억 년에 이른 우주에는 3천 만 개 정도의 블랙홀들이 생겨나게 된다.

이처럼 초기우주가 원시항성이 폭발한 잔해로 이루어졌다는 증거는, 그 초기우주의 규모와 밀도뿐만 아니라 10억 년 동안 생성된 블랙홀의 숫자를 통해서도 확인할 수 있다.

세 번째로 초기우주가 원시항성이 폭발한 잔해로 이루어졌다는 증거는 그 초기우주를 이루고 있는 일반물질의 성분에서도 찾을 수 있다.

빅뱅론대로라면 초기우주는 수소와 헬륨으로만 이루어져야 한다. 하지만 그 초기우주에는 원시항성에서 만들어진 금속물질도 포함되어 있다.

그 증거는 적색왜성에서 찾을 수 있다. 적색왜성은 은하에 존재하는 항성들 중 가장 흔한 종류로, 별들 중에 대략 90% 정도의 비중을 차지한다. 이처럼 많은 비중을 차지하면서도 적색왜성은 지상에서 맨눈으로 볼 수 없을 정도로 어둡기 때문에, 개체수가 적은 것으로 착각하기 쉽다.

적색왜성의 수명은 매우 길다. 질량이 크면 수백억 년, 질량이 작으면 수조 년까지도 존재할 수 있다. 그래서 이 별의 수명은 현재 알려진 우주의 나이보다 훨씬 더 길다. 때문에 우주에서 유일하게 진화하지 않은 별이기도 하다. 그런즉, 적색왜성은 우주의 살아 있는 화석과도 같다. 바로 그 적색왜성이 태초의 비밀을 간직하고 있다. 적색왜성이 간직하고 있는 금속물질이 바로 그것이다.

초기우주에서 생성된 별들 중에서도 90% 정도는 적색왜성이었을 것이다. 그리고 질량이 작은 별로서 가장 먼저 탄생하였을 것이다. 그 적색왜성들이 금속물질을 간직하고 있다는 것은, 초기우주를 이루는 일반물질에 그 금속원소들이 포함되어 있었다는 증거이다. 즉, 원시항성에서 만들어진 금속물질이 포함되어 있었다는 것이다. 그렇기 때문에 현재까지 금속이 없는 적색왜성이 발견되지 않고 있다(우주탄생에 관한 물리적 증거자료들은 워낙 방대하므로 따로 구체적으로 밝히기로 하고, 여기서는 초기우주의 형성에 관한 진실에 대해서만 밝히고자 한다).

네 번째 증거는 초기우주의 온도이다. 당시 초기우주의 온도는 약 2,700℃이다. 이는 중력에 의해 밀도가 상승하는 지역들에서 나타나는 온도이다. 원시항성이 폭발하여 38만 년 정도가 되면 그 정도의 온도가 된다. 그리고 밀도를 수백억 배 이상으로 높이며 1억 년이 지나 현재 우리가 보고 있는 은하들이 형성되는 것이다.

초신성이 폭발하는 순간의 온도는 1,000억℃에 이른다. 그리고 빠른 속도로 잔해들이 팽창하면서 온도는 빠르게 식어간다. 하지만 그 잔해들의 밀도가 높아지는 곳에서 온도가 상승하며 별들이 생성된다.

　위 이미지는 원시우주 항성이 폭발하며 흩어진 잔해들이 식어서
차가운 초기우주를 형성하는 모습을 상징적으로 보여주고 있다.
이 초기우주의 밀도가 높아지는 곳들에서 온도가 상승하며, 미국
나사와 유럽우주국이 최첨단 과학기술 장비로 관측한 모습이 나타
났다.

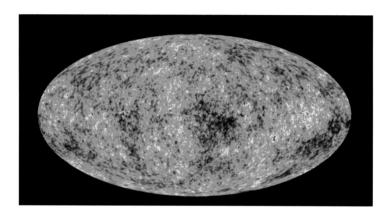

　위 이미지는 미 항공우주국 나사가 관측한 초기우주에서 중력이
몰리며 밀도가 높아지는 곳들의 온도가 상승하고 있는 모습이다.
이처럼 온도가 상승한다는 것은 곧 그 온도가 상승하기 이전의 우
주가 있었다는 증거가 된다.

　위 이미지는 중력에 의해 성운의 밀도가 상승하며 고온이 발생

하는 과정의 초기우주를 상징적으로 보여주고 있다.

다섯 번째 증거는 초기우주의 암흑에너지 비율이다.

원시항성이 폭발한 잔해들은 무한공간의 진공에너지에 끌려가며 초기우주를 빠르게 팽창시켰다. 하지만 원시항성의 잔해로 이루어진 성운들은 독자적인 중력과 인력을 갖게 되므로, 서로를 끌어당기며 일정한 간격을 유지했다. 그렇게 초기우주가 팽창함에 따라 무한공간의 진공은 팽창우주에 유입되었다. 그리고 초기우주의 68.5%를 차지한 암흑에너지가 되었다.

여섯 번째 증거는 초기우주의 암흑물질 비율이다.

원시항성의 잔해들로 이루어진 성운에서 방출되는 에너지는 주변의 진공 암흑에너지를 이루고 있는 원입자들을 결합시켜 암흑물질로 변환시켰다. 그래서 그 성운들의 주변을 감싼 암흑물질이 계속 확산되었다. 그 암흑물질이 초기우주의 26.6%를 차지했다.

원입자들로 이루어진 진공에 에너지를 제공하면 그 에너지 값에 따른 입자들이 생겨난다. 이 물리적 증거들은 워낙 방대하기 때문에 차후 더 구체적으로 밝히겠다.

빅뱅론의 특이점에는 암흑에너지와 암흑물질이 없다. 때문에 빅뱅이론으로는 초기우주에 나타난 암흑에너지와 암흑물질의 진실에 대해 영원히 밝힐 수 없다.

따라서, 태초에 우주의 빅뱅 대폭발은 바늘구멍보다 작은 특이점 진공에서가 아니라 원시항성의 대폭발로 일어난 것이다!

① 카시오페이아A 초신성은 지금도 초속 4,000㎞ 이상의 속도로 확장을 계속하고 있다. 지구로부터 약 1만 광년 떨어진 카시오페이아A 초신성은 330여 년 전에 폭발한 것으로 예측되는데, 이 천체의 반지름은 약 10광년이다. 이 초신성이 330여 년 동안 팽창한 반지름의 거리가 약 10광년인 것이다.

초기우주가 카시오페이아A 초신성 규모에서 빅뱅 대폭발을 일으켜 38만 년에 이르면 그 반지름이 약 1만 광년 정도가 된다.

이를 물리적 증거로 반론할 수 있는가?

② 카시오페이아A 초신성의 질량은 태양의 15배 이상으로 추정된다. 우주에서는 카시오페이아A 질량의 10배 이상 질량을 가진 초신성들이 관측되기도 한다.

2007년 5월 7일 미 항공우주국(NASA)은 7일 우리은하와 비교적 가까운 2억4,000만 광년 거리의 NGC-1260 은하에서 초신성을 발견했는데, 미 캘리포니아 UC버클리대 천문학자인 알렉스 필립펜코는 '태양의 150배쯤 되는 질량을 가진 이 초신성이 처음 70일간 서서히 밝아지다가 폭발 절정기에는 태양 500억 개를 합친 것과 같은 빛을 내뿜었으며, 이때의 밝기가 우리은하 전체의 10배에 달했다'고 설명했다.

그리고 미국 노터데임대 천체물리학 피터 가나비치 교수 연구팀이 NASA의 케플러 망원경으로 밝혀낸 초신성의 질량은 태양의 500배에 달했다.

초기우주가 이 초신성과 비슷한 질량에서 빅뱅 대폭발을 일으켜 광속으로 38만 년 팽창했다면, 그 규모의 지름은 약 80만 광년으로서 우리은하 지름의 8배 정도가 된다.

이를 물리적 증거로 반론할 수 있는가?

③ 초신성은 우주의 별들 중에 가장 수명이 짧은 별이다. 질량이 큰 별일수록 수명이 짧기 때문이다. 그래서 태양과 같은 별의 수명은 100억 년 이상이 되기도 하지만, 질량이 큰 초신성은 수백만 년만에 사라지기도 한다. 그런데 질량이 큰 초신성이 폭발하면 그 잔해로 이루어진 성운들에서 많은 별들이 생성된다.

초기우주의 질량이 수천억의 수천억 배 이상으로 커졌듯이, 초신성이 폭발한 잔해로 이루어진 성운들의 질량도 계속 커지며 거기서 많은 별들이 탄생할 수 있는 것이다.

그 별들 중에 질량이 큰 초신성들이 생겨나고, 그 초신성들이 수백만 년 후에 폭발하고, 또 그 잔해로 이루어진 성운에서 질량이 큰 초신성들이 탄생하여 수백만 년 후에 폭발을 일으키면, 그 과정에서 많은 별과 함께 질량이 큰 초신성들이 연쇄적으로 계속 생성된다.

그런즉, 초신성은 자기 몸을 터뜨려 많은 별들을 새끼치기하는 것이다. 그리고 그 별들 중에 질량이 큰 초신성이 생겨나고, 또 그 초신성들은 대폭발을 일으키며 새끼치기를 마친 후 블랙홀로 진화할 수 있다. 그렇게 10억 년에 이르면 초기우주에 3천만 개 정도의 블랙홀들이 생길 수 있다. 또 그렇게 138억 년에 이르면 현재 우리가 보고 있는 우주를 형성할 수 있다.

이를 물리적 증거로 반론할 수 있는가?

④ 적색왜성의 수명은 매우 길다. 질량이 크면 수백억 년, 질량이 작으면 수조 년까지도 존재할 수 있다. 그래서 이 별의 수명은 현재 알려진 우주

의 나이보다 훨씬 더 길다. 때문에 우주에서 유일하게 진화하지 않은 별이기도 하다. 그런즉, 적색왜성은 우주의 살아 있는 화석과도 같다. 바로 그 적색왜성이 태초의 비밀을 간직하고 있다. 적색왜성이 간직하고 있는 금속물질이 바로 그것이다.

그 적색왜성들이 금속물질을 간직하고 있다는 것은, 초기우주를 이루는 일반물질에 그 금속원소들이 포함되어 있었다는 증거이다. 즉, 원시항성에서 만들어진 금속물질이 포함되어 있었다는 것이다. 그래서 현재까지 금속이 없는 적색왜성이 발견되지 않고 있는 것이다.

이를 물리적 증거로 반론할 수 있는가?

⑤ 초기우주의 온도는 약 2,700℃이다. 이는 중력에 의해 밀도가 상승하는 지역들에서 나타나는 온도이다. 원시항성이 폭발하여 38만 년 정도가 되면 그 정도의 온도가 된다. 그리고 밀도를 수백억 배 이상으로 올리며 수억 년이 지나 현재 우리가 보고 있는 은하들이 형성되는 것이다.

이를 물리적 증거로 반론할 수 있는가?

⑥ 초신성이 폭발하는 순간의 온도는 1,000억℃에 이른다. 그리고 빠른 속도로 잔해들이 팽창하면서 온도는 빠르게 식어간다. 하지만 그 잔해들의 밀도가 높아지는 곳에서 온도가 상승하며 별들이 생성된다. 이처럼 초기우주의 온도가 상승한다는 것은 곧 그 온도가 상승하기 이전의 우주가 있었다는 증거가 된다.

이를 물리적 증거로 반론할 수 있는가?

⑦ 원시항성이 폭발한 잔해들은 무한공간의 진공에너지에 끌려가며 팽창했다. 하지만 원시항성의 잔해로 이루어진 성운들은 독자적인 중력과 인

력을 갖게 되므로 서로를 끌어당기며 일정한 간격을 유지했다. 그렇게 초기우주가 팽창함에 따라 무한공간의 진공은 팽창우주에 유입되었다. 그리고 초기우주의 68.5%를 차지한 암흑에너지가 되었다.

이를 물리적 증거로 반론할 수 있는가?

⑧ 원시항성의 잔해들로 이루어진 성운에서 방출되는 에너지는 팽창우주에 유입된 암흑진공에너지를 이루고 있는 원입자들을 결합시켜 암흑물질로 변환시켰다. 그래서 그 성운들의 주변을 감싼 암흑물질이 계속 확산되었다. 그 암흑물질이 초기우주의 26.6%를 차지했다.

이를 물리적 증거로 반론할 수 있는가?

⑨ 빅뱅론의 특이점에는 우주가 생겨난 바탕인 암흑에너지와 우주의 토양인 암흑물질이 없다. 때문에 빅뱅이론으로는 초기우주에 나타난 암흑에너지와 암흑물질의 진실에 대해 영원히 밝힐 수 없다. 따라서, 태초에 우주의 빅뱅은 특이점에서가 아니라 원시항성의 대폭발로 일어난 것이다!

이를 물리적 증거로 반론할 수 있는가?

기초과학연구원 세메르치디스 단장이 주장한 허구에 대하여

2016년 6월 20일 기초과학연구원 세메르치디스 단장은 제주 스위트호텔에서 열린 기자간담회에서 "물리학 난제인 '물질-반물질 비대칭' 현상을 증명할 전기 쌍극자 모멘트(EDM) 실험을 진행 중"이라고 밝히면서 다음과 같이 주장했다.

"물리학 표준 모델로는 설명이 되지 않는 '물질-반물질 비대칭' 문제를 해결한다면 노벨상은 문제없을 것으로 기대합니다."

물질-반물질 비대칭은 물리학 표준 모델에서는 예상되지 않는 현상인데, 우주에 빅뱅이 일어났을 때 물질과 반물질이 같은 양으로 만들어졌다면 모이면서 상쇄돼 소멸해야 한다는 것이다. 그에 따른 우주 질량을 가늠해보면 현재 1~10개 정도의 은하계만 남아있어야 하는데, 이론적으로 우주에는 3천500억 개 이상의 은하계가 존재하는 것으로 알려졌다.

이를 설명하려면 물질이 반물질보다 훨씬 많이 퍼져 있는 '물질-반물질 비대칭' 현상이 존재해야 한다. 세메르치디스가 단장으로 있는 기초과학연구원 액시온 연구단은 양성자 전기 쌍극자 모멘트(EDM) 실험을 통해 두 전하 사이의 거리를 곱해 구한 EDM 값이 0이 아닌 것으로 나온다면 이 비대칭 현상을 설명해줄 수 있을 것으로 기대했다.

그래서 연구단은 유럽입자연구소의 대형강입자가속기보다 높은 에너지규모의 물리학에 도달할 수 있는 초고감도의 자기장 차폐 장비를 활용해 양성자 EDM 측정 실험을 진행했다.

세메르치디스 단장은 'EDM 실험에 성공한다면 빅뱅 이후 우주 생성의 원리를 설명할 수 있다'면서 'IBS가 기초과학에 과감히 투자하고 있고, 최첨단 실험 장비를 갖추고 있는 만큼 좋은 결과가 나올 것'이라고 주장했다.

하지만 우주 생성의 원리를 밝힌 것은 아무것도 없다.

그 주장은 허구이기 때문이다.

그들은 '우주에 빅뱅이 일어났을 때, 물질과 반물질이 같은 양으로 만들어졌다면 모이면서 상쇄돼 소멸해야 한다'고 주장하는데, 빅뱅 대폭발 상황에서 어떻게 물질과 반물질이 모일 수 있겠는가?

이는 수류탄이 터졌는데 파편들이 모여 짝을 이루었다는 것과 같이 황당한 주장이다.

빅뱅이란 대폭발을 뜻한다. 세메르치디스의 주장대로라면 그는 빅뱅이라는 말의 의미조차도 제대로 알지 못하는 것이다.

이를 물리적 증거로 반론할 수 있는가?

세메르치디스는 빅뱅 이후 최초의 3분에 수소와 헬륨이 모두 만들어졌다고 생각한다. 그래서 현실 세계를 제대로 바라볼 수 있는 이성을 상실하고 말았다. 그의 의식이 그 최초의 3분에 갇혀, 더 이상 진보할 수 없게 된 것이다. 이는 유아기에 정신연령이 멈추어 버

린 정신지체 환자의 증상과 똑같은 현상이라고 할 수 있다.[5]

세메르치디스가 우주질량과 중력의 메커니즘만 깨달아도, 빅뱅 최초의 3분에 갇혀버린 의식에서 벗어날 수 있을 텐데 참으로 안타까운 일이다.

중력은 우주진화의 동력이다. 우주질량과 중력의 메커니즘만 깨달아도 우주의 전부를 깨달을 수 있다.

빅뱅론의 주장대로라면 신생우주가 우리은하 규모(지름 10만 광년)로 팽창했을 때의 질량은 우리은하 질량의 1조 배 이상이 된다. 정말 그랬다면 그 엄청난 질량의 중력에 의해 우주는 팽창할 수 없게 된다. 그리고 극단적으로 수축되며 원자를 이루고 있는 모든 입자들이 산산이 붕괴된다. 거대한 블랙홀이 되고 마는 것이다. 그래서 오늘의 우주는 생겨날 수 없다.

하지만 우주는 팽창을 멈추지 않고 138억년 동안 가속팽창을 해왔으며, 종말을 맞지도 않았다. 그런즉, 우주팽창은 빅뱅론의 허구를 증명하는 물리적 증거이다. 밤하늘을 아름답게 밝히는 찬란한 별들과 은하의 세계도 역시 빅뱅론의 허구를 밝히는 물리적 증거이다. 이 땅에 살아 숨쉬는 모든 생명체들까지도 역시 빅뱅론의 허구를 밝히는 물리적 증거이다.

이 진실을 물리적 증거로 반론할 수 있는가?

---

5) 편집자 주 - 저자 개인의 의견이며 출판사의 입장과는 무관함

34.

양자역학 거두 와인버그, "양자역학을 확신할 수 없다"

2016년 10월 30일 미국 샌안토니오에서 열린 과학저술평의회 무대에 선 83세의 노학자 와인버그의 선언은 과학계에 큰 충격을 주었다. 양자역학을 이용해 표준모형 이론을 창시한 스티븐 와인버그 미국 텍사스대 교수가 '양자역학을 확신할 수 없다'고 고백한 것이다.

100년 전 양자역학의 탄생 이후 이는 줄곧 논란의 대상이었다. 하지만 와인버그의 입에서 그런 고백이 나올 것이라고는 아무도 예상하지 못했다.

와인버그가 누구인가?

양자역학의 거두로서 1979년 노벨 물리학상 수상자인 스티븐 와인버그(Weinberg)는 모든 물리학자의 꿈인 '최종 이론(세상 만물을 설명할 수 있는 하나의 이론)'에 가장 가깝게 다가선 것으로 평가받는 표준모형의 창시자이다. 세상 모든 것이 17개의 입자로 구성돼 있다고 주장하는 표준모형의 출발점이 바로 양자역학이었다. 양자역학을 의심한다는 그의 고백은 자신의 인생을 송두리째 의심한다는 것이나 마찬가지이다.

100년 전 막스 플랑크, 보어, 아인슈타인 등 당대 최고의 물리학자들은 뉴턴이 만든 고전물리학이 미시세계의 움직임을 설명할 수 없음을 밝혀냈다. 그리고 1920년대 들어서 하이젠베르크와 슈뢰딩거, 디랙 등은 파동함수(波動函數)로 대표되는 양자역학의 수식들을 만들어내 현대물리학을 구축했다.

하지만 아인슈타인뿐만 아니라 슈뢰딩거도 모호하고 직관적이지 않은 양자역학을 잘 인정하지 않았다. 고전물리학에서는 야구 배트에 맞은 공의 초기속도와 방향을 알면 공이 어디에 떨어질지 정확히 계산할 수 있다. 하지만 양자역학에서는 공의 위치를 계산하지 않고 확률적으로 떨어질 위치를 추정한다. 어디에 떨어질 확률은 얼마고, 다른 곳에 떨어질 확률도 있다고 보는 것이다.

아인슈타인은 이런 양자역학의 불확실성에 대해 '신은 주사위 놀이를 하지 않는다'며 비아냥거렸다. 하나의 원자에서 나온 두 광자가 아무리 멀리 떨어져 있어도 동일하게 변한다거나, 하나의 광자를 측정하면 멀리 떨어진 다른 광자의 정보를 얻을 수 있다는 양자역학의 다른 주장도 받아들이길 거부했다. 이런 '수수께끼'는 과학이 아니라는 것이다.

이후 물리학자는 두 부류로 나뉘었다. 와인버그는 두 부류를 '도구주의자'와 '실재론자'로 부른다. 도구주의자들은 양자역학이 실험 결과를 계산하기 위한 '도구'일 뿐이라고 여긴다. 이 도구는 실제로 이뤄지는 실험보다 나을 수 없다는 것이다. 반면 실재론자들은 양자역학이 이 세상을 근본적으로 설명할 수 있다고 주장한다. 오랜 세월 와인버그는 실재론자였다. 하지만 그는 이날 연설에서 '우리가 아무것도 알지 못한다는 것은 매력적이지 않다'면서 '현실은 믿을 수 없을 만큼 복잡하게 움직인다'고 했다.

양자역학은 아직 '왜 이렇게 되는가'에 대해 확실한 대답을 찾지 못했다. 그래서 불확실성 이론이라고 한다.

아울러 황혼에 이른 와인버그는 '양자역학이 고전물리학의 틀을 깬 것처럼 과학 혁명을 일으킬 수 있는 완전히 다른 이론이 등장할 수 있다'고 했다.

🔍 스티븐 와인버그 이론의 허구에 대한 질문사항

① 빅뱅 최초의 3분 시나리오를 쓰고 인류의 의식을 그 최초의 3분에 가두어 놓은 당사자가 스티븐 와인버그이다. 그가 주장하는 표준모형의 출발점이 바로 양자역학인데, 그는 인생 말년에 이르러 그 양자역학을 부정하고 싶어진 것이다.

천체물리학자들은 '세상은 무엇으로 만들어졌을까?'하는 질문에 대한 모범답안이 바로 표준모형이라고 한다. 하지만 표준모형으로는 아무것도 밝히지 못했다.

암흑에너지의 진실도 밝히지 못했고, 암흑물질의 진실도 밝히지 못했고, 우주탄생의 진실도 밝히지 못했고, 우주팽창의 실제 진실도 밝히지 못했고, 블랙홀의 진실도 밝히지 못했고, 은하의 기원 및 진화의 진실도 밝히지 못했고, 중력의 진실도 밝히지 못했고, 원자의 시스템에서 복제된 우주의 진실도 밝히지 못했고, 미시세계의 진실도 전혀 밝히지 못했다.

이를 물리적 증거로 반론할 수 있는가?

② 표준모형으로는 우주질량의 진실도 영원히 밝힐 수 없지만, 원입자로는 우주질량뿐만 아니라 우주 비밀의 전부를 밝힐 수 있다.

이를 물리적 증거로 반론할 수 있는가?

③ 표준모형으로는 블랙홀의 진실 하나조차도 영원히 밝힐 수 없지만, 원입자로는 블랙홀뿐만 아니라 우주 비밀의 전부를 밝힐 수 있다.

이를 물리적 증거로 반론할 수 있는가?

④ 표준모형으로는 암흑에너지의 진실도 영원히 밝힐 수 없지만, 원입자로는 암흑에너지뿐만 아니라 우주 비밀의 전부를 밝힐 수 있다.

이를 물리적 증거로 반론할 수 있는가?

⑤ 표준모형으로는 암흑물질의 진실도 영원히 밝힐 수 없지만, 원입자로는 암흑물질뿐만 아니라 우주 비밀의 전부를 밝힐 수 있다.

이를 물리적 증거로 반론할 수 있는가?

⑥ 표준모형으로는 우주탄생의 진실도 영원히 밝힐 수 없지만, 원입자로는 우주탄생뿐만 아니라 우주 비밀의 전부를 밝힐 수 있다.

이를 물리적 증거로 반론할 수 있는가?

⑦ 표준모형으로는 중력의 진실도 영원히 밝힐 수 없지만, 원입자로는 중력뿐만 아니라 우주 비밀의 전부를 밝힐 수 있다.

이를 물리적 증거로 반론할 수 있는가?

⑧ 표준모형으로는 은하의 기원 및 형성에 대한 진실도 영원히 밝힐 수 없지만, 원입자로는 그 모두를 전부 밝힐 수 있다.

이를 물리적 증거로 반론할 수 있는가?

⑨ 표준모형으로는 우주팽창의 실제 진실도 영원히 밝힐 수 없지만, 원입자로는 우주팽창뿐만 아니라 우주 비밀의 전부를 밝힐 수 있다.

이를 물리적 증거로 반론할 수 있는가?

⑩ 표준모형으로는 원자시스템에서 복제된 우주의 진실을 영원히 밝힐 수 없지만, 원입자로는 원자시스템에서 복제된 우주의 진실을 전부 밝혔다.

이를 물리적 증거로 반론할 수 있는가?

⑪ 표준모형으로는 우주질량-중력-밀도-온도의 메커니즘 가운데 생겨나고 진화하는 우주의 진실을 영원히 밝힐 수 없지만, 원입자로는 그 모든 진실을 밝혔다.

이를 물리적 증거로 반론할 수 있는가?

⑫ 표준모형으로는 진공과 입자생성의 메커니즘을 비롯한 미시세계에 대해 하나도 밝힐 수 없지만, 원입자로는 미시세계의 전부를 밝힐 수 있다.

이를 물리적 증거로 반론할 수 있는가?

35.

우주 탄생 '빅뱅' 사기극

　2008년 9월 10일, 세계 과학계의 눈과 귀가 스위스 제네바로 집중되었다. 우주 대폭발을 뜻하는 '빅뱅'을 재현하기 위한 거대강입자가속기가 14년간의 공사 끝에 10일 가동을 시작했다. 이날 유럽입자물리연구소(CERN)는 빅뱅을 재현할 양성자 빔을 가속기에 주입시켜 양성자 간의 충돌을 일으킨다고 밝혔다. 이어 언론들은 물리학계의 최대 숙제이자 우주 탄생과 물질 구성의 비밀을 풀어줄 것으로 기대되는 '힉스입자', '초대칭입자', '암흑물질' 등의 존재 검증에 온 인류가 함께 나서는 순간이라고 떠들어댔다. 결국 밝힌 것은 아무 것도 없는데, 지구촌 전 인류를 상대로 대대적인 사기 쇼를 벌인 것이다.

　'빅뱅' 사기 쇼에 동원된 거대강입자가속기는 스위스 제네바와 프랑스의 국경 산악지대에 있다. 둘레만 27㎞에 달하지만 통풍시설, 전자제어시설, 냉각시설 등 시설동이 수㎞ 간격으로 보일 뿐 거대한 원형가속기의 모습은 겉으로는 전혀 보이지 않는다. 가속기가 지하 깊숙이 묻혀 있기 때문이다. 지상의 잡음과 환경에 대한 영향을 최소화하고 실험에 대한 외부변수를 차단하기 위해 가속기는 지하 100m에 터널을 뚫어 건설했다. 전체 길이가 27㎞에 이르는 원형이다.

처음 기획이 이루어진 1994년 이후 건설비로만 80억달러(약 8조원)가 투입됐다. 참여하는 과학자도 80개국 9,000여 명에 달한다. 한국 과학자 60여 명도 이 프로젝트에 직접 참여했다. 거대강입자가속기의 핵심시설은 양성자 간 충돌이 발생하는 충돌기다.

총 6개의 관측기가 지하에 있는 거대강입자가속기의 교차점에 설치돼 있고 그 중 '아틀라스(ATLAS)'와 'CMS'가 가장 많이 쓰이게 될 대형 관측 장치다. 하지만 빛의 99.99% 속도로 양성자를 가속해 충돌을 만들어내는 장치를 구성하는 것은 간단치 않다.

양성자를 약 27㎞ 둘레의 원형궤도에 잡아 두려면 엄청나게 강력한 자기장이 필요하고 이런 자기장을 얻으려면 영하 271도에서 작동하는 초전도자석이 필요하다. 실제로 충돌기 터널에는 양성자 빔을 운반하는 2개의 파이프가 들어 있고 다시 각 파이프는 액체 헬륨으로 냉각되는 초전도 자석으로 둘러싸여 있다. 2개의 파이프에서 나온 양성자 빔은 서로 터널의 정반대 방향으로 향하고 여러 개의 추가 자석들은 빔이 4개의 교차점으로 가도록 조정한다. 이 교차점에서 충돌이 일어나면서 입자들 사이의 상호작용이 발생하게 되는 것이다.

양성자는 원자의 핵 속에 들어 있는 입자로, 전자현미경으로도 보이지 않을 정도로 아주 작다. 과학자들은 양성자를 입자가속기에 넣은 뒤 가속기 터널을 1만 바퀴 가량 돌리면서 이 입자를 빛의 속도에 가깝게 가속한다. 거대강입자가속기 가동이 계속되면서 각종 기기가 안정되면 가속기 안에서는 양성자끼리 1초에 6억 번 정도의 충돌이 일어난다. 그 충돌 순간의 온도는 태양 중심 온도의 약 10배에 달할 정도다.

그해 3월 미국에서는 '거대강입자가속기 안에서 충돌이 발생하는 과정에서 미니 블랙홀이 생기고, 이 블랙홀이 지구를 파괴할 것'이라는 주장을 담은 이색 소송이 제기된 적이 있었다. 양성자가 충돌할 때 아주 작은 공간에 여러 입자가 갇혀 밀도가 엄청나게 높아지는 현상 때문이라는 것이다.

그러자 과학자들은 그와 같은 우려는 쓸데없는 걱정에 불과하다고 일축했다. 미니 블랙홀은 수명이 너무 짧아 주위 물체를 집어삼키기도 전에 사라진다는 것이다. 이미 지구에는 지난 수십억 년간 LHC 내부보다 훨씬 강력한 에너지를 가진 우주 입자가 지구로 떨어졌고 미니 블랙홀도 수없이 생겼지만 아무런 사고도 없었다는 설명이었다.

이 얼마나 황당무계한 주장들인가?

블랙홀이 만들어지려면 태양의 20~30배 이상 되는 질량과 중력에 초신성이 폭발하는 에너지가 더해져야 하는데, 이와 같은 보편적 상식조차 없다 보니 그처럼 황당무계한 주장으로 인류를 마음껏 속이며 농락하는 것이다.

거대강입자가속기의 가장 큰 목표는 '힉스입자'의 발견이었는데 물리학자들은 힉스입자가 우주 태초의 빅뱅 순간에 잠시 존재했다가 지금은 완전히 사라져 버렸다고 주장했다. 거대강입자가속기 속에서 그걸 찾겠다는 것이었다. 천체물리학자들은 우주 질량의 대부분을 구성하는 '암흑물질'을 규명하기 위한 연구도 거대강입자가속기 가동의 주요 목적이라고 주장했다. 그리고 거대강입자가속기가 암흑에너지를 규명하는 데 많은 단초를 제공할 것이라고 기대했다. 우주에 있는 것을 우주에서 찾으면 될 텐데, 그것조차도 역시 거대강입자가속기에서 찾겠다는 것이었다.

물론 아직까지 아무런 단서조차도 찾지 못했지만 말이다.

🔍 '빅뱅' 사기 쇼의 허구에 대한 질문사항

① 우주 대폭발을 뜻하는 '빅뱅'을 재현하려면 빅뱅론에서 주장하는 특이점을 압축시킬 수 있는 에너지가 필요하다. 그런 에너지를 지구에서는 확보할 수 없다. 우주를 인체에 비유하면 지구는 그 인체를 이루고 있는 작은 세포보다도 훨씬 더 작은데, 지구에서 우주 질량을 압축시킬 수 있는 에너지를 확보한다는 것은 어림도 없는 것이다.

그리고 입자가속기 진공에서 양(+)전기를 띤 양성자와 음(-)전기를 띤 반양성자를 충돌시키는 것이 어떻게 빅뱅 재현이 되는가? 그것은 그냥 방전 현상일 뿐이다.

빅뱅은 곧 폭발을 뜻한다. 아울러 양성자들의 방전 현상으로 빅뱅을 재현한다는 것은 허구이다.

이를 물리적 증거로 반론할 수 있는가?

② 그해 3월 미국에서는 '거대강입자가속기 안에서 충돌이 발생하는 과정에서 미니 블랙홀이 생기고, 이 블랙홀이 지구를 파괴할 것'이라는 주장을 담은 소송이 제기된 적이 있다. 이는 양성자가 충돌할 때 아주 작은 공간에 여러 입자가 갇혀 밀도가 엄청나게 높아지는 현상을 우려했기 때문이었다. 하지만 과학자들은 그런 우려는 공연한 걱정에 불과하다고 일축한다. 미니 블랙홀은 수명이 너무 짧아 주위 물체를 집어삼키기도

전에 사라진다는 것이다. 이미 지구에는 지난 수십억 년간 LHC 내부보다 훨씬 강력한 에너지를 가진 우주 입자가 지구로 떨어졌고 미니 블랙홀도 수없이 생겼지만 아무런 사고도 없었다는 설명이었다.

이 얼마나 황당무계한 주장인가?

블랙홀은 엄청난 중력 가운데 진화된 천체이다. 블랙홀을 만들려면 밀도를 1㎤당 180억 톤 정도로 압축할 수 있는 중력이 필요하다. 태양계 중력을 모두 합쳐도 어림없다. 태양계 열 개를 합해도 어림없는 일이다. 그런데 우주에서 떨어지는 입자가 수없이 많은 블랙홀을 만들었다고 하니 얼마나 황당무계한 주장인가? 이젠 그런 무식한 거짓말을 하지 않았으면 좋겠다.

이를 물리적 증거로 반론할 수 있는가?

③ 물리학자들은 힉스입자가 우주 태초의 빅뱅 순간에 잠시 존재했다가 지금은 완전히 사라져 버렸다고 억지 주장을 한다.

힉스입자는 실패에 실패를 거듭하며 인공적으로 만들어진 가상입자이다. 그렇다. 분명 그 입자는 입자가속기에서 인간의 의도로 만들어진 인공입자인데, 신의 입자라고 거짓말을 한다. 분명 그 인공입자는 몇 해 전에 입자가속기에서 생성되었는데, 138억 년 전에 있다가 사라진 것이라고 속인다.

어떤 원인이 동기가 되어 다른 상태의 결과가 필연적으로 일어나는 것을 인과율법칙이라 하는데, 인간의 의도가 동기가 되어 그 가상입자들이 생겨났다. 그럼 육하원칙으로 입자가속기에서 인공적으로 생성된 힉스입자의 존재에 대해 확인해 보겠다.

누가	1964년 영국의 이론물리학자 피터 힉스가 가상입자의 존재를 예언했다.
언제	2013년에 만들었다.
어디서	유럽입자물리연구소(CERN)의 대형 강입자충돌기(LHC)에서 만들었다.
무엇을	가상입자인 힉스입자를 만들었다.
어떻게	강입자충돌기에서 7TeV까지 인공적으로 가속된 양성자와 반양성자가 충돌하며 발생하는 에너지를 가지고 만들었다.
왜	피터 힉스가 예언한 가상의 입자로 빅뱅론을 합리화하기 위해 만들었다.

이처럼 그 입자들은 인과율법칙으로나 육하원칙으로 따져보아도 분명 인공적으로 만들어진 가상입자이다.

분명한 진실은 입자가속기에 입자의 충돌과 같은 에너지를 제공하지 않으면 그 입자들은 절대로 생겨날 수 없다는 것이다. 입자가속기에서 새로운 입자들이 생겨나는 동기는 인간의 의도에서 시작되었다. 즉, 인간이 의도하지 않으면 입자가속기에서는 그 입자들이 생겨날 수가 없다.

그 입자들은 인공적인 고에너지에 의해서 만들어진다. 입자의 충돌에서 발생하는 에너지에 의해 그 인공입자들이 생성된 것이다. 그렇게 입자가속기에서 인공적으로 만들어진 가상입자를 가지고 빅뱅론을 합리화하고 있는 것이다.

빅뱅 때에는 입자가속기가 없었다. 그런즉, 빅뱅 때에는 힉스입자가 생겨날 수가 없다.

빅뱅 때 힉스입자가 기본입자들에 모든 질량을 부여했다고 한다. 그럼 힉스입자는 그 질량을 어디서 얻었는가?

이 질문에 천체물리학자들은 영원히 대답할 수가 없다.

빅뱅 때 힉스입자로부터 질량을 부여받았다는 기본입자들은 텅 빈 박스와 같았다고 한다. 그럼 그 빈 박스의 기본입자들은 어디서 어떻게 생겨났으며, 그 기본입자들이 만들어진 재료는 무엇인가?

이 질문에도 천체물리학자들은 영원히 대답할 수가 없다.

힉스입자가 톱쿼크에게 질량을 나눠주었다고 하는데, 톱쿼크의 질량은 힉스입자보다 훨씬 더 크다. 톱쿼크의 질량이 175GeV인 반면에 힉스입자의 질량은 125GeV인 것이다.

그럼 힉스입자가 어떻게 자기 몸무게보다 더 무거운 톱쿼크에게 질량을 나눠주었는가?

이 질문에도 천체물리학자들은 영원히 대답할 수가 없다.

힉스입자가 부여한 질량을 짊어지고 광속을 초월하는 인플레이션 팽창을 했다는 것을 물리적 증거로 증명할 수 있는가?

이와 같은 질문들에 물리적 증거를 제시할 과학자는 지구상에 존재하지 않는다.

빅뱅 전 오늘의 우주에 존재하는 총질량을 가진 '힉스바다'가 존재했다면 그 질량이 가진 중력도 존재했다는 것이다. 천체의 질량은 곧 중력을 동반하기 때문이다.

힉스바다의 중력이 집중된 곳은 거대한 블랙홀이 된다. 블랙홀은 중력이 집중되며 극대화된 곳에서 생긴다. 그래서 은하의 중력이 집중되는 곳에 블랙홀이 있다.

오늘의 우주에 존재하는 총질량을 가진 '힉스바다'가 존재했다면, 그 중력이 집중되는 곳에 거대한 블랙홀이 생겼을 것이고, 그 블랙홀의 질량은 오늘의 우주에 존재하는 수많은 블랙홀이 가진 질량을 모두 합한 것보다 더 커야 한다.

즉, 극초대형이라는 말로도 부족할 정도의 엄청난 블랙홀이 생기게 되는 것이다.

태양보다 10배 이상 무거운 질량을 가진 천체의 중력은 원자를 붕괴시켜 중성자별을 만들고, 그보다 더 무거운 질량을 가진 천체의 중력은 중성자마저도 붕괴시켜 블랙홀을 만들 수 있다. 그런즉, '힉스바다'가 존재했다면 그 중력이 집중되는 블랙홀에서는 기본입자들이 생겨날 수 없다. 오늘의 우주가 생겨날 수 없는 것이다.

이를 물리적 증거로 반론할 수 있는가?

④ 천체물리학자들은 우주 질량의 대부분을 구성하는 '암흑물질'을 규명하기 위한 연구도 거대강입자가속기 가동의 주요 목적이라고 주장했다. 그리고 거대강입자가속기가 암흑에너지를 규명하는 데 많은 단초를 제공할 것이라고 기대했다. 우주에 있는 것을 우주에서 찾으면 될 텐데, 그것조차도 역시 거대강입자가속기에서 찾겠다는 것이었다.

분명한 사실은 암흑에너지가 우주진공이라는 것이다. 그 우주진공을 이루는 원입자들이 결합하고 더해지며 진화된 원자들은 극단적인 중력 가운데 도로 해체되어 원입자로 돌아가 진공상태가 된다. 그 진공은 입자의 밀도가 압축될 수 있는 마지막 한계까지 압축된 상태이다. 원입자들의 밀도가 1㎤당 180억 톤 정도가 될 때까지 극단적으로 압축된 진공인 것이다.

이처럼 압축된 진공을 블랙홀이라 한다. 그리하여 우주에는 암흑에너지라고 하는 진공과, 블랙홀이라고 하는 압축된 진공이 존재한다.

이를 물리적 증거로 반론할 수 있는가?